个中滋味

人类学家的田野饮食故事

彭文斌　付海鸿 主编

图书在版编目（CIP）数据

个中滋味：人类学家的田野饮食故事 / 彭文斌，付海鸿主编．— 北京：商务印书馆，2021
ISBN 978－7－100－19577－5

Ⅰ．①个…　Ⅱ．①彭…　②付…　Ⅲ．①饮食—文化—普及读物　Ⅳ．① TS971.2-49

中国版本图书馆 CIP 数据核字（2021）第 034533 号

个中滋味

人类学家的田野饮食故事

彭文斌　付海鸿　主编

商　务　印　书　馆　出　版
（北京王府井大街 36 号　邮政编码 100710）
商　务　印　书　馆　发　行
北京顶佳世纪印刷有限公司印刷
ISBN　978－7－100－19577－5

2021 年 3 月第 1 版　　开本 880 × 1230　1/32
2021 年 3 月北京第 1 次印刷　　印张 12⅞

定价：58.00 元

目录

第二部分 神圣与世俗

第三部分　饮食与民族习俗

第四部分　饮食与身份认同

序

对于以人类学为职业的人类学学者来说，“人类学是什么”似乎是一个不言自明的问题——人类学是以“他者”（少数族裔、边缘群体、底边社会等）的文化为研究命题，以跨文化研究为视角，以田野调查和民族志为研究方法，以促进群体与文化之间的交流、理解、包容为使命的学科。不过这一人类学者们自我期许度很高的领域，因在中国学术界学科分类体系内的归属不确定，仍处于一个边缘和尴尬的地位，难以与其学术宏旨相匹配。在学界之外，“人类学是什么”也是一个通达性不高的问题，中国的普罗大众对人类学了解甚少，研究人类的学问似乎与他们相关却又缥缈得远不可及；如果说，人类学家们将人类学比赋为“去远方的学问”，还有较为明确的山寨与村庄的空间意指，甚至还内含些哲理与文学浪漫情怀，对于普通民众来说，其对人类学的熟悉程度，似乎比人类学“远方”的时空感更模糊、遥远，称之为认知观念上“远方的远方”也不为过。

当然，这也并不是什么值得惊诧的事情。人类学的核心观念“文化”的定义多达160多种，且以谢莉·奥特纳（Sherry Ortner）的经典研究来看，“文化”的观念及其研究始终处于不断变化的过程中，人类学家自己对“文化”的学术阐释都时常有不可名状的困难，要让公众理解人类学“是什么”“做什么”“为什么”，也是一件不太容易的事情。《天真的人类学家》的作者奈吉尔·巴利（Nigel Barley）谈到他要去喀麦隆做田野时，不仅他的亲人们对人类学专业一无所知，对他去蛮荒丛林之地做研究表示不理解，喀麦隆驻英国大使馆的官员，也对他的签证动机表示怀疑；对该签证官来说，受英国政府资助去喀麦隆研究一个落后无知、恶名远扬的部族，是一件不可理喻的事情。巴利思来想去，最终打消了做一番人类学动机的高谈阔论，装成什么都不懂且无害的白痴，于是成功拿到了签证。

人类学的公众传播性欠缺，不仅仅是由于自身界定困难，人类学家很难三言两语说明白“人类学是什么”，也在于其在所谓科学与客观范式之下专业术语的使用、文本逻辑和书写规则的问题。对于一个普通读者来说，人类学的民族志文本读起来很难做到浅显易懂，人类学读本常常显得很深奥、晦涩，缺乏日常生活的趣味性。充满理论思辨的深奥，严密且枯燥的实证逻辑，经常被学界，包括人类学家们，用来作为判断学术著述质量高低的标准，不过，它们也减少了人类学作品对学界之外普通读者群体的影响。

2006年夏，我曾经陪同北京大学的王铭铭教授到抗战时期同济大学、中央研究院、中国营造学社、中央博物院等机构内迁入驻的川南李庄造访。一个宜宾周边默默无闻的小镇，李庄在抗战时期会集大批民国学界的精英人物，如傅斯年、李济、梁思成、梁思永、林徽因、董作宾、童第周等。王铭铭教授后来将李庄的造访经历写了篇短文《在那遥远的地方，有个使教授尴尬的村子》，刊发在是年7月的《广州日报》上。在文中，他提到从李庄回来，他曾经在研究生会上，问及“李济是谁”，在座的同学大多哑口无言，所知者寥寥无几。他也谈到了李庄博闻强记的导游“小张”，小张对李济在李庄的事迹如数家珍。当然，文中最有趣、让人最难忘的是导游小张与几位人类学者们的对话，小张谈到她对李庄人的“知识结构”的看法时说，“李庄人不了解李庄，是因为他们从来没有离开过”，这一“类人类学”的高论听得我们不禁暗暗咂舌。在她知道我们的身份后，问了一句“人类学是什么”，我们更是面面相觑，就此问题费了不少口舌，也不晓得是否跟她解释清楚，我们的回答是否让她满意。后来王铭铭教授也问她对学术有何看法，小张说：“学术书不好读，我了解不多。”顿了顿，又说：“但凡学术都是深奥枯燥的，不过，枯燥深奥的学术也是有价值的。”一席话，让我们有些悻悻然，也有些释然，她的价值肯定，多少让我们感到慰藉。

不过，这点欣慰，在《写文化》(*Writing Culture*)一书中似乎被荡涤得一干二净。作为人文社科界最接地气的学科，人类学的民族志行文规范，即为了科学的客观性和“民族志的权威性”(ethnographic authority)，常常把人类学者们在田野中的丰富的个人经历边缘化，在文本书写或在前言中只有寥寥数语，或在个别注释或后记里偶尔提及田野过程中的诸种遭遇——孤独、沮丧、挫折、尴尬、喜悦、好奇、冒险等。这也难怪比较文学家玛丽·普拉特（Mary L. Pratt）会愤愤然写道："对于我这样的门外汉来说，问题的症结在于一个简单的事实——民族志书写显得令人吃惊的枯燥，人们常问道，如此有趣的人做如此有趣的事情，怎么写出来的书会如此乏味？"

1980年开始的后现代主义人类学取向，对人类学文本的客观性和权威性进行了解构，相应地也产生了一些人类学以个人田野经历为书写主题的"实验民族志"（experimental ethnography）作品，如保罗·拉比诺的《摩洛哥田野作业反思》、金-保罗·杜蒙的《头人与我》等，原住民学者书写的"自民族志"（auto-ethnography）文本也受到大力推崇。

《写文化》的译介，加到中国人类学界自1990年初开始的"本土化"思潮，也在中国人类学界、民族学界引起了对知识生产、国家场景和人类学家个人经历交汇的高度关注。作为中国人类学前沿的主阵地，人类学名刊《广西民族大学学报》首开先河，开创了人类学家访谈的品牌栏目，后来汇集成册的《文化寻真：人类学家访谈录》也大量呈现了人类学家们的个人田野经历与知识生产过程，对学科范式的反思、中国人类学的"文化自觉"过程等，具有很强的学术思想史和学科史意义。

学术宏旨之外，值得注意的是，向来以"严肃读物"为出版己任的商务印书馆，近些年来也不失时机地策划和推出了有关人类学、民族学和民俗学家田野故事的通俗性系列丛书，如《北冥有鱼：人类学家的田野故事》（2016）、《鹤鸣九皋：民俗学人的村落故事》（2017）、《鹿行九野：人类学家的田野故事》（2018）、

《鸢飞鱼跃：民族学家的田野故事》(2019)，和即将面世的《个中滋味：人类学家的田野饮食故事》等。

作为“人类学家田野故事”系列之一，《个中滋味：人类学家的田野饮食故事》从征稿到编辑成册，经历了约3年多的时间，筹备时间几乎与首本《北冥有鱼》相当，付海鸿老师付出了诸多艰辛的努力。全书计390多页，包括了110位人类学家的田野饮食故事。该书分为四个部分：一、田野五味；二、神圣与世俗；三、饮食与民族习俗；四、饮食与身份认同。从全书来看，它是以人类学家的田野故事为线索，以饮食经历为聚焦点，以“我”与“他者”的文化接触、碰撞或感悟过程为基本构架，在叙事性层面，不同程度地折射出田野饮食故事中内嵌的多元性、仪式性、族群性和认同性。

著名人类学家克里福德·格尔兹以“远距离经历”(experience far)和“近距离经历”(experience near)来指代客位和主位、研究分析与参与观察的差异，强调田野过程中近距离的接触、经验的感受，以及研究者与研究对象之间“主体间性”的交融与互惠过程，以实现民族志的“深描”目的。“近距离经历”所包含的与当地人“在一起”——共时、共地、共享，是获取“地方性知识”和达致解释人类学的重要途径。

无疑，在商务印书馆的“人类学家田野故事”丛书系列中，“近距离经历”或迈克尔·赫兹菲尔德式的“文化亲昵”(cultural intimacy)现象的探索，即关注田野中“他者”与“我”的日常活动、具体场景与进程、情感活动与交流等，为丛书系列的基本格调。主客体互动性、情节生动性和可叙述性为田野故事系列的重要特征。

“经历”的近距离，甚至零距离，与“经验”的本真性、感悟性也是田野故事的作者们在叙述自己时所要表达的基本意识。在这点上也符合人类学基本理念，也即对“文化”原生性孜孜不倦的探求，和对田野调查“经历”浓墨重彩的强调。就其基本含义而言，“经历”——英语的“experience”，其拉丁词根，ex为“出”，peri为“穿过、通过、尝试”，ence为“存在、动作、过程”，具有相应的体感和对感受过程与状态的意指；而“文化”——“culture”，按照雷蒙·威廉斯的溯源，来自拉丁语的“colere”，意指与农事和园艺有关的“cultivate”（耕作、培植、繁育），英语“文化”的原初含义，与生境模式有关。无论是“文化”还是“经历”，都隐含了物质性与感官性，也就是在这个层面，人类学的“田野工作”（fieldwork），实实在在地更接“地气”，真正捕捉到“文化”与“经历”的身体力行与实践韵味。

E. 瓦伦丁·丹尼尔曾在《流动的符号》（*Fluid Signs*）一书中提出了“知的三元”——“直觉、感觉和知觉”，隐含了本体论的意指，他以他和泰米尔人一起朝圣的经历，来思考如何从“知性”到“感性”，从“三元”到“一元”，回归“本真”的过程。人类学从田野到民族志产出的过程，似乎与此朝圣的“返璞归真”相背而行，田野过程中知识积累与升华的目的性昭彰，民族志的撰写和出版以时态的完成式终结了复杂、多元和流动的感官经历过程，尤其如此，“前民族志”阶段的田野实践对于我们认识民族志知识建构的场景、过程、多元性和整体性，在意义上更别具一格。

《个中滋味：人类学家的田野饮食故事》既分享了商务印书馆的田野故事系列对人类学家、民族学家和民俗学家们“前民族志”阶段田野鲜活具体经历的重视，也在策划构思上有着比较明显的差异——它力求聚焦性更强，以人类学家衣食住行的一个方面来集中展示他们在田野过程中形形色色的遭遇，无疑“吃什么”和“怎样吃”在田野中远非一个温饱的问题，它是人类学者们在初到田野的跨文化交流中，首先遭遇到的最具挑战性，最能体现文化差异、相对价值观与禁忌伦理的问题，也以感官的形式最考验文化的包容性。哈佛大学已故著名人类学家、考古学家张光直先生曾经有句名言：“到达一个文化的最好办法之一，就是通过它的肠胃。”这点，在“民以食为天”“食、色，性也”的中国传统文化中非常突出，当然，若以中西比较的眼光来看，似乎西方的饮食观也并不逊色，否则就不太好理解西方人所谓的“直觉”（gut feeling）也是以肠子的感觉来表述的，英语中的食物禁忌格言，如“One man’s meat is another man’s poison”（一人之食，他人之毒），食之珍馐的相对，也成为了人之区隔的参照系数。《个中滋味》所呈现的中国人类学者的饮食经历与感悟，在素以生态多元、族群多元和饮食文化多元的边疆民族地区，更显得纷繁复杂，读起来也是千滋百味——民俗性、族群分类性、政治-经济价值性、文化伦理性、具身认知性、历史时代性等，渗透其间，也跃然纸上，人类学家的田野饮食故事，也成为测试跨文化实践的“实验场域”之一，不仅具有广泛的社会－象征阐释性，也具有认知本体与情感人类学的原初意义。

《个中滋味》一书的另一特点是，它折射并汇入了当下海外与中国人类学界对“饮食人类学”的研究热潮。在海内外学界，以食品讨论权力和政治经济学的范畴（如西敏司、麦克法兰），以华人世界（港台与客家）的餐饮认识全球化的流动性（如吴燕和、张展鸿、陈志明、蒋斌等），以应用人类学或人类学理论的形式来探讨饮食人类学（如彭兆荣、李德宽、田光等），相关著述不断涌现。从食品研究切入物质文化研究，对于政治与权力、社会组织、生产与消费、交换体系、文化分类与象征体系、物质文明观、流动与全球化等，都提供了不少跨文化的实证与理论案例。有所不同的是，《个中滋味》是从人类学家个体经验出发，从书写自己的角度来认识人类学田野的一个重要侧面——在异文化遭遇中的饮食经历所引起的“文化冲击”（culture shock）及其调适行为。该书的百来篇小文，读起来也许谈不上彻头彻尾的酣畅淋漓、回肠荡气，不过在感官上，也称得上是跌宕起伏、百感交集，文中充满了反讽、比喻、矛盾、高潮与反高潮，情节之生动如维克多·特纳所言的“社会戏剧”，所呈现的多元人生面相也会让读者们难以释怀。

人类学重视礼仪，尤其是被称为“人生礼仪”（成年礼、婚礼、葬礼等）的表达形式。人类学者的田野调查经历，对初学者来说，无疑可以看作是人类学“成年礼仪”的要素和精髓之一。田野调查中研究者与被研究者的共时、共享、共居、共食，是人类学者田野入门的“敲门砖”，也是建立与“他者”信赖关系（rapport）的关键性举措，“在一起”是近距离经验建构的第一步，共享、共食的戏剧性、冲击性和仪式感也最强，这在《个中滋味》一书中也是比比皆是。

人类学者的田野行程也分享了仪式结构的主要特征，即研究者远离原有的日常生活，到异乡与异文化中参与观察，如詹姆斯·克里弗德所言，人类学者往往从“学徒身份”（apprenticeship）入手，以全新的经历，在田野中进入一种“非此非彼”的阈限阶段，在一段时间的参与观察之后，最后回到原来的生活与工作环境，进入田野资料整理、分析和民族志书写阶段，并力图完成专业性“民族志权威”的塑造过程。不过，最后是否真正达到特纳的仪式“整合”阶段，也说不清、道不明，难以估量。身体的离开，并非是田野过程的完结，也许恰恰相反，才是“个中滋味”反刍的开始，其结果或许如《天真的人类学家》作者奈吉尔·巴利那样，从喀麦隆多瓦悠部落田野调查回来，身心困倦，疲病交加，当初鼓动他去做田野的朋友，在电话中问他田野是否乏味、是否病得要死、是否笔记本上所记后来读起来不知所云、是否还落下了不少该问未问的问题，巴利一一作答，表示首肯，当问及何时再回去的时候，他只有“虚弱发笑”，没有正面作答，不过6个月后，他又回到了多瓦悠！

透过《个中滋味：人类学家的田野饮食故事》一书的字里行间，隔着电脑的屏幕，在写此序时我不由得想起了那遥远的山乡，袅袅炊烟中，侗家“农家乐”招牌上的“牛瘪”“羊瘪”，那洱海边白族餐桌上的“黑格”（凉拌的生皮生肉），滇西傣家的“撒撇”（苦中回甘的拌牛肚、牛肉）……有些吃过，觉得可以再吃；有些没敢尝试，心里也一直觉得有欠缺，似乎田野的行程尚未圆满！人类学者的田野经历总是甘苦自知，归去来的矛盾纠结中又有向往，于是田野成了人生经历永续的部分，欲罢不能、欲说还休……

也如巴利所言：“人类学田野会阴险地让人成瘾！”

斯为序！

彭文斌

2020 年 10 月 15 日于

成都双流金座威尼谷“且悟居”

第一部分

田野五味

跨文化经历：一位中国人类学家在美国*

黄树民（美国爱荷华州立大学）

我虽生于中国大陆，但成长于大陆、香港和台湾，因此我对中国巨大的文化差异有较为深刻的了解。甚至从我记事起，我身边似乎就一直围绕着能说多种语言，且对中国具有地域性特征的不同风味的食物和不同风格的着装感兴趣的人，包括我的家人也是如此。

尽管我处在如此多元的生活方式中，但我还是被教育成了遵从有儒家文人特色的中国传统观念、礼仪和信仰的普通中国人。在我的成长过程中，对老者和习俗的尊重，对学术成就崇高的追求，以及对社会的责任感都融入了我的思想里。

但是，在台湾读大学时与人类学的相遇给我的人生带来了根本性的变化。人类学宣称我们的行为、习俗甚至思考方式都是被我们所处的文化形塑的。文化本质上是人类历史上积累起来的一套被建构的符号。接受了这个假设后，我开始质疑各种价值观与信仰，甚至包括我曾拥护和珍视的思考方式的正确性和理论依

---

* 作者：黄树民，美国爱荷华州立大学教授，人类学家。
翻译：卞思梅，挪威奥斯陆大学博士，四川大学中国西部边疆安全与发展协同创新中心专职博士后。

据。结果是，借用缪里尔·戴门–沙因（Muriel Dimen-Schein，1977）的话来说，我“被它（人类学）关于我们的文化不是最优秀的或者唯一的生活方式，还有其他的生活方式存在的道德重视所吸引”。但由此引发的自我反省并未让我对自身的文化产生完全的拒绝；与此相反，我开始养成从客位审视自身文化的习惯，并审慎地对待我以前习以为常的事情。

人类学最终将我吸引到美国求学和教书。身处完全不同的文化环境，我不仅能从客位来审视我的文化，而且还可以持续地对我自身和美国人的文化实践进行对比。我的人类学专业培训涉及以中国和美国的思考框架为背景来解释生活中的平常事件。我将我的职业带到日常生活场景中，并尝试探索人类在何种程度上受到他们自身文化的影响。下文中的事件便是我在美国居住期间发生的，它们形成了我相关反思的基础。

初识美国

我的美国文化“入会仪式”是通过我姐姐实现的。1970 年我到美国前，她已在洛杉矶居住了一段时间。在机场见面时，她被我的头屑和没有剃胡须的脸惊到了。她警告我说美国人对外貌特别敏感，我应该从当天起用去屑洗发水并且每天刮胡子，虽然我并没有多少胡子。

我被她的建议搞得很疑惑。当时我已经听说过美国的反文化运动，特别是全国的校园反文化运动。从我对反文化有限的了解来看，它似乎指代另一种生活方式，这意味着某种程度上他们对美国中产阶级价值观的拒绝。如果确实如此，为什么要在乎这种过多强调外貌的生活方式呢？我把这个问题记在心里，因为当时我认为姐姐比较传统守旧，和她争论这些也是无意义。

当时我在洛杉矶待了一个月，四处观光。我对嬉皮士聚居区产生了特别的兴趣。作为人类学初学者，我坚信反文化运动给了我一个研究"文化如何在有意识的改变中得以变迁"的绝佳机会。通过我粗浅的观察，嬉皮士们似乎热衷于发展一种与中产阶级观念相反的生活方式，例如：留长发且不梳理、赤脚、穿带补丁的蓝牛仔裤、在人行道上不受约束地行走等。

虽然这些方式给我留下了深刻的印象，但我忽然意识到我还没有见过任何一个有头屑的嬉皮士。某次我向一位实践这种生活方式的朋友提出了这个问题，他漫不经心地回答："噢，是的，我们有很多人确实有头屑的问题，但我们都用去屑洗发水。"

失望吗？并不。这更加证实了我之前所持但无法论证的观点：虽然我们可能声称完全反对我们自身的文化价值观和道德标准，但在心灵深处，我们仍无意识地实践着自己文化的思考和行为方式。

文化与发色

在密歇根州立大学的几年是我学习生涯中最为有趣的经历。当时我们班有很多学生——大一时一个班大约就有三十多个，其中大多数学生都来自不同的国家，班里的美国学生也都有在世界的其他地区生活的经历。我们形成了一个亲密的团体，经常一起组织聚会、野餐等活动。

某天课后，我们在教室里聊天。队里的人忽然提到最近老缺席的一位女同学，他说："奇怪，我都好几天没见到那个小红头了。"

小红头？我对这种称呼很陌生。他怎么能用如此奇怪的方式来称呼别人呢？这个人真的是红头发吗？难道我之前一直没有注意到她的红头发？我仔细环顾教室才发现我的同学们确实都有着不同的发型和发色，而之前我却从未注意到此事。

美国人常把人的头发进行分类，并用不同的分类属性作为参照系统。这个发现对于我来说是全新的。中国人不会用头发来指代别人，因为除了老年人和秃子外，每个中国人都是深色直发。因为中国人的头发只有细微的差别，所以中国人几乎没有一个准确的根据头发特点进行人群分类的概念体系，中国人倾向于完全忽视这个外貌特征。

第一与第二语言

来美国前曾发生过一件令我费解的事。1969 年，我与加林教授及其夫人在台北研究城市移民。某天我父亲来看望我，并与加林教授聊天。因为我父亲不会说英语而且他的普通话有加林教授听不懂的口音，所以我不得不在他们的聊天中扮演翻译的角色。当我父亲跟我说需要翻译的话时，我注意到他用的是台湾的本土语言台语（闽南话），而非我们常用的普通话或广东话。虽然我与父亲都能说流利的台语，但我们从未在面对面的私人聊天中使用过台语。

我委婉地提醒父亲没必要用这种特殊的语言，因为加林教授并不是台湾人而且他也是通过我来与加林教授对话。我的建议毫无作用，父亲继续对我说台语。经过几次反对后，我决定忽略它，心想可能是由于父亲和“洋鬼子”聊天太过兴奋。

当我在密歇根读书时，类似的事情再次发生，这让我忆起了从前的疑惑。某天我正在加林夫妇家，碰巧另一位教授来访，他带了一位奥地利朋友。当时已到下午，在加林夫妇的邀请下，我们决定留下共度晚餐。就餐时，加林教授与这位奥地利朋友聊天，忽然，他对这位奥地利人说了中文。他说：“请来，不客气。”字面意思是“请自便，别客气”。加林教授并未意识到这个口误，之后继续用英语聊天。

从这两件小事我推理出人的认知很可能是在几个不同的层面运行。第一个有可能是最“本能的”认知层面，它涉及一个人成长过程中习得的第一语言、亲密的生活方式和文化概念。之后是第二和第三层，这两个层次涉及他文化的知识主体。当遇到一位不属于第一认知层的人后，人们很有可能立即会将他们的第二或第三认知系统投射到这个人身上，并认为这样更符合情况。如果我的假设是正确的，那么当我们见到一位学习西班牙语的学生尝试用西班牙语与日本游客沟通时就不会觉得异常了！

什么不能说

中国人有个习俗是新近认识的朋友在分开时会说一些吉祥话，诸如恭喜发财、事业有成或学业有成、旅途顺利等。在传统中国社会，婚姻都是父母包办，因此当某人见到一对恩爱有加的情侣时，便会很自然地祝愿他们“早日完婚”，意思是这对情侣会说服他们的父母接受他们自己的选择。但是，在不同的文化语境里使用这类表达可能会引起问题。

某次我受邀参加一个聚会，一对美国情侣邀请了他们的另一对情侣朋友和几位中国学生。他们将我们介绍给主人的妹妹和她的男友——两人是大学同学且已同居了一段时间。他们相信彼此的情感依恋但表达了对婚姻意义的怀疑：“我们更加喜欢我们现在的方式。”那个年轻小伙子说：“如果两个人真的彼此相爱，没有必要一定要用具有社会惩罚性的契约将他们绑在一起。”

我们度过了一个愉快的夜晚，正当我们准备离开时，一名中国学生走近那对年轻情侣，习惯性地说：“祝你们早日完婚！”

他大概并非真正地想祝他们早日成婚，但他并没有意识到他说了些什么。这对年轻情侣的反应自然不必说。那个年轻小伙子张开嘴，露出吃惊的表情。年轻女孩红着脸反抗说：“但我们并不相信婚姻啊！”

食 物

美国文化中我始终无法欣赏的便是食物。成长于一种具有多种食材和菜系的文化中，我认为美国的食物非常单调。最糟糕的是当我吃美式饭菜时很快就会有饱腹感，有时甚至刚吃完沙拉就已经饱了，但只用过一小会儿就又饿了。

起初我认为这种现象只发生在我身上，原因可能是我不太爱好美式饭菜，所以每顿都吃得不多。我坚信中餐的味道比其他所有饭菜都好吃，也从未想过假如美国人吃中餐也会有与我相同的问题。

某次我与妻子邀请了几位同事共进晚餐。我们聊天的话题不知如何转到了不同文化的饮食烹饪上。我开玩笑地评论说，虽然我是个受过专业训练的人类学家，但我的胃口与我的学术能力一点都不匹配。我告诉了他们关于我吃美式餐饮会出现的奇怪问题，也告诉了他们我认为的引起这个问题的可能原因。听罢，其中一位同事笑了起来："这也正是我来你家吃晚餐的问题，虽然我现在已经很饱了，但在我回到家之前肯定就已经又饿了。我以前一直以为引起这个问题的原因是中国菜奇怪的味道！"我非常吃惊地发现同样的问题居然也困扰着别人。

这种跨文化的饮食问题令我十分困惑，或许饮食的口味并非问题的原因。从另一个角度来对比美国与中国饮食的差异，我开始意识到食物多样性和成分才是它们之间的主要区别。中餐里含有许多带淀粉的食物，比如米饭、豆类制品和蔬菜等，而美国饮食则含有更多的肉组织。当进餐时，人类的消化系统更期待消化某种文化习惯性使用的食物。当人的身体对某类食物的配额饱和后便会感到肚子饱了，但对其他没有达到配额度的食品便会感到饥饿。

因此，可能我们所有人在食用跨文化食物时都会遇到这个问题。

一个复杂的现象

人类文化是一种复杂的现象，它支撑一种生活方式，指示人类的行为，为文化社区内的成员提供因果逻辑。因为我们通常都会坚守自身的文化准则，所以不能理解或欣赏其他的生活方式。想要消除阻碍跨文化相互理解的文化偏见是很难的。甚至对于声称实施客观研究人类文化的人类学家来说，类似的偏见也存在，因为和其他任何人类一样，我们都是我们自身独特文化的产物。虽然人类学家有功于书写大量描述“他文化”的文献，但或许我们还需要做更多。他文化可能为我们提供了一面从具有文化制约的人类层面来审视自身文化的镜子。我们需要像审视我们研究的文化那样来审视自身的思考方式、价值标准和行为模式。希望我们通过这种持续性的自我反省，实现在第一手资料的基础上理解文化更深层次的含义。

To eat or not to eat?

郑少雄（中国社会科学院社会学研究所）

对于我这样一个饮食甚为挑剔的人来说，长时间在他者的社区中生活，绝对是一个巨大挑战，这个挑战强于宗教的、语言的、心理的乃至身体其他方面的一切挑战。

我看过许多国外人类学家描述异乡饮食的文章，大体而言，这些文章共同传达的信息是：一方面，能够选择人类学为志业的，大抵本身是些心灵开放、热爱冒险、勇于挑战禁忌的人，因此对诸如在韩国吃狗肉，在中国的西南山地吃飞蛾，在亚马孙森林吃虫子，乃至在非洲草原上茹毛饮血都没有太大的障碍；另一方面，就算那些在感官上未曾“脱敏”的人类学者，为了取悦当地人或获得他们的信任，也会硬着头皮吞下各种千奇百怪的食品。

相形之下，我在甘孜藏区的饮食经历可算是乏善可陈。我的田野地点主要在康定关外的木雅地区（当然时常也去甘孜各县游历），这里的日常饮食以田地和畜栏出产为主，不大会出现离奇古怪的食品。而且，由于“SK”寺庙多吉堪布的影响力，近几年村里逐渐呈现出一种清教徒的气氛，为了摆脱杀生的罪过，全村除了牛以外，一切家畜家禽都已彻底绝迹，就是这些牛，村里人也已经全部宣誓过最后要放生了。村民们的肉食之需，基本上就仰仗于邻镇的市场。我的饮食怪癖是不沾猪肉以外的一切畜禽，这样的安排简直是救我于水火。

尴尬还是不期而至。堪布时常带我四处看看，也包括去牛厂（高山牧场上）看他的表妹。牛厂的条件之艰苦可想而知，但是妹妹看到亲爱的堪布哥哥到来，激动不已，马上洗手做羹汤，做了一锅唤作“nhaki”的东西来招待我们。所谓“nhaki”，就是把一大坨酥油煮化以后，在里面放进一种叫作“ngedu”的白色固体奶制品，将其煮成轻柔的条状，外观接近棉絮的质感，又比棉絮更实些。煮好以后，妹妹给我们各自盛了一碗，我吃了第一口就完全不知所措了，口感除了酸，就是满嘴的油乎乎。堪布倒还矜持，同来的几个小喇嘛早已吃得眉开眼笑。看着他们甘之如饴，我实在忍不住想象自己吃下去之后满世界找厕所的窘境，谁能扛得住喝油下肚呢？我考虑再三，终于还是放弃了。

Not to eat，背后隐藏着千回百转。

酥油和“ngedu”都是奶制品中的上佳之物，100 斤牛奶充其量提取出 5 ～ 6 斤酥油或“ngedu”。因此用“nhaki”招待客人是比较罕见的，除非是贵客或最亲近的朋友。我在绒村多年，见到这样待客的场景似乎不超过 10 次。

这让我想起自己的幼年时期。二十世纪七十年代末、八十年代初的福建乡村，由于交通不便，亲戚上门是一件大事，客人刚到家时，往往要先奉上一碗点心，多半是豆腐皮、金针菇、蛏干煮成的汤，里面卧着两个荷包蛋。客人必定只象征性地吃点佐料，荷包蛋最多吃一个，讲究的客人则把两个荷包蛋都留给主人家里的娃娃。有些家长会把娃娃先赶出门，免得在桌旁候得太明显。我们家最常来的是一位姨婆和一位表姑，她们特别懂“礼”，也深受我们姐弟仨的欢迎。有一次家里来了外地的客人，好像是我父亲的大学同学，他们不明就里地把点心吃了个底朝天，我那没出息的弟弟当场就号啕大哭起来。

基于这个经验，我决定不再坚持，略为宽心地搁下了碗。由于牛厂生活艰苦，许多家庭都放弃了牦牛养殖，只在村庄里居住。现在还在高山上坚持的，多半是经济条件不太好，需要靠养殖业来补充收入的人。我放下的这一碗“nhaki”，或许正是山上的小朋友期待的。我问过特别相熟的喇嘛这类问题，他们含笑安慰我说：“是老人吃还是小朋友吃就不大好说。”在藏区，老人会受到更多的优待和尊重。

常年混迹在喇嘛和村民中间，我在社区里的名声不算太差。在任何情况下，比如即使有些老年人仍然保持舔碗的习惯（这个场景使得村里的年轻人有时也会对我偷偷地挤眉弄眼表示愧疚），即使明知席间的某些人患有肝炎，我都和他们共食，从无难色。我不吃他们最习以为常的牛羊，在他们看来也不难理解，就像村里大部分人不吃鱼一样，并非我的刻意挑剔。更重要的是，我和年轻人一起上过“choze”神山，要知道“choze”的难度不仅在于举行念经、更换玛尼旗处5000米的海拔，更在于通往“choze”山顶的那一条孤绝的羊肠小道，下临深渊，所有人要在凌晨两点从半山腰的“dhaka”胆战心惊地攀援而上。村里的男性在年轻时都去过“choze”神山，但到中年时，就只到“dhaka”去迎接年轻人的归来。作为一名踩在中年门槛的外来者，我的壮举被村民们誉为“比我们康巴人还得行”。

从情感上我时常受困于自己的饮食挑剔，但从理智上说，我觉得我们的观察对象也在观察我们，他们是同等程度的人类学家，对我们的各种言谈举止进行通情达理，乃至移情式的评判。To eat or not to eat，希望这不是一个问题。

尝胆知寒

周建新（云南大学）

我从事民族学人类学研究几十年，走过、看过、吃过的东西实在太多。如果单单说吃，可谓吃过黄连苦，品过蜜糖甜。要说记忆深刻的美食，也确实能够抖出一箩筐。不过，这里我要说说那次“尝胆知寒”的故事。

2000 年秋天，黄兴球老师听峒中镇那丽村巴冷屯的报道人说，他们村子有人要搞仪式活动，便邀请我和潘岳老师一同前往。我们要去的村子有 17 户人家，120 多人，属于小板瑶，又称“花头瑶”。据报道人说，当地李氏兄弟六人要为其父亲去世一周年举办祭奠活动，并且在第二天给小辈举行度戒仪式。这种活动平时难得一见，对我们来说机不可失，于是我们匆忙赶来，想通过摄影手段把这些仪式全程记录下来。

那天我们从南宁到达峒中之后，村里的两个老乡到镇上来接我们，我们便跟随他们一路步行到村里。由于小路曲折难行，大约五六公里的山路走了整整一个下午。到达村子时，已经将近傍晚时分。快到村口时，远远就看见村头收割后的田地里围了许多人。走近一看，他们正在处理已经屠宰好的一头大肥猪。锅灶架在露天地里，炉火烧得正旺，旁边用塑料布搭起的棚子下面已经摆好了一张很大的桌子，上面摆了一圈碗筷和酒杯。

主人看见我们一行从田埂上走来，赶紧热情地迎了上来。不等我们放下随身携带的摄影器材，就拉我们上桌吃饭。我们也不推辞，便和主人一起围坐下来，备好的饭菜开始被陆续端了上来。

这时，只见一个身强力壮的年轻汉子，手里拎着一个东西，往正在煮肉的开水锅里焯了一下便拿出，然后走向餐桌。原来他手里拎着一个刚从猪身上取下的苦胆，看上去仍然软乎乎的，就像一个未吹起的气球。走到桌前，那汉子迅速在苦胆下面扎了一个眼，熟练地在已经聚拢的酒杯上方转了一个圈，胆汁滴落下来，酒杯中顿时泛起了绿色，这就是所谓的“苦胆酒”了。

作为一个土生土长的新疆人，我从来没有见过这种开席的吃法，开餐前大家要一起共饮一杯猪苦胆酒。我心中胆怯，再三推辞，可主人却不依不饶，上纲上线，似乎不喝这杯酒就会坏了他家的大事。没有办法，谁让自己学了民族学人类学这门专业呢？于是入乡随俗，我便硬着头皮跟着大家一仰脖子也喝了下去。这是一个皆大欢喜的开始，随后大家开始大块吃肉，大杯喝酒，觥筹交错，不亦乐乎。

天黑之后，祭奠仪式正式开始，黄兴球、潘岳老师开机录像，马上进入了工作状态。而这时的我，开始隐约感到腹中难受，难以自制，于是慌忙去找方便的地方。毫无疑问，苦胆酒开始在腹中发挥作用了，而且来得这样迅速。当别人都在忙着工作，或者看热闹时，我却开始频繁跑去房前屋后找出恭的地方。

主人发现情况不对，知道城里来的客人中招了，赶紧过来察看。村民见状赶紧上山采药，很快便从山上采来大把草药煎煮，随后端来一大搪瓷缸煮好的药水，我二话没说喝了下去，之后便迷迷糊糊地睡着了，一夜未醒。

第二天早晨起来，我居然止住了腹泻。记忆中，那天早晨的阳光真的很亮很亮，仿佛我第一次看到阳光一样。

此次经历后，我在三个方面有所收获：第一，查阅《本草纲目》，知道猪胆汁入药大寒，去肝胆之火，但脾胃虚弱之人万万不可尝胆试寒。第二，瑶族民间的确有治疗腹泻的灵丹妙药，同时我也彻底相信了中药的作用。坚信对于一个中国人来说，知道一些中医之道那是不可或缺的。第三，我对“胆寒”二字的理解更加深刻，以后在课堂上解释这个词语时可以现身说法了。

手抓肉的美味与考验

王建民（中央民族大学）

羊肉，是一种美味，新疆的羊肉似乎更是得到人们的赞誉。我自幼生长在新疆，对于羊肉也是非常喜爱。后来到内地读书工作，也依然在新疆不同地方做田野调查，知道了越来越多的与地方认同紧密联系的羊肉的故事和说法，也有了一些人类学田野关系的感悟。

新疆各地的人都说本地的羊肉是最好吃的。阿勒泰人告诉你："当地的羊吃的是中草药，喝的是矿泉水，走的是黄金路。"尉犁人会说："因为羊生长在长有罗布麻、肉苁蓉、甘草等野生中草药的盐碱草滩上，羊还会吃千年不死的胡杨树叶子，因此'天下羊肉尉犁香'。"罗布羊是当地绵羊品种的主体优势畜种，据说抗病能力强，因当地土壤盐碱大，羊以碱性植物为食，羊肉含碱性氨基酸比其他地方的羊肉高出许多，精肉多、脂肪少、无膻味，因此被纳入国家畜禽遗传资源目录，也获得了国家农产品地理标志保护产品登记保护。

说到地方品种的名羊，我在塔城地区裕民县吉兰德牧场调查时，当地牧民给我讲了巴什拜羊的故事。这是由当代哈萨克族历史名人巴什拜选育出的一个地方羊品种，据说是从前苏联带回种羊，在裕民县杂交选育出的。

然而，牧民讲述的则是另外的版本。牧民们说，巴什拜还是一个小伙子的时候比较贪玩。第一年春天，他父亲给了他 100 只羊，让他到巴尔鲁克山里的夏牧场放牧。结果到了秋天，羊都跑丢了。第二年又给了他 100 只羊，又跑丢了。第三年他父亲还是将 100 只羊交给他，但特别严肃地警告他说："如果这次羊再跑丢了，你就不要回家来了！"他意识到了问题的严重性，虽然想要好好放牧，但还是忧心忡忡。进山后，他看到了满山遍野的羊群。这些羊长相很特别，个头比一般羊大，有些还有四个犄角。牧民们说这是因为前两年的那两群羊和山里野生的大头羊杂交了。也有人说，有一年秋天，巴什拜家的羊群里混进来两只健壮的雄盘羊。巴什拜发现后没有惊动它们。两天以后，雄盘羊离开了。第二年，羊群里的母羊产的几乎全是双羔，羊羔体形明显大于往年，刚出生的小羊羔几分钟后就能站立行走。也许真是具有野羊的基因，我在巴尔鲁克山里不仅看到这种羊体格大、耐粗饲、耐寒冷，而且领略到羊羔肉的鲜美。

在哈萨克牧民毡房吃手抓肉，通常羊是现宰的。很多次都是牧民在我们到达之后，先去羊群中挑一只羊，带回毡房，请客人过目，并请最年长的客人做"巴塔"，也就是祈祷。除了老少平安、四畜（牛羊马驼）繁盛、儿女成才、健康愉快、民族团结、社会和谐之外，"让毡房穹顶的烟越冒越高"是牧民们很喜欢听的一句话。因为通常是挑选当年的羊羔，所以会有"没有结过婚的羊娃子"之说。宰羊剔肉，直接入锅。在牧场上多是在毡房外用木柴烧火，大铁锅煮肉。

羊头，是草原哈萨克人接待贵客的具有礼仪性含义的食物。羊肉煮好后，羊头、江巴斯（羊胯骨）、羊腿等分别摆放，有时客人多还会用几个盘子。羊头用盘子装着，羊鼻子冲着客人，摆在最尊贵的客人面前，请尊贵且年长的客人做“巴塔”。祈祷之后主人会请这位贵客分羊头肉，客人拿起摆放在盘子里的小刀，用左手托起羊头，右手持刀，刀刃向内，先从左面颊削下第一片肉，分给身边的年长者，希望他能够在牧场上有威望、有脸面，接着依次将羊面颊肉分给在座的成年人；羊上颚的肉则分给在座的小辈，祈望男孩子能说会道，女孩子歌声甜美；最后削下一只羊耳朵给儿童，另外一只可以给在座的最年轻的客人或者次年幼者，祈望孩子能够多听长辈的话。最后再把羊头递还给主人，主人会将羊头骨打开，将羊脑取出盛在小盘里给最尊贵的客人享用。其他部位的羊肉同样具有象征意义，如羊腿骨通常给风华正茂的青年，希望他们能够多跑腿、多干活。

手抓肉虽美味，但吃手抓肉也是对人类学家的考验。哈萨克人吃手抓肉时，主人为了表达热情，会将煮熟的羊尾油切成小块，满满地摆在右手上，就像一只装满羊尾油碎块的船型小盘，请客人张开嘴巴，把手中满满的羊尾油倒进客人的嘴里。煮熟的羊尾油是很滑润的，但要把这些羊尾油都放在嘴里，实在难以做到。吃的诀窍就是边用嘴接着羊尾油，边往食道里吸，让软糯的羊尾油滑到胃里，这满满一捧的羊尾油才能够咽下去。有一次，我和我的好友——一位研究游牧生活的美国人类学教授一起，到天山深处的昭苏县去做田野调查。虽然最终因为办理边境通行证的误会，他未能实现田野调查的愿望，但在到达那晚吃手抓肉时他却有了一次难忘的痛苦经历。在两三个小时的聊天过后，大家在牧民定居点屋里的土炕上围坐下来，铺好餐单，热腾腾的手抓肉端上来，做过巴塔之后，由坐在美国教授另一边的一位哈萨克老人掌刀，按规矩先吃羊头肉。这位美国教授长我一岁，又是远道而来，自然成为那天手抓肉席上吃第一块羊头肉的人。受到手抓肉盛宴的热情款待，他当然是非常开心。不过，我却暗自担忧下面要发生的事。果然，下一个节目开始了——给客人喂羊尾油。我急忙向主人解释："这位朋友吃不了肥羊肉。"主人正在迟疑之际，我们这次调查的助手，一位哈萨克族女老师用汉语对美国教授说："这是哈萨克族的礼节，你必须吃掉的，不然就辜负了主人的好意。"主人将手里的羊尾油碎块减掉了一些，喂到美国教授嘴巴里。我将接着捧到我嘴边的满满一小捧羊尾油咽下去的同时，用余光扫了我的朋友一眼。只见他鼓着嘴巴，泪花在眼睛里转着。那些羊尾油还在他嘴里含着！我转过脸去看着他，他因为嘴里堆满了羊尾油，一个字也说不出来，只能满含泪花用眼神来向我求助。我赶忙说："教授想要去方便一下。"众人急忙让开空间，让他去了院子里的旱厕。吐掉了所有的羊尾油后，美国教授回到餐桌边，大概只是喝了一小口肉汤，再也没有进食，也几乎没有再说话。田野社会关系变得不再顺畅，刚才和谐气氛也凝固而且转换了。田野民族志技术中是不是该有"食"的一席之地呢？

从30多年前开始，在完成诸如“游牧民生活方式的转换”“哈萨克民间艺术与认同”之类的课题过程中，每次在哈萨克毡房用味蕾体验着手抓肉美味之时，我也在不断地复习其“文化象征意义”。我本人也从调查团队里吃羊耳朵的小伙子，成了这几年再进毡房吃手抓肉时做“巴塔”和执刀分羊头肉的老人家，对于手抓肉与田野社会关系也多了几分领悟。

吃鸡的技术、记忆与心得

杨正文（西南民族大学）

作为20世纪60年代初出生的人，伴随着身体成长的是缺衣少食的大集体年代，肉食是个稀缺品。牛作为集体所有的生产力，杀来吃肉那是犯罪。尽管家里能养猪，但也不能随意宰杀，即便逢年过节，有了杀猪过年的理由，还必须交出一半给城里的供销社，接受国家剪刀差低价格的收购，或许那是一种农业重税。那个年代，对于生活在贵州偏远乡村的我而言，牛肉猪肉是奢侈品，只有在祭祀的场合，才有机会吃上牛肉。尽管那时牯藏节祭祖、扫寨等属于非法活动，但人们到了祭日还是会悄悄杀牛祭祀，沿袭千年的祖先惯习，谁也不敢违拗。万一被政府官员发现，众口同声："牛自己不小心，昨天摔死的！"

鸡与牛、猪不同，生产力算不上它，农业税好像也没把它看上眼，总之用西南官话说不论公鸡母鸡都算不上"鸡的乒"（GDP），于是，即使在那个家庭个体经济非法的年代，有青山绿水的苗寨，鸡有了自由生长的空间。更何况鸡在苗族社会中是个不可或缺的祭物和食物。苗族祖先老早就把与他们生活世界中紧密关联的可食家禽、家畜和英雄祖先一起摆放到史诗里，其中公鸡的故事与射日的故事纠结在一起。传说在十二个太阳挂在天上没日没夜炙烤着大地，热得世间万物不能生存的时候，有后羿气概的苗人英雄祖先勾耶射掉了其中的十一个太阳，余下的那一个太阳再也不敢出来，世界陷入一片漆黑，万物不能生长，人类没法生活。万物只能施千方使百计去请太阳出来。马去叫不出来，牛去叫不出来，猪去叫不出来，鸭、鹅去请也不出来，最后是公鸡去叫，太阳脸红彤彤地走出来。从此，宇宙有了生命，公鸡也合法获得了施日的身份，每天是它鸣叫请太阳东升送太阳西落。鸡也因此成为苗族日常生活中重要的祭品、食品。丧葬上，年节中，立房建屋，婚礼，乃至为病重者行治疗仪式，甚或探望体虚伤病的亲朋，等等，无不有鸡的贡献。以至生出用鸡、吃鸡的民族地方逻辑。

“鸡鸭八块”是我自小被规训的吃鸡伦理。所谓“八块”是指一只整鸡煮熟后切割时要保留完整的八块：鸡头、鸡腿、鸡翅、鸡脚和内脏（心肝），每一个部位对应分给围桌而坐的人，鸡头是男主人的，鸡肝、鸡心给最年长的，鸡腿给年龄最小的，翅膀是给已经在外闯荡或即将远走高飞的人，双脚是给能挣钱或希望能赚钱的人吃的。这是杀鸡待客或年节喜庆时吃鸡的逻辑。如果一直生活在家乡的苗寨里，一个人一生中总有那么几年常被分吃鸡的某个部位，定会吃出技术、吃出心得来。当然，一个人从吃鸡腿到吃鸡心、鸡肝，也就行将走完人的生命旅程。

在我的记忆中，至十七岁离开家乡上大学以前，吃鸡大多还是在各种祭祀的场合中。依稀记得那是 1975 年 8 月前后，我刚上初中的时候，吃鸡的次数特别频繁。那段时间，公鸡刚过夜晚八九点钟就高声鸣叫，反常的鸣叫造成了村寨人们的恐慌，按照当地习惯，反常带头鸣叫的公鸡要被斩杀祭神，而且会用竹签穿着它的头插到高高的山上，惩罚它好好看日出日落，知道自己是怎么犯错的。今天带头鸣叫的鸡被杀了，明天又有带头的，我家七八只公鸡就这样被杀掉了，寨子里其他人家也大多如此。不知过了多少天，有聪明的村民才提醒："是不是电灯惹的祸？"原来，那段时间是村里刚建好的小水电站发电送电的日子，第一次用上电灯的村民兴高采烈，大多也不会关闭电灯，屋里屋外，通宵达旦被电灯照如白昼，公鸡分不清是天刚黑不久还是快要天亮，造成了鸡的生物钟紊乱。就这样我家乡有一批雄壮的公鸡为村寨的电灯付出了生命，成全我们密集吃肉的日子。唯一幸庆的是不管何种原因，在贫困年代有更多吃鸡的机会，练就了穷日子吃鸡的技术。

人类学宣称学科起源的动力之一是西方学人为了从别人的文化中反观自己和反思自己的文化。这的确有些道理，在苗寨中吃完一只鸡不吐骨头，没有人会对此感到讶异。可在别的文化里长大的人眼中，多少有些特别。2004 年夏天我去韩国交流，檀国大学安教授陪同我去参观景福宫，中午安排在附近一家有名的高丽参鸡汤店用餐，落座后服务员摆上各种小碟开胃菜，之后就是主菜高丽参鸡汤。端上来两个木质托盘，每个托盘上放一口黑色砂锅，还沸腾不止的砂锅里是一只完整的鸡，安教授说是白凤鸡。鸡有一斤半大小，鸡腹内填塞有糯米和一根高丽参。稍降温后，我们拾筷开吃。由于鸡不大，炖得已经接近骨肉分离，我从头到身再到脚腿，不到半小时，整只鸡及汤饭已经见底。安教授望望我笑，我望望他笑，我只好解释说自己从小就吃饭速度有点快。他好奇问，是不好意思吐骨头吗？我解释说从小在家里养成了嚼碎骨头吞下的习惯。可当晚我的吃鸡之法成为了传说。当然，并非苗寨的人吃鸡不吐骨，只是本人自小养成嚼碎鸡骨鱼骨的吃法，吃高丽参鸡汤时不经意间被复制，从而让韩国朋友惊讶罢了。有一年台北辅仁大学的胡泽民教授同我去黔东南时，他用幽默的方式给我的嚼碎骨头之类的穷吃法提出了批评，他对当时在场的学生和教授们说，终于明白了苗族地区没有恐龙化石的原因，到苗族地区寻找化石是徒劳的。

2005 年初冬，包括安教授在内的韩国朋友被我带到我的家乡参加苗年节庆活动，算是对我上一年去韩国的回访。我们一行去我的小学老师家里做客，进门不久，老师大声吩咐师母说："正文带着远客贵客来家做客，没什么好招待的，你先给每人杀一只小鸡端来。"我给安教授等人解释，众人大感惊讶，力劝别太浪费。不一会儿师母端上来的每一个碗里盛的都是一个荷包蛋和甜酒酿（四川话叫醪糟蛋）。我对在场的朋友开玩笑说："我老师今天用无骨鸡招待大家，是希望你们同我去韩国吃高丽参鸡时一样别吐骨头。"宾朋在一片笑声中，情谊又增加了几分。

伸缩胃技能

周雨霏（伦敦政治经济学院）

人在田野，需要具备很多技能，比如速记、认路等，其中有一项技能是你在去田野之前极容易忽略，却又至关重要的，那就是伸缩胃技能。所谓“伸缩胃”，即可大可小的胃，其中最为关键的是前者。事实上，在田野里你是很难饿着的，反而可能会遇到另一种“苦”——吃不下。

在西藏盐井村做田野的那些天，我就经历了各种各样的吃不下。

一天早上，我吃过早饭后去盐井教堂做弥撒，在途中认识了一位老奶奶，被她“捡”回了家。到客厅一坐，她就端出一大盆青稞饼、酥油茶和一碗似乎是在柜子里放了一夜的酸菜鱼，热情地叫我吃。我已经吃过早饭了，加上看见那成群的苍蝇盘旋于饭菜上，着实有点瘆人，所以我并不是很想吃，但因为刚和她认识想留下好印象，只好硬着头皮吃了下去，并答应她下午再来找她玩。

中午吃过午饭，我拎着礼物回来找她。结果，找了半天没找到，被另一个半路遇见的奶奶“捡”回家去了。这个奶奶也是带我到客厅坐下，并二话不说倒上酥油茶泡奶渣，然后给我盛了一大碗白饭，并把一盘大概是中午吃剩的青椒肉丝重新炒了炒，端给我吃。我只好硬着头皮吃了下去。也就是说，这一天我吃了两顿早饭、两顿午饭。哦，对了，坐了一会儿之后她又给我吃了苹果和高压锅煮羊腿。

第二天傍晚，我需要步行四公里去村里参加葬礼，出发前我吃了一堆能量充足的零食。走到逝者家之后，主人招呼我进了客厅，让我跟一群正在喝酒的老人们并排坐着，然后给我倒了一大杯加糖的青稞酒、一碗酥油茶、一大碗米饭和一盘吃剩的青椒肉丝（是的，又是青椒肉丝）。我看着这碗饭和这盘青椒肉丝，感到一丝震惊。不过，在老人们热情的注视下，我再一次硬着头皮吃了下去。这一天我吃了两顿晚饭。

第三天是出殡的日子。下葬完毕后，我们回到逝者家中吃饭。这一次，我们并没有提前吃过午饭。不过，我们还是大意了，因为这一次我们吃的是加加面。

所谓“加加面”，就是一边吃一边加的面。每次只加一小碗，所以即便饭量小的人也能吃好几碗。据称，盐井历史上吃“加加面”的最高纪录是一连吃了一百三十多碗（也有说法是一百四十或一百二十碗）。如果你能够打破这个纪录，将会得到丰厚的奖品，即“一百头牦牛，以及一位卓玛（如果你是男性）或一位扎西（如果你是女性）”。当你吃面时，负责加面的人端着碗、弓着腰站在你面前，伺机而动。只要你碗里的面吃得差不多了，他们就“嗖”地一下，把面加在你的碗里，留下一脸诧异的你，只能乖乖地把这一碗也吃掉。你尚未吃完时，“嗖”地又被加了一碗。

更糟糕的是，这一天的加面人中有一个身手异常灵活的小男孩，他甚至不顾你的面有没有吃完，只要你的脸和碗之间露出了缝隙，他就立马把面加了进来。我的同伴就这么中招了，于是最终她比我多吃了一碗。这一天我们只吃了一顿午饭，但是胜似两顿。

诚然，主人主动拿东西请你吃，是好客与爱的表现。从先民时代以来，分享食物就是拉近人与人距离的不二途径。在田野里，你会不断地遇到各种各样的人，会与各种各样的人结为朋友，所以你也会不断地被各种人喂食各种各样的东西。为了做好田野调查，你要么学会拒绝，要么就做好吃到撑、吃到吐的准备。

各位正在做田野或是正在去做田野的路上的朋友，祝你们有个好胃口。

“背锅侠”的田野饮食

马斌斌（中山大学）

走过一段路，总有刻骨铭心的经历和难以舍弃的情感。自从爱上人类学后，我便与田野结下了不解之缘。

我出生并成长在一个传统的回族家庭，自幼遵从回族传统文化和伊斯兰教的教导，同时也养成了严格的饮食习惯。于我而言，什么东西可以吃，什么东西不可以吃，通常是很清楚的。但进入田野后，一切都变得模糊了。

在去水族聚居村落拍摄有关水族文化的纪录片时，我是背着“锅”去的。在这之前，我前往没有回族或穆斯林居住的地方做田野调查时，很难找到“清真餐”，对于不愿违背“民族传统”的我而言，“背锅”无疑是一种最好的选择。尽管有自己的锅，但每每忙时，根本没有时间做饭，尤其是在拍纪录片的时候。在田野中，吃什么就成了我每天的大问题。我有过吃老鼠“吃剩”的方便面的经历，但记忆最深的，却是田野自制“烧鸡”。

那一次，我和我的彝族同学随同两位老师在水族村拍摄纪录片，一连忙碌了好几天，每天的主食大都是一碗挂面加一点咸菜，自己带的干粮也慢慢吃完了。几天下来，随行的带队老师看不下去了，再三要求给我买一只鸡，让我自己来做。带队老师花了100元钱从当地养鸡户家给我买了一只“最大”（其实也就三斤左右）的鸡，然后由我主刀宰了那只鸡，这可是我生平第一次宰鸡啊。宰完鸡后，我在同学的帮助下，花费了近半个钟头，收拾出了“可食”的部分，也就是整只鸡的三分之二。一切准备就绪，不料忽然停电了，在没有煤气、没有电的情况下，如何把鸡弄熟成了一个大问题。在彝族伙伴的提醒下，我们决定用柴火烧鸡。于是我俩生起柴火，在洗干净的整只鸡上抹了盐巴、辣椒等作料，开始自制“烧鸡”。近一个小时后，黑乎乎的烧鸡终于“出炉”了，鸡被烧煳了，勉强“可食”的部分只有一半。即便如此，我们还是一起分享了这小半只鸡，虽然味道没有想象中的那么可口，但这样的经历却是历久弥新啊。

回想我不多的田野经历，“烧鸡”无疑是最令人印象深刻的。以往每次到达田野点后，一起前往的老师和同学们都能很快和当地人同吃同饮，而我只能在旁边看着，时不时向那些询问我为什么不能一起吃饭的人做出回答。时间久了，我渐渐明白，对于第一次听说回族的人来说，“清真”是一个比“回族”更为遥远的概念；对于那些稍微了解“清真”的人来说，“清真”就是“不吃猪肉”，仅此而已。所以每次我都要花费一些时间想一些“合理”的措辞，同时提醒自己不能使用“干净”和“不干净”这两个词来解释他们的问题。当然，在同一个田野点待久了，大家就见怪不怪了，尽管如此，饭桌上的我仍然是永远的“他者”。在当地人眼里，我是一个固执得连饭都不吃的小伙子；在随行的老师同学眼里，我是一个十足的“背锅回”。我把自己连同锅一起，从一处背向另一处，而走过的每一处，都留下了我这个莫名的“他者”。

饭桌也许只是一个缩影、一片天地，但就在这片天地里，一些人可以开怀畅饮、谈天说地；另一些人却会因自身的文化或传统，只能做一个静静的“他者”，而我就是后者。

婚宴上的生食

潘年英（湖南科技大学）

我是在 1997 年第一次去到秀王侗寨的，虽然在此之前我对这个寨子已经久闻大名，知道那是一个传说中的侗族大歌起源地，但由于交通不便，我一直没有机会走进它。1997 年夏天，我由福建泉州返回老家贵州黔东南做音乐人类学的田野考察，居然“无意”中去到了秀王侗寨。

我是在去一个叫王江的侗寨的途中，偶然听说秀王村就在前面不远的地方，才临时起意去秀王村的。从王江到秀王，只有 3500 米山路，我们步行过去。进入秀王村后我感到非常惊讶和震撼，我完全料想不到，当今世界居然还保存着如此完好的传统农耕文明社区。整个村寨有 300 多户人家，全部系木楼建筑，没有一栋砖房，寨中有鼓楼，有花桥。进入寨子后，看到有很多小孩在寨子中心的鼓楼前嬉戏，追逐打闹，有成年人在劳作，还有老年人在鼓楼内休息聊天，所有人都只讲侗语，少有人会讲汉语……我被这寨子完全迷住了，发誓一定还会再来——因为当天我已经跟城里的朋友约好，要回去参加他的宴请，所以在秀王村只匆匆看了一眼，就离开了。

直到三年后的一个冬日，我才利用放寒假的时间再次来到秀王村。这一次，我在这村子一待就是 13 天，感觉自己像是在这寨子上度过了漫长的一生。

因为之前我在秀王寨中的鼓楼前给一群小孩拍摄过照片，所以，当我再次来到秀王村时，我就拿了一大堆照片回来散发给那些小孩。其中一个女孩长得特别乖巧灵动，我就问当地人知不知道她家在哪里，于是他们就带我去找到了照片上的那个小女孩。小女孩叫培花（“花”是她的侗族名字，“培”是侗语的一个前缀词，意思是“姑娘”）。我给她拍照的时候，她大约 11 岁的样子，还是一个稚气十足的小孩，而我再次见到她时，她已经 14 岁，长成大姑娘了，完全变了一个人。我把照片给了她，并说明来意，希望能在她家入住一段时间，她的家人欣然同意。

那时培花还在中学读书，念初一，所以她会说汉语。这对我后来的田野考察帮助极大。她每天为我带路，当翻译，为我后来完成那本关于音乐人类学书稿的写作，做出了巨大的贡献，我在那本书的后记里当然也感谢了她。当然她也很感谢我，一是我后来资助她念完了中学，二是我给她家甚至他们寨子传播了现代饮食文明。

事情是这样的，当地饮食多半是以生食为主，即便是熟食，也做得很粗糙，没有任何烹饪技术含量，不仅味道不好，而且极难吞咽。当天晚上培花家为了欢迎我的到来，特意杀了一只鸭子。但鸭子的烹饪方法令我目瞪口呆，杀死鸭子后先用火烧去毛，然后取出内脏，再把鸭子整个放入铁锅中煮至六七成熟，然后拿出来剁成几大块，盛于碗中供大家分享。我夹了一块，死活嚼不动，后来悄悄扔掉了。反正那天晚上我一块鸭肉也没吃到肚子里，其他的菜也不怎么吃得下，就喝了几碗米酒。酒倒是好酒，但菜实在不敢恭维。

当天晚上我就发现他们家只有一个塑料盆，洗菜用它，洗脸洗脚也用它。第二天我就到寨上的小卖部买来了三个不同颜色的塑料盆，告诉培花家人，红的洗脚，黄的洗脸，蓝色的洗菜……我同时买了一些肉，亲自下厨示范，把菜炒熟，且弄出香味了。第三天，我再次去买肉来给他们，要他们效仿我的做法炒菜，结果大获成功，我从此吃到了可口的菜肴。

但那时候的秀王村还没有市场，所以并不常有肉卖。大多时候，我都还是跟他们一样以素食为主，生活极为艰苦。后来，有一天寨子上有人结婚，我心想这下该有好吃的了吧，就打算去送礼，然后好好吃上一顿。我问培花当地送礼一般是多少钱，培花去问她爸爸，回说一般是 5 元，最高是 10 元。我心中有数了。当天中午就跟培花一起过去，送了 30 元的礼钱。对方家人当然非常高兴，一个劲儿挽留我吃饭，我本来就是想来吃好的，当然不客气。但是，当饭菜被端上桌时，我傻眼了，满满的一桌菜，全是生食，生牛肉、生牛瘪、生血……除了糯米饭是熟的，几乎没有可以下嘴的菜。培花实在看不下去了，就拿了一坨生牛肉到厨房帮我烧熟了，再拿回来给我吃，我勉强把那坨肉吃完，心中联想起列维－斯特劳斯关于生食与熟食的文明结构论断，遂感慨万千却无从言语。

鬼火绿

张文义（中山大学）

在景颇山多年，我慢慢相信人们说的“你是什么命，就能吃到什么”。房东家的几兄弟，大哥是打猎的命，家里饭桌上经常野味飘香；二哥是文字命，在报社工作；三哥（也就是我的房东）是土命，“种什么都有得吃”。房东三哥瘦瘦高高的，肤色黑，手指修长，头发卷曲，一丛一丛的，随头的动作自然散开、跳动。“我不像中国人，我头发卷、皮肤黑，大家都叫我‘巴基斯坦’，记不得我的名字。”2003 年 3 月 31 日，我到景颇山的第一天，他看着我的眼睛这样说。

我记住了他的土命。每年冬天，三哥在院里挖开土，种上青菜，什么肥料都不放，菜长得那个茂盛。村里人不时来看，三哥不在，就问我种菜经验。我说：“我不是土命，是码字的命。”大家很认可，就只见我拿着纸笔出现在各种场合：吃饭、吹牛、种地、献鬼、打猎……我记录着青菜从种子到食物的全过程。青菜太多，吃不完，送不完。剩下的洗净、控水，做水腌菜，酸脆提神，就着它我能吃三碗饭，还不放过汁水。酸汤下饭，是我对景颇山雨季的味觉记忆。

三哥前妻很会做菜，村里人多次跟我说：“他家总能吃到很多我们吃不上的菜。”雨季的野菜，干季的干菜，自己种的，配上市场买的，每顿饭都简单有味。三哥的二姐嫁在隔壁村，也对过去充满回忆：“以前我家孩子在这寨子小学读书，住老三家，吃得很好，回家都不想吃我做的。”雨季我不时去二姐那儿，她全家有鸡枞的命。一家子出动，漫山遍野跑，一个雨季能找到价值两三万元的鸡枞。每天，不完整的或买主挑剩的鸡枞，都出现在自家饭桌上。“太可惜了，你原来那三嫂年纪轻轻就不在了。现在这个不会做菜，也不想做。你是吃不到那些好菜了！”二姐把最后一句拖得很长很长，绵绵的，像大雨过后缓缓漫过一切的水雾。

我无从评判二人的厨艺。我见过原来三嫂的照片，三哥所有亲戚都提过她、喜欢她。三哥说，她也是土命。现在的三嫂也是土命，爱做菜，是村里各办事场合的厨师队中的一员，却懒得在家做菜，舂菜除外。牛肉干巴、白参（一种菌子）、红绿相间的酸果或长满硬刺的毛球果（微酸、涩，带一股澳洲坚果的清香），配上火红的朝天椒，舂成碎末，干枯中带着柔润，酸、辣尖锐奔走，需要干饭调和。

景颇人常说“舂筒不响，不开饭”。每天，三嫂煮好饭菜就开始舂，听得我直咽口水。我合上电脑，晃到厨房等待着。住在爱舂菜胜过主菜的人家，一开始，我怨念很小。“我们吃什么，小张也吃什么。”房东跟人说，这是我最先完整听懂的景颇话。“小张特别爱吃我家的舂菜。”三嫂也跟人说，“我们都没他吃得多！”我默默无语，有点莫名开心，也掺点不得已。因为景颇人一天只吃两顿饭，我得让自己每顿多吃点，春菜是个好帮手。

景颇山的雨季，一连六个月，是最让人爱春菜的时节。绵绵细雨，暴风骤雨，无休无止。天黑前来的雨，默默加深着夜幕。站在窗前，看夜幕雨幕，听风声雨声和屋檐下小鸡、小猫、老狗困居一天的无聊哈欠声，我心中空荡无神，心绪随雨水浸入大地，一点点沉重起来。

雨季，洋丝瓜长得最好，几棵植株，搭好架子，便爬出一亩面积，密密麻麻挂满果实。饭桌上总是炒洋丝瓜、煮洋丝瓜、洋丝瓜加酸腌菜汤。日复一日，我心理阴影一点点增大。十多年后的今天，看见洋丝瓜，我都不由自主往后缩。救我命的是一道春菜，新鲜辣子切条，新鲜石头姜切片，蒜切片，拌上酱油，滴点香油，直接吃。一入口，辣味瞬间冲向全身。辣子的辣如激流，奔腾着充满整个头部；姜的辣如漫漫长河，浸润全身；蒜的辣像火花，直冲鼻孔。吃这道菜，人瞬间全身流汗，头上“鬼火”直冒，因此，菜名为“鬼火绿”（绿指火苗颜色，辣到像火苗一样往上冒）。云南方言中，“绿”读“禄”，吃了鬼火绿，大红大绿，富贵可期。三哥还说，最厉害的鬼火绿是用缅甸的辣子做的，没几个人敢直接吃。一大锅汤，提着辣子在锅里涮一下，整锅就辣了。

我吃鬼火绿，根本来不及想那么多，拼命扒饭。雨季的怨念融入汗水，透过毛孔，被鬼火蒸发。甚至，头脑中每个想法都向虚空飘逸离散。吃完饭，我头脑一片空白，一阵子后，才回过神，轻松！田野中，每天码字，思虑多，需要鬼火绿洗脑，清空念头。

多年田野下来，我明白，人类学家的命是住进哪家就随哪家吃什么。

朗德腊肉

龙仙艳（贵州师范大学）

2016 年 4 月 9 日，我因搜集国家课题相关材料，在贵州黔东南朗德上寨做田野调查。

因为是周末，爱人一直以此处风景绝佳为由怂恿儿子前往，母亲因身体不适需在贵阳治疗遂一同前往，故此次真可谓是“上阵父子兵”。下车后，儿子和母亲还在芦笙场闲逛，我和爱人就四处寻找适合的农家乐安顿下来。刚出芦笙场不远，碰见一位腰挎旅游小商品、微矮敦实的苗族阿姨，我们向她询问：“姨妈，我们一家四口，要两个房间，您知道哪里有住处吗？”

她沉稳地说：“我家就有空房间。一个房间 40 元，男女不同住！”

我接口说：“苗寨不留夫妻间，我们是知道的。我和我母亲住一间，他和一个孩子住一间。你给我们留两间吧。只是好像这里没餐馆，吃饭的问题怎么解决呢？”

“吃饭也可以在我家，一天两顿按人头算，娃娃不收钱。有肉的 25 元一天，全是蔬菜的 15 元一天。”她略微介绍，丝毫没有风景区那种热情过头的推销与兜售。

我开玩笑地和爱人商量：“在城市天天吃肉，我都胖成这个样子了，来到这里大家就吃吃素吧！”

朗德上寨背山面水、古木参天、梯田层层，时下正是春耕之时，田间地头到处都是忙碌的身影。

儿子兴奋地在村前的小河里玩水嬉闹，他对苗寨里的一切都兴致盎然，下午时还买了一把儿童芦笙，吹得呜呜响。因为有母亲陪同他胡闹，所以我和爱人腾出时间来参观博物馆、做田野访谈并拍摄照片，两天的周末似乎一晃而过。

周一有课，星期天要赶回贵阳，所以不到下午四点，我们就开始吃晚饭。因为事前打过招呼，所以饭桌上是标准的三菜一汤：清炒土豆丝、黄瓜蛋汤、干煸四季豆和苗寨特有的蘸水酸菜。

揭开电饭锅时，6 岁的儿子皱着眉问我：“妈妈，这个饭太稀了，怎么吃？”

“当然是用筷子夹起来放进嘴里啊！最好还要加点蔬菜一起，味道就更好了。”我调侃地回答他。

他试图撒娇：“可是，我就是不想吃煮得很稀的米饭嘛！”

“乖儿子，你看那位阿姨一天到晚忙得像陀螺，多辛苦啊！饭稀一点就少吃饭，多吃菜，要学会宽容别人，尤其是男子汉。”我以妈妈特有的唠叨安抚他。

果然是孩子，一小会儿他就忘了这事，愉悦地在美人靠边上安设的临时饭桌上津津有味地吃着晚餐。

村外的小河潺潺流去，陆续有炊烟四处升起，偶尔有一两声狗吠打破静谧的村寨。本来还以为半个小时就能吃完赶车，但这等田园风光牵扯着我们一家四口，不知不觉这饭就吃得漫长。

约莫四点半的样子，房东胖阿姨蹒跚地爬上吊脚楼，她端着一个较大一号的电饭锅，羞涩地笑着说：“娃娃说饭稀是对的，我忙着烤酒，可能水就加多了一些，这个电饭锅里的饭就煮得适合，你们把稀的饭倒了吧！这个才好吃。”她终日忙碌，话一说完，一转身就见她抬着小号的电饭锅下了楼。

儿子揭开电饭锅，吃惊地说：“妈妈，情况不对。”我凑了过去，明白了他的诧异——原来电饭锅里的米饭上，还有满满一瓷碗的腊肉。

我对爱人说：“你下楼去问一下，我们要的是素菜，这位姨妈是不是弄错了？你去叫她抬下去放到锅里，不然一会儿她们吃的时候就凉了。”

爱人和那位苗族阿姨一起上了楼。她圆圆的脸上满是笑意，两手搓着衣角难为情地说：“没有弄错，腊肉是送给你们吃的。我知道你们吃完饭就走了，姐你们一家都是好人。我想你们一走就不知道还能不能再回来，第一次煮饭就准备蒸腊肉，忙忘了，第二次才蒸上的。这腊肉是我用自己养的猪做的，猪是喂苞谷长大的。杀猪后用香料腌好，最后用柏树枝熏的，送一点点给你们尝一尝。”

她所言的一点点腊肉其实是满满一大瓷碗。腊肉是黔东南一带苗族特有的熏腊肉，从颜色来看，每一片都黑中带亮，肥的颜色略微黄、晶莹剔透，瘦肉部分颜色乌红、根根纤维有如倔强的火柴头般赏心悦目。

行走苗疆，我多次碰见这样的感动。

她下楼后，我母亲感慨："这些人太善良了！这肉是猪腿上的，一头猪的这个部位熏干后不会多于 20 斤，估计平时自己都不太舍得吃。"

我夹起一片腊肉细细品尝：肥肉糯而不腻，瘦肉嚼劲十足，余香满口。每一片腊肉都有如温暖的手掌，将我的心抚慰得无比柔软。作为一个开发了近三十年的旅游景点，朗德依然保持着它特有的安静与善良。

我偷偷地将五十元钱压在电饭锅下，温情地与那位慈眉善目的苗寨阿姨道别，心中不免感慨：无论是观光旅游还是田野调查，我们其实都是在体悟一种在别处的生活。即便高科技与现代化将旅游景点的硬件不断升级，行走的我们更需要的，其实是本土文化持有者一颗能让你感受到温馨与柔软的心。

汽油桶里的腊肉

赵树冈（安徽大学）

几年前，我第一次到湘西，几乎每天饭桌上都有盘腊肉，湘西的朋友一方面殷勤劝菜，强调湖南腊肉全国闻名，另一方面也频频询问我是否适应重油、重盐的腊肉。当我夹了一块有着玫瑰红的瘦肉与半透明油脂、肥瘦相间、咸中带鲜、有着浓浓烟熏味的腊肉放入口中的时候，我告诉他们我不仅习惯，更感觉到一种相当熟悉的属于童年的记忆，甚至感受到一股莫名其妙的“乡愁”。在离台湾千里的湘西大山里勾起的童年记忆是这趟行程的一大收获，让我又回忆起我的邻居王妈妈和她家50加仑的铁皮大汽油桶。

我童年时邻居们来自五湖四海，似乎除了新疆、西藏、内蒙古地区以外，其余各省市的都有，其中又以四川、重庆、湖南最多。湖南大多数方言我都听不懂，有位湖南湘乡的老伯伯很喜欢和我说话，但我却从没听懂过，只能伫立傻笑、频频点头，就这样他还是始终没放弃和我交流。相较之下，四川、重庆等地的西南官话好懂些，我也能讲上几句不地道，甚至令四川、重庆友人“发指”的“四川话”。

过去台湾的闽南人没有制作腊肉的习惯，而客家聚落不经烟熏和曝晒，用五花肉腌制一天，再煎烤切片的“咸猪肉”应该也不能列入腊肉之列。我的邻居们来自各省，饮食习惯也相互影响，几乎每个家庭都能适应各地的口味，而过年前腌制香肠、腊肉更成为每家每户共同的活动。王妈妈院子里有个 50 加仑的汽油桶，平日里都闲置在角落，但每年过年前一个月左右，这个大铁桶立马成为邻居们的宝贝。铁桶下方开了个大约 30 厘米见方的口子，上方横摆着几根钢筋，桶底燃着米糠、柴枝，钢筋吊挂着腌制好的五花肉，汽油桶就成了熏肉桶。

王妈妈是湖南人，但她带有长沙口音略显急促的普通话，我倒是能听懂个七八成。王妈妈个头小，大人们都喊她“王瘦子”，每年过年前，王妈妈瘦小的身影就穿梭在巷道，王家也不时挤满了人。因为我们周边最近的邻居中就只有王妈妈家有熏肉桶，每家都排队等着熏腊肉。我到现在还纳闷，我们附近也不见稻田，王妈妈每年从哪里拿到那么多米糠和柴枝。

小孩通常会比大人更早吃上香肠、腊肉，几个小伙伴经常在每家每户用竹竿将香肠腊肉高挂在院子的时候，就会趁着大人不注意，拿小刀割下最后一节香肠，切下一小块腊肉，找个僻静的地方生火分食。反正香肠、腊肉被野猫叼走也很常见，这也给了孩子们更多机会。对于小男孩来说，重点不在于吃上那点难以果腹的肉块，而是在没有被发现的情况下，看着火光下烤着的猪油滋滋作响，仿佛自己是从紧张危险的战场上归来的英勇战士，共同分享战利品。

儿时记忆里的腊肉是否与湘西的腊肉类似，因为时间久远已经记不太真切，到底像不像，似乎也不是那么重要。关键是，同样的味道无疑能够唤醒同一类的回忆，而特定的时刻食用某些食物或许也不是为了果腹或食欲，而仅仅是为了追寻特定的记忆。或许哪一天，我在台湾吃着吃着腊肉，又会被味道带往充满烟熏味的苗寨家屋里，回忆着自己和苗族朋友们围着火炕，大啖腊肉的情景。

田野与食物

刘忠魏（河南农业大学）

中国人对食物有足够高的敬意和足够丰富的情感，“民以食为天”就是形象的表述。“天”，在中国传统文化里，意味着神圣和权力，而君主祭天也离不开诸如“三牲六畜”一类的名堂。子曰：“食不厌精，脍不厌细。”总之，作为具有象征意义的食物，它至少意味着信仰、权威和品格。至于说吃饱了不饿，或说有维系生命的功能，当然也没问题。

我的田野点大理喜洲的食物也不例外。与大理其他地方一样，喜洲也有自己的“本主”庙和各种神佛的寺庙。据九坛神庙的王奶奶说：“佛吃素，不爱管闲事。本主管理我们，吃荤。”荤和素算是佛与神的区别吧，但二者在民间信仰中都是神圣的存在。此外，某些本主还“挑食”，如作为本主之一的“中央皇帝”不能吃鱼，传说他生前南征时受过伤，而鱼是“发物”，对伤口愈合不利。不管，反正大家都这么说这么做，人世间的道理也就对神仙产生了效力。神圣与世俗通过食物得以沟通和转换。或许，这点田野也足以颠覆结构主义的浪漫思辨了吧。

“喜洲粑粑”鼎鼎有名，作为中原人，我称它为西南烧饼，确实美味。彼时，我在那里田野，“法定起步时间”[①]是一年，品味自然与观光客不同。汗流浃背骑行而来的驴友，或被导游裹挟的拍照团哪能吃到正宗的烧饼？巡村完毕后，我会游荡到杨叔叔家的门楼下，泡上一杯茶，一边闲话家常，一边看杨叔叔两口子做最正宗的喜洲粑粑，和面、拌馅、生火、翻烤，等到哪个有缘的烧饼新鲜出炉了，我会点名吃它。杨叔叔有时收我 3 块钱，有时 2 块钱，有时免费。市场价是 4 块或 5 块钱，村里人 4 块钱，外地人 5 块钱。当地好友知道后说：“哎呀，你享受的优惠比我们还多呢。”谁让你们没时间陪老板聊天呢。田野，因食物而美好！

但如果说田野都是这么惬意，那也违心。食物，也意味着陌生或疑惧。大理有道名菜叫生皮：把猪去毛之后，用稻草烧，然后把猪皮和某些部位的猪肉加工成“生皮”。问题是，那丝丝嫩肉看上去太过新鲜，还是生的呀！最初，当地朋友热情地礼让时，我确实忐忑不已。但禁不住“生皮场域”（一桌子人都吃得津津有味）的诱惑或强制，于是也尝试着一点点吃起来。嗯，皮脆、肉嫩，蘸水有滋味，味蕾和想象融为一体，就是好吃呀！田野，也因“味道”和“体验”而熟悉起来。

美味还有很多。比如，苍山的花菜、各色的菌类，洱海的海菜、开海时节的鱼、用牛奶制成的乳扇、鲜美无比的泥鳅豆腐

---

① 法定起步时间，指的是从事人类学的研究者必须经过严格的田野考察训练，通常要求初次做田野工作的人居留调查点一年及以上时间。

汤……当然，这些美味都是和鲜活的人物、特定的情境融在一起的。食物，同样意味着情谊。细想起来，不同的圈子会有不同的味道，食物同样是人际交往的内在构成。

因此，人类学家对食物的回味足以成为田野工作的关键线索。因为田野就是由这些有滋有味、有故事、有思考的食物串起来的。食物以及伴随食物的故事和思考成为你生命的一部分，这或许就是田野中食物的意义所在。

一片腊肉

刘　婷（云南省社会科学院民族文学研究所）

从普洱到西盟的盘山路上一直有暖风穿过，到达西盟已是午后。这个所有建筑都用佤族元素装饰的小城，随处可见牛头与茅草屋顶。住进村子，推开窗子便是绿色的森林，小鸟和阳光跳跃在树梢。

黄昏走上佤山准备吃部落的鸡肉稀饭，当地人笑眯眯地钻进旁边的小树林手脚利落地抓到一只颜色鲜艳的走脚鸡。放完血便用铁叉架在火塘上烧掉鸡毛，并用热水煺毛。白色的米粒在山泉水中淘洗干净连同洗净切块的鸡肉一起倒入一个黑色的烧锅，直接架在火塘上烧煮。等饭的间隙，主人端上待客的血肠，是用糯米浸了猪血后塞进肠子里挂房头晾干，吃的时候切下一段蒸熟切片，米肠糅合了猪血的鲜香，零星肥肉的油脂随蒸汽填满了糯米的每一个空隙，入口的瞬间滋润饱满。不一会儿，香气扑鼻的鸡肉稀饭抬上了桌，米粒饱吸了鸡肉的香味，连同香甜的鸡汤慰藉了一路颠簸的风尘。值得一提的是我从小一直厌恶的芫荽，种植在部落田间饱吸了山林阳光和雨露后居然入口清香，丝毫没有城市售卖的芫荽那股冲人的腥气。夜幕慢慢降临，村中大树枝繁叶茂，火塘温暖如昔。

第二天，去距离缅甸 40 公里的佤族聚集村翁嘎科访谈，蜿蜒曲折的盘山路把我甩得晕头转向。终于进到寨子，十多位佤族妇女盛装接待我们，抽着她们心爱的烟锅，烟雾缭绕间我们找到了需要的素材，热情的佤族人民带我们转起了寨子。按佤族风俗，转寨子时每家都要去，每去一家，主人都会拿出家里的米酒用竹筒盛满敬你。主人“岩”你米酒时你也必须“岩”其他人米酒，作为她们尊贵的客人，我在“岩”了三竹筒后，发生了严重的晕酒，全身皮肤泛红色，如一只熟透的龙虾。为了不伤害可爱的佤族人民的感情，我把酒都“岩”给了佤语翻译，导致这位 30 多岁的瘦弱佤人在回程的半路吐得一塌糊涂。为了弥补我心中的愧疚，临走时塞给他的妻子 200 元钱，他颤颤巍巍地想追出来拒绝，我们赶紧夺路而逃。这纯朴而善良的酒文化让人晕眩，也让人感动。

回到村子，昏暗的灯光下，一张干净的小饭桌上早已摆好了碗筷，一碗腊肉、一盆青菜和一碗米饭。来自深山的猪肉，肉本身就带有草木的清香。在腊月腌好后挂上屋梁，任火塘的烟火熏烤，丰厚的油脂在时间的推移下慢慢溢出，水分干燥后肉条也被熏得漆黑。切下一块洗刷干净，用清水蒸煮，拂去多余的油脂和盐分，再放入油锅煎至两面金黄，肥肉晶莹剔透如水晶。牙齿咬下的瞬间，觉得整个世界都离得很远，只剩下舌尖的奇香。

那夜，饥肠辘辘的我们坐在蝉声如雷的山谷，仰头可以看到耀眼星辰。一盏孤灯下，世间所有的失意、所有的辛酸都消散在一片腊肉的温暖里，只知此刻，你我无恙。

苗寨入心的酒俗

黄　萍（成都信息工程大学）

我喜欢在上班途中边驾车边听广播。前两天在广播里听到了一则新闻，标题是“黔东南党员干部落实贵州省‘禁酒令’见闻”。内容讲的是贵州省自2017年9月实施了史上最严的“禁酒令”，从此前要求党员干部“工作日中午不准饮酒”升级到了“公务活动全面禁酒”。于是，苗族侗族村寨古老的拦门酒传统仪式发生了变化，苗家迎宾的牛角里装的自酿米酒换成了水或果汁；苗家餐桌上放在入村干部面前的米酒也换成了水或果汁。我听完这则新闻，十分担忧如果长此以往，苗家山寨那些遗存千年与酒相关的古老习俗是否会渐渐变味，甚至消失。

我这一生似乎与“酒”有不解之缘，除了我曾在贵州最知名的酒业任过职以及花了数年心血完成了《贵州茅台酒业研究（1728—1956年）》博士论文外，我还对苗家的米酒情有独钟。虽然我并不喜欢饮酒，可我喜欢透过“酒”这个特殊媒介走进和感受蕴含在酒中充满情趣、从心而欲的古老酒礼和酒俗传统。

记得第一次去苗寨还是在1985年，晃眼已经三十多年了，当时的一场欢送酒宴给我留下了永生难忘的记忆。那时我刚大学毕业不久，十分有幸成为一名科学考察队成员，参加了为期一个月的“雷公山自然保护区科学考察”工作。此次考察分成了 25 个学科组，我参加的是植被学科组，共 4 人组成，我是其中唯一的女性。在考察期间，我们通常驻扎在村寨或当地政府搭设在荒野中的临时接待站。每日早出晚归，翻山越岭，步行数十里，回来时总是背着沉沉的采集标本。那时正值 5 月中下旬，冬眠在树林下的蛇及其他动物都开始复苏，我生来就害怕蛇，所以特别小心翼翼，但在工作时还是免不了会偶遇到蛇，总是令我惊吓不已。

记得我们到达的第一个接待站是坐落在深山中的一个小村寨，现在虽不记得村寨的名字了，但还依稀记得这个小小苗寨的美丽风貌，两边都是高山，山间有条清澈缓行的河流，村民们散居在山坡上，靠近河流和山下平缓处的土地都开垦成了水田。我们此次居住的地方是在河流边一块平地上的粮仓里，男女房间以进门的通道作为分隔，木质隔墙约 1.5 米高。村寨里的村长和妇女主任是俩兄妹，他们待人亲切友善，每日亲自尽力为我们准备膳食。这个接待点是我们整个考察期间停留时间最长的驿站，足足待了 5 天。就在我们即将离开的头一天晚上，村长给我们举行了送别宴。

送别宴的地点在半山坡上的一间大房子里。当天傍晚我们考察收工回来时，将路遇的一条小竹叶青蛇装入一个塑料瓶子，放在我们居住的粮仓通道上。还没有等我们来得及清洗一下，村长和妇女主任就来催促我们上山进晚餐。路上，只瞧见前面好几个村民各自抱着一个土坛子前往那所大房子。等我们围着火炉坐下来，看见火炉周围已经摆上了比往常要更加丰盛的菜肴，其中有两大盘鱼，我好奇地问村长这是从哪里弄来的鲜鱼，村长说是他和另一个小伙子今天在河里赶了一天的成果。我突然想起上午我们出门时，就看见村长站在河道中间，我当时很纳闷他站在水深齐腰的河中间干吗，现在终于明白他是为了把鱼赶往他们事先布置在河下方的渔网处，从而捕捞上这些新鲜的河鱼。老实说，我一看见这两盘鱼就直吞口水，今天回想起在那个年代，我们能够吃上这样一顿鲜美的鱼肉，是一件多么幸福的事情。可见村寨的人们对我们的热情友善了。

当妇女主任把最后一道菜端上来，更是令我们惊喜，那是刚刚蒸熟的腌制小乳猪，我们心里都清楚，这样的食物不说在城里是稀罕之物，就是在村里也是难得的上等美食。只可惜当时被催促参加送别宴走得匆忙竟忘记带上平时工作用的黑白相机，不然至少可以留下那个令人难忘的隆重场面。

我们被苗族老乡们的热情深深打动了。村长给我们每个人的面前放了一个盛满米酒的小碗，他端起自己的碗，说了一番依依惜别的话之后，提议让我们端起碗来一起干杯，同饮而尽！我们几个都不胜酒力，可又盛情难却，只好把这碗酒一口气喝下了。谁知这一下更无法推托说不喝了。村长说苗家的规矩是主人先敬客人，而且是一个一个地敬，然后客人也要一个个地回敬主人，这叫喝“团团酒”。此时我才注意到今晚村里共来了 8 个人，除了村长的两个妹妹，其余都是男子，他们抱上山的坛子里全部装的是各家各户自己酿制的米酒。我心里算了算这个团团酒喝下来，我们每人至少要喝 16 碗。由于从来没有喝过苗家米酒，刚开始喝起来感觉很淡，如同喝水一般，所以我就壮着胆子喝了一圈，这时脸开始感觉发烫了，等到第二圈我回敬后，感觉有点眩晕。原本以为这样就结束了，没想到村长又发起了苗家唱歌喝酒的礼俗。唱完一首歌大家就要一起喝一次，苗家人个个都能唱，我们科考组几个人都不会唱，实在无奈我代表大家跳了一曲《洪湖水》的舞蹈。我们边唱边跳边喝，实在高兴愉悦，男人们可能是喝兴奋了，开始相互主动敬酒。又过了一会儿，有人说要出去方便，我只见两人相互拉着手扶着肩摇摇摆摆迈出了房屋大门的门槛就各自往两边倒在地上了，我忍不住笑了起来，因为我想到了此前曾看过一篇文章说苗家的米酒后劲十足，喝多了一出门就会醉倒在地，所以被人们形象地喻为“BiangDang”酒（比喻酒醉不省人事突然倒地发出的一种声音）。此时此刻我就亲眼见证了这个生动的描述。

一会儿又出门一对，即刻倒地。我在屋里坐着看到这个情景真是忍俊不禁，肚子都笑疼了，我害怕自己也会这样，就坐在那里坚持不动，可是最终我也实在忍不住需要起身出门方便，无奈两腿发软、头脑发晕，根本无法站立，我起身抓住妇女主任，她又叫上自己的妹妹一边一个把我紧紧搀扶着从房里出来，但一出门我神志全无，此后的经过全部浑然不知，至今也不记得。

等到第二天醒来时，太阳已经爬上山坡。小组其他同事全都起来了，他们正在屋里屋外慌张地寻找什么东西。见我起来了，他们立即跑到我居住的这半边屋子四处搜寻，并且着急地让我掀开被子，我赶紧问找什么，原来是我们头一天带回来的竹叶青蛇从瓶子里跑出来了。天啊！那可是一条毒蛇，如果咬伤了人，后果将不堪设想。昨夜我们居然就在如此危险的情况下毫不知情地醉入梦乡。而这一醉竟让这段送别宴成为永恒的记忆！

最近十来年，因为完成国家社科基金研究课题，我也多次走进苗寨，体验过拦门酒、迎宾酒、家宴酒等各种礼俗，每一次我总会主动端起那碗米酒仰天畅饮。因为我知道只有这样，苗族的酒文化才得以源远流长，从而让中国多元的好客文化和丰富多彩的酒文化保存完好，成为促进中国与世界交往的重要载体。

豆腐奶、土豆和老腊肉：我的羌区故事

汪洪亮（四川师范大学）

我对羌族地区很有感情，那是我的第一个“田野”。我在农村长大，从小就“走在希望的田野上”，后来到了都市，在研习史学多年后，发现还有另一种“田野”。研究生期间，我接触过李安宅先生的著作，见其反复倡导“实地研究”和“应用人类学”，才知道人类学家足迹所到之处，都可谓是“田野”。2002年下半年，我在导师杨天宏教授的安排下，开始研究中华基督教会全国总会在川康民族地区的边疆服务运动，冬天跑到北京翻了一个月的文献，便动了做“田野”的心思，次年春就跑到汶川、理县盘桓数日，过了一盘“田野”的瘾。

田野中最难忘的除了文化，就是饮食。面对美食，我爱吞咽口水，但真到吃的时候就很费劲。我的牙齿在朋友圈中是出了名的不好，导致吃东西“欺软怕硬”。每次吃饭，总比朋友慢几拍。他们在等待中询问：“你在嚼什么啊？”我就自嘲：“我这是在咀嚼生活。”那时朋友总结了我在外吃饭的两大特点：一是喜欢吃豆腐，二是喜欢喝奶。于是在一次田野中，一人拉我左臂，呼“吃豆腐好”；一人拉我右臂，呼“吃奶好”；再跳一个美女出来，一锤定音：“还是中西结合好，吃豆腐奶！”

2006 年 7 月 1 日，第一届羌学研讨会在汶川举行，参会人员都被邀请参加萝卜寨的转山会。附近羌寨的“释比”都来帮忙。阿尔村老释比余明海的孙女余正萍被誉为“羌寨里飞出的凤凰”，我与她在羌族文化论坛上认识。晚饭时桌子上摆满了菜肴，不过归结起来主要就是两种菜，一是萝卜，二是土豆，用各种方法做出各种花样，吃得我心花怒放。

2007 年中秋节，我与三位女博士约定国庆探访羌族。余正萍告诉我，她在北京回不来，可以由他的哥哥余正国接待我们。假期来了，我们先去萝卜寨，余正国叫了辆面包车，有他的招呼，我们就不用买门票了。车子在云端弯来绕去，岷江穿梭在崇山峻岭之中。

当天中午在萝卜寨吃完饭后，余正国便下山了。我们按计划在萝卜寨住一晚。萝卜寨的房屋构造及街巷布局，我在《消失的萝卜寨》中已有介绍。从视觉冲击力来说，萝卜寨在羌寨中算是相当突出的，同时旅游包装的痕迹也是明显的。第二天一早，晨曦微光，我和其中一个高挑的女博士走在街巷上，小雨润如酥。每路过一个坡坎，我便牵手拉上她，又轻轻放下。由于记忆集中在行路，至于吃了什么，倒没有什么印象了。

下午，余正国又带车来接我们去龙溪乡的阿尔村。相对于萝卜寨来说，阿尔村就比较原始了，没有什么陌生人，羌民都会说羌语，普通话和四川话也都能说。这里有山有水，满目皆绿。我们就羌族的信仰和释比的仪式等问题，与余正国做了很多交流。作为最年轻的释比，余正国表示自己还有很大的成长空间，他也非常钟爱自己的民族文化，对于传承和弘扬释比文化，有着强烈的担当感。为此，他放弃了其他的工作机会，专一地学习释比的法术和仪式。

晚餐是在余正国家吃的，非常丰盛。由于当地水草丰茂，蔬菜是不缺的。饭桌上有腊肉，半肥瘦，肥的地方晶莹剔透，瘦的地方纹理严密。我食欲极佳，三碗干饭下去，意犹未尽。女博士们吃得精细，也忍不住流连在腊肉之间。饭后我们到阁楼上，参观了他们作法的羊皮鼓等法器，也看到了从梁上倒垂下来的腊肉，准确地说，或许叫“腊猪”更为贴切：一块从猪脖子一直延伸到猪屁股的肉。我很奇怪，这样猪肉不会坏吗？余正国告诉我，不会的，他们都是这样做的，山里风大，猪肉上抹上盐，很快就能入味。

2008 年汶川大地震，羌区山垮房塌损毁严重。我很快就得知阿尔村并无大碍，只是被判定为不宜人居，要求他们搬家。余正国本已做好外出打工的准备，后来又说可以原地重建或修复，再次坚定了他弘扬羌族文化的信念，据说现在他搞起了释比文化传习基地。一晃已十年过去，那个和我在萝卜寨牵手的女博士早已成为我的夫人，余正国兄妹还一直未能再见。要不是家中老二还没满岁，我明天就想冲上当年的定情羌山，大口吃腊肉、萝卜、土豆了。定个小目标吧，明年国庆，再向羌山行。

你在其他地方会怎么说我们啊

张江华（上海大学）

1998年之后，我的田野点逐渐转到田东县（国家扶贫工作重点县）的石山地区。这里没有什么食物，他们的日常饮食是玉米糊，就是将玉米磨成粉，然后早上在吊锅上煮熟，一天里想吃了就去锅里盛上一碗，似乎平常也没什么菜，米饭也是难得的佳肴。我的房东是当地小学的校长，因有工资，他家在当地算殷实家庭，因此总是让我吃得和当地人不一样，我也担心我承受不了当地的实际生活，因而对房东给予我的照顾也听之任之。我的房东有一次对我说，当地人一年有200元就可以生存下来，一天一斤玉米，一斤玉米4毛钱，一年365天150元就够了，剩下50元买油盐。

不过即便是这样，他们还是尽量节省，努力建新房。他们要为每个结婚的儿子准备新房，而且近年来建的都是砖混楼房，钢筋水泥都要从山外运进来。在没通公路之前，都是人工肩挑手提，这样一来，亲戚间的帮工就很重要。为了请帮工，他们要买上一些好吃的招待大家，一般是猪肉、豆腐等，他们说要让人干这么重的活，至少要吃七块肥肉才扛得下来。这种场合还有各类仪式场合，是他们食物最丰盛的时候，他们也会用山里特有的一些调味品，在这里我第一次吃到了用紫苏做调料的菜，用山里特有的黄皮果烧鸡也很有味道。

这类场合也是他们开怀畅饮的时刻。他们喝的酒是自酿的土酒，度数不高，别有风味。喝酒的方式也与其他地方不一样，每人手持一调匙，如果是两人对喝，就互相喂给对方；而如果是三人或三人以上，则你喂给我，我喂给他，他喂给你，形成了一个循环。这让我很感兴趣，有一次我和他们讲斯特劳斯的婚姻基本结构，用他们的喝酒习俗举例，他们马上就理解了，其实他们的婚姻也有些近似间接性交换。从前他们的婚姻多半都在村落内展开，但又不允许直接交换姐妹，因此，多是分成七个以上的婚姻集团彼此循环交换，他们的婚姻规则与喝酒习俗如此类似，或许也存在着很大的关联。

我在这个村落里待了很久，几乎和每个乡亲都已认识，他们也很高兴看到我的到来。有一年清明祭祖，村里的男性几乎都回来了，每个人都来和我喝酒，并要求我叫出他们的名字，而我几乎都能叫出来，而一叫出来差不多就要交换四调匙的酒。也不知道那天我喝了多少酒，反正走到半途我人就瘫在了地上，醉得不省人事。

我的房东是一个很能喝酒的人。他们晚上喝酒，我睡过去了，醒来还见他们在一匙一匙地你来我往，我想劝他们少喝酒，也一直对他们换来换去的卫生问题抱有疑虑，甚至也想过是不是调查下他们传染病的比例，不过最终仍然什么都没有做。我的房东在 2006 年因肝腹水去世，年龄不过 60 多岁，这让我感觉很无力。前几年我去村里，他女儿带我到他的坟头，我坐在他坟墓前，对他女儿说：“我很喜欢你爸爸。”她说：“我爸爸也说了，他也很喜欢你呀。”

我还记得有一次，我们在一起聊天，说起在其他地方吃东西的故事，房东兴趣盎然地听我说完后，他问我：“博士呀，你在其他地方会怎么说我们呢？”我听了一愣，不知道该怎么回答，直到现在，我还在想这个问题。

桑科草原上的全羊宴

孙九霞（中山大学）

1996 年夏，我有幸参加了中国藏学研究中心格勒博士和香港浸会大学余振教授共同主持的“中国藏区传统文化与现代化”课题，到甘南、临夏、西宁、拉萨、山南、日喀则、那曲等藏区考察、调研、游历了 40 多天，心中留下了一段美丽的记忆。

7 月 17 日早上醒来，就听到帐篷外边牦牛吃草的声音。达哇睁开眼睛便说，昨晚有两只狗进了帐篷（他睡边上），想吃他身边的藏包，他打开电筒照了下，它们便跑了。我听了不禁有些后怕，幸亏当时睡着了！正说着，乡长（陪同我们调查的桑科乡乡长，才让丹增，田壮壮导演的电影《盗马贼》的男主角，既帅又酷）进来拿盆子，里边有我们从县城带来的几斤牛肉。达哇拿起盆子时，大叫一声：“牛肉没了！”原来狗想吃的是牛肉而不是包子。

起身后，发觉帐篷门口的塑料布上有一层薄薄的冰凌，草地上有一层露珠，天空是深蓝色的，云彩还没上来，牦牛已早早起来吃草了，阳光照着，丝毫不似昨晚的寒冷，暖暖的，越晒越热。喝着牧民送来的又浓又醇的酸奶，心里爽快无比。

我们喝酸奶的时候，乡长和厂长（夏河畜牧厂的厂长罗万

作者着藏装于牛羊成群的桑科草原

富，乡长的朋友，也陪同我们调查）驾车而去，据说是拉羊去了。过了好一阵，果然带回一只肥羊来，羊的四肢捆着，蜷缩在吉普车的后尾厢里。他俩二话不说，就开始磨刀霍霍，先把羊的前后肢分别捆紧，再全部捆到一起，这时的羊已是浑身发抖，可能意识到自己大去之期不远矣。的确，乡长已在用绳子捆它的嘴，捆紧后不过两三分钟，它便停止了挣扎。这时，厂长已削好了一个小小的枝条，乡长利索地割开了羊左侧后肢的腕处，并用枝条伸进去捅了一圈，然后开始吹气，一会儿就把整只羊都吹得鼓鼓的。之后开始剥皮，在前肢、后肢、肚皮中间各划开一道，几分钟的工夫，皮就剥落了。剥皮前，先用手将羊胸处撕开，掏出一些血，洒向天空，可能是祭天。然后开膛，并用碗将胸腔里的血舀出来，接着开始分解。整个过程，不过二十几分钟的样子，干净而迅速。宰杀过程自始至终只用一把小小的藏刀，轻巧而灵便。

接下来便是灌制血肠、肉肠，他们很喜欢羊血，乡长、厂长都可以蘸吃生血。很快我们便吃上了香美的羊肠，吃饱后，便开始对聚拢来的牧民访问调查。调查对象也是先吃一通，每人用藏刀一块一块地切着吃。访问一直延续到下午，对我们而言是艰苦的劳动，卧在草地上，腿脚酸痛。而被访问的牧民则舒适得多，他们一般盘腿而坐，有时也侧卧，有的抽烟，不抽烟的便时常含几根草在嘴里。送给他们的砖茶和糖都被揣在藏袍里。

傍晚又围着搭在草地上的露天的铁皮炉子吃烤羊肉，原汁原味，他们半生就可以吃，我则不行，要烤熟才吃。乡长在大家吃喝的时候便剁好了饺子馅，也和好了面。随后大家围拢过来，便开始包水饺，乡长擀皮技术堪称一流，很快，我们便美美饱餐了一顿羊肉水饺。饭后围着炉火又聊又唱，尽兴之后，便在充满青草芳香的帐篷中各自睡下。

但真正入睡之前还有一件大事要解决——上厕所。说是上厕所，其实根本没厕所，牧民非常自由，有一女子从车上刚下来，周围十米外有人，身边有牛、马、羊，而她从容地一蹲，大大的藏袍遮住了下身，也就解决了问题。而男人更是方便，多是一转身，便可方便。一次正访问着一个男士，他起身，我正要问他要干什么，只见他走出几步远，便开始小便，当然，是背转身。

而我们这些都市里的俗人，永远也做不到这么潇洒，可谓困难重重。无奈，格桑带来的一件大雨衣，成了大家的工作服。有遮挡是有遮挡，但不可能让人看不见。平坦的草原，走出几里路也可一览无余。于是只好壮壮胆子，厚着脸皮，其实也并没人在看你。还有一个问题是一旦你蹲下，眼尖的牦牛便马上向你围来，那时你的惊慌与狼狈自不待言。晚上方便，更是一种严峻的考验，空旷的草原上一片漆黑，只有星星向你眨着眼，狗的叫声更加衬托出了草原的宁静，自己的呼吸也会让你感到是一种不小的喧嚣。你不得不竖起耳朵，关掉电筒（担心那凶恶的狗会冲过来），仓皇完事，直至走进帐篷，心还会狂跳不已。但总算可以美美地进入梦乡啦。

我在西藏农村的吃饭经历

谭斯颖（重庆文理学院）

2015年1月，我进入了西藏日喀则市的夏鲁村[①]开始我的田野工作。在这个后藏最大的农村我度过了冬天和春天，看见了土地从干硬变得松软，从荒芜到青稞小麦的种子露出尖尖芽，也看见了树木从干枯的枝条到抽出新芽迅速染绿，院落里的桃花和月季花一夜绽放，落了不少叽叽喳喳的麻雀……景观随季节在变，但这里的日常饮食却始终如一，糌粑、酥油茶是每日必有的。

糌粑、酥油茶、干肉，这些食物对我而言，是个不大不小的挑战。我是广东的海边人，日常饮食讲求食材的原汁原味和营养均衡。鸡为白切、虾为白灼、鱼为清蒸、蔬菜油焗，新鲜的食材辅以生姜蒜与酱油等作料，口感极为鲜美。西藏的糌粑、酥油均为高脂食品，有极佳的御寒功能，但也恰是这个高脂的特性，让吃惯了清汤白饭的我的肠胃很快陷入了水土不服的境地。在田野工作的第一周，每天跑厕所五六次。要知道，冬天的后藏气温零下十几摄氏度，而且后藏农村的厕所无遮无掩，风一吹，这

① 夏鲁村位于西藏日喀则市区东南25公里处，著名的千年古寺“夏鲁寺”坐落于此。

滋味……

毕竟是走过南闯过北的，食物无论好坏，对我而言是可以克服的，最大的挑战莫过于这里的进食时间。我和田野点民宿主人是多年的老朋友了，故省了很多客套的繁文缛节，直接就进入了亲人一般的相处模式。在饮食上真正做到了他们吃什么我吃什么，他们何时吃饭我就何时吃。这一近距离的相处，我的胃很快就显露了“内地肠胃”的娇弱性了。我的肠胃进食时间多年来适应的是北京时间的“早中晚”，而西藏与内地有将近两个小时的时差，我的肠胃不得不面临倒时差的问题。雪上加霜的是，在我抵达田野点的第二天，这个一妻多夫家庭的女主人就病了。女主人旺姆被查出胆囊炎，在医院做了切除胆囊的手术，需要静心调养一个月。这意味着家里的家务活特别是饮食处于一个暂时失序的状态，这也意味着我面临着无人做饭的尴尬。在女主人生病调养的日子里，厨房显得愈发冷清。家里的男人们各司其职，大丈夫尼次留守家里给牛马喂食、挤牛奶，其他的丈夫和她的小儿子一早出去或给亲戚朋友盖房子①，或到山上照看牦牛。在厨房养病②的女主人一见我就喊：“央金，喀拉萨（藏语吃饭之意）。”可是，哪里有“饭”呢？长条形的藏式桌子上，只有一壶茶，一盒糌粑。

一家人能聚在厨房一起吃饭的时刻是晚上。民宿主人家的晚

---

① 后藏新年（藏历十二月）到开春（藏历二三月）的这段冬歇期是后藏农人集中修建房屋的最佳时间。

② 后藏农家的女主人多住在厨房，为方便照顾家人饮食。

饭一般是面条，这种面条是他们用自家种的小麦磨成的面粉加工而成的干面条，他们叫“甲吐”。煮面条时，他们会往里面放点牛肉或羊肉丁，撒点盐巴，味道还是不错的。为这一顿正式的晚饭，我等得眼冒金星。这里的太阳下山一般是在晚上八九点，这时家庭成员先后进入厨房。多孔的炉灶倒掉旧灰添塞了新牛粪，使火燃得更旺，一个锅煮水用来煨茶，一个锅煮青稞粒用作青稞酒。水沸腾后，灌进茶壶，再腾出来煮面。辛苦了一天的男人们喝着酥油茶，分享当日见闻。若饿了，顺手抓一把糌粑润点酥油捏成团状就往嘴里塞。因女主人术后不便下床干活，被当作外来亲朋的我因这女性身份还得识时务地给辛苦了一天的成员们端茶倒水。男人们忙着高谈阔论似乎忘了饥饿，面条煮了两个小时也不见有人主动去揭锅。我又困又饿，坐在藏式床的床沿耷拉着脑袋，昏昏欲睡。开饭的时间到了，一看表已经晚上 11 点了。

到了第三天，我的肠胃开始反抗了。这也驱使我走出达仓家的深宅大院，走到村庄的公共空间去觅食。感谢夏鲁寺这座知名寺庙，因千年的名声吸引了区内外的藏传佛教徒前来朝拜，也因此产生了商业——在寺院广场周围有不少小卖部。卓玛家的酸辣粉和藏面条开始替代了糌粑，成为了我的正式午餐。没过几天，我的午餐又多了一个新“物种”——2 块钱一袋的尼泊尔牌子的方便面。这款方便面虽没有国内“康师傅”等牌子的调料包那般豪华，但它的咸度刚刚好，配点涪陵榨菜，相当于夏鲁村的顶级“兰州拉面”。随着对周围环境的日渐熟悉，人们由生变熟变友，我的饮食路径也从家里、村里拓展到了市里。每次去 25 公里外的日喀则市洗澡（平均一个月三次）的日子，也是我吃香喝辣的时刻。在严寒的环境下，洗完热水澡，再体验热辣辣的火锅，这种快乐和自由是无与伦比的。它不仅让我的身体得到了最大程度的舒展，也让我得以暂时摆脱日常重复性工作的无聊感和文化差异带来的不适感和压力感，是一次痛快淋漓的全身心“马杀鸡”（massage 音译，按摩）。

在西藏夏鲁村的田野工作结束已有两年，每天吃糌粑喝酥油茶的日子锁进了记忆的盒子。人就是这么奇怪，记忆里的滋味总是最美的。如今生活在蓉、渝二都，周遭藏餐馆不少，西藏的记忆浮现脑海时，就不自觉走进藏餐馆，来壶酥油茶，要一碗糌粑。遗憾的是，物相似，但味已不同。

西双版纳的小菠萝们

董　宸（华南师范大学）

我曾经在西双版纳吃到过一个甜得令人回味无穷的小菠萝。

当时，我和同伴坐在某路边烧烤摊前专注地等待香茅草烤鱼和蘸料烤肉，正被烧烤摊的烟雾熏得口干舌燥时，一辆堆满菠萝的平板车悠悠走过。我“噌”地站起来，连跑带颠地冲过去买了一个菠萝。买完后奔回烧烤摊，两个人迫不及待地各自用竹签扎起削成小块的菠萝就往嘴里送，然后咀嚼的同时愣住，看向彼此，菠萝独特的粗粝纤维与饱满细腻的汁水一起在口里迸发，完全超出了我对菠萝的所有想象。实际上，那个菠萝已经自然熟到开始带有一点酒味，但是饱和的酸甜度给味蕾带来的冲击确实令人词穷。当时我因为“南传佛教诵经音声”的研究选题，时常在西双版纳走村串寨，我已经想不起那时具体为了什么事情奔波得灰头土脸，但身心很诚实地记住了我在烧烤摊前一口咬下菠萝后那种疲劳全消的幸福感。

此后不久，我便要去西双版纳勐遮镇做调查，一位相熟的康喃[①]开车来车站载我们去寨子里，途中我兴奋地分享着“幸福菠萝”的故事。康喃镇定而专业地对我说：“我们版纳的菠萝是用糖水浇灌的。”我惊讶地再次确认，得到肯定的答复后，我十分认真地感慨着：“太厉害了，版纳人民好富裕……”不忍心哄骗我又不好意思拆穿的康喃只能一边笑一边提醒：“那些酸的菠萝都是用醋浇灌的。”直到另一位同车的康喃在一旁忍俊不禁，我才恍然大悟，自己竟把玩笑当真了。

我的这种深信不疑事出有因，不仅是因为“在西双版纳，插根筷子就能结出果子”这种夸张的说法，而且是对这片植被葱郁、水草丰美的土地的深信，对这片土地上恬适生活的人们的深信。

再后来，我一直沉迷于有关西双版纳菠萝的一切。菠萝并不当季的时候，我曾在西双版纳盛产各种水果的勐罕镇做调查。辛苦调查的间隙，我仍然心心念念地在傣族村的几个寨子里游荡，寻找菠萝。有一次，跟着同住的傣族乡亲去别人家做客，菠萝饭一上桌，我就像盯上了鱼的猫。主人家见我撑得不行又舍不得丢下的可怜相，在离开的时候给我打包了一个。傣家的菠萝饭把整个菠萝从顶上剖开，将菠萝果肉全部挖出，切成丁跟糯米混合在一起再放回剖开的菠萝里蒸熟，糯米的香甜与菠萝的清甜真是绝

① 在全民信仰南传佛教的西双版纳傣族地区，所有男童到了适合的年龄都要入寺为僧接受教育，到了一定年龄可以自己选择继续留在佛寺学习或还俗。还俗的和尚被尊称为“迈”，是已经受过教育的人。僧阶至佛爷后还俗，被尊称为“康喃”。

配，而糯米的软糯与菠萝丁纤维咀嚼的食感搭配，口感实在丰富，让人欲罢不能。后来回到家中，不仅跟同住的家人又吃完一整份菠萝饭，我还恋恋不舍地把装饭的菠萝皮给拆分啃食了。

傣家人爱糯米，糯米是不可或缺的主食，西双版纳盛产这种稻作物，它富含丰富的蛋白质和碳水化合物，味道香甜。调查期间，我住在寨子里的傣族人家里，清晨家家户户的女主人早起第一件事就是用木桶蒸糯米，供家人一天食用。每天踏过寨子里的青石板路，老乡见面总问吃没吃饭，也常在路上被邀到各家去吃饭。热带地区食材五花八门，而且植物香料多，加工方法也丰富，但神奇的是，各家各户的不同菜品旁，都雷打不动地放着糯米饭，而且总有搭配糯米的绝佳吃法。我想这一声“吃没吃”的问候，是等同于“吃没吃饭”吧，而在傣家没吃糯米怎么能算是吃过饭？

对大多数人而言，西双版纳是遥远的向往之地，有陌生而未知的民族与文化。于我，这里是我真真切切用脚步丈量过的土地，这里有最真实的生活和饱含情感的人。在此之前，我并不知道生活的贫瘠。在此之后，我用心经历，才知道真心认同方能持久，换位思考方能体味。愿每个人都能找到令自己幸福的菠萝。

与狗共食

陈　昭（北京协和医学院）

像很多养狗爱狗的朋友一样，我也是个“铲屎官”，以伺候家里“主子”为人生乐事。2016年，我开始做“宠物的社会生活”的田野调研，在遛狗公园、宠物医院、宠物商店等地访谈。每次访谈，我都会和被访者自然而然地聊到狗粮的品牌、口味以及更换频率等。

“嘿，你吃过狗粮没？”有一回跟一个养着三只狗的小妹妹正聊着，她这么一问，我还真是一愣。“你这么一说，我想起有一回我给我家的狗喂‘妙鲜包’，一撕开包装袋那个味儿啊，香得我真想尝一口。”在此之前，我和不少人聊过给家里的狗吃过的东西，狗吃过我们吃的饭菜、零食，但这还是我第一次被问到有没有吃过狗粮。小妹妹说：“我家里每次新买的狗粮我都得尝一颗，得检查一下跟之前买的一样不一样、有没有变质什么的。而且家里狗整天吃的饭是什么味儿，我本来也想知道啊，得尝尝。”

我觉得小妹妹说得挺有道理，做了这么久宠物的调研，狗粮还真是没尝过。回到家我往正吃饭的“肉夹馍”（我家狗的名字）旁边一蹲，捡起食盆里的一颗狗粮，仔细看看，放进嘴里。

这时候我想起网上的一个段子，说有个人一时兴起，也是像我这样尝了颗狗粮。精彩的是，然后狗瞅瞅他，挪挪屁股，给他让出一个位置，狗脸一歪，“哥们儿，狗粮分你一半”的台词呼之欲出……“肉夹馍”倒是没给我让地儿共进晚餐，只是歪歪脑袋像我看狗粮一样，也仔细瞅了瞅我。

过了一会儿，我想逗逗“肉夹馍”，把头扭向它，一噘嘴，“来，亲亲！”“肉夹馍”看看我，然后赶紧叼起它最喜欢的玩具，特使劲地直接就怼我嘴里了……

我猜，它是以为我吃了它吃的东西，可能也想再玩玩它的玩具吧，于是赶紧拿给我。

也可能是心理作用吧，总觉得此后“肉夹馍”更拿我当哥们儿了，带它出去做田野，它常常叼点儿树枝、小石头之类的东西给我。也是从那次之后，每回调研，我兜里总会装点狗粮、狗饼干什么的。和访谈对象带的狗打招呼的时候，我常常会掏出一把狗粮，先装作要往自己嘴里放，快到我嘴边时再拿回到狗嘴边，喂给狗狗，宛然一副“哥们儿，狗粮分你一半”的架势。

自己养狗的人“狗缘”一般都不错。一是因为身上带着家里狗的味道，狗鼻子灵，闻见了就喜欢凑上来；二是养狗久了自然也熟悉了与狗的相处之道，就是会“撩狗”。后来想想，虽然物种不同，所谓“我者”“他者”，原来也是如出一辙。靠着气味，臭味相投，于是狗自然地接近同类，也就接近了你。“共餐”之后，狗也会对你多些好感。

这一颗狗粮吃下去，发现人与动物间看似普通的相处模式，好像也和人与人的关系有几分相似。这城市里的宠物，本来也和人们一样，早已成为了这里的居民。猫狗并不知道被人们当作宠物的含义，或者说它们并不理解宠物的概念。但不难想象，它们可以像人类对它们一样，把人类当作家庭成员。就像人们把它们当作伴侣动物，它们也可以将人类视为亲密的陪伴者。一宠一生，一别一世，宠物的生命也同样值得尊重。宠物和人一样，有衣食住行的需求，有生老病死的经历，随着相关产业链的建立，宠物也拥有了它们拟人化的社会生活。

每次调研访谈之后，走在回家的路上，夜色光影中，看到的是这座城市的璀璨和忙碌；城市丛林里，记录的是人与宠物伴侣间温暖的故事和情感。这时候再摸摸兜里的狗粮，想起小妹妹问过的那句“嘿，你吃过狗粮没”，觉得这忙碌的日子里又添了一抹生活情趣。

艾老师又叫我订外卖了

赵冰清（重庆大学）

“为何不去做田野调查？”奈吉尔·巴利（Nigel Barley）在《天真的人类学家》中写下的这第一句话激发了我对田野的浓厚兴趣和无限遐思。作为一个只在课堂上听过社会学与人类学研究方法却没有机会参与田野实践的新手，总会被田野中的各种趣事吸引，而其中最让我心动的是人类学家在民族志中提到的各种食物。

2017 年 6 月，当得知艾迪尔老师要带我们去云南文山开展老年健康调查时，我就通过网络搜索当地美食：汽锅鸡、豆沙肉、小锅米线、平坝凹锅、酸汤猪脚、凉卷粉、椒盐饼……我把这些名字都写在小本上，记在心里，打算调查之余和小伙伴们一起收罗，吃过一样画掉一个，味道和样子要记在舌尖和相机里。

抵达文山的第一天清晨，我们想划掉的第一道美食是小锅米线。结果整天被艾老师安排得满当当的，填写问卷、走访社区和街道。几次路过那家米线店，看着锅里飘出的热气，我的肚子开始咕咕地反抗起来。调查结束后，老师让我点了外卖——鸡排便当。第二天，依旧很忙，我们从一个社区赶到另一个社区。午饭依旧吃了外卖——红烧排骨饭，还是我负责点的餐。我们在酒店一楼的大厅里吃了盒饭，不同的菜却吃出了同样的味道。

第三天，协助调查的当地工作人员李姐说要带着我们去吃凉卷粉，听到这个名字，我们几个瞬间来了精神。做完手里剩下的问卷后，我们坐上了李姐的车。文山州不大，街道也不怎么宽。大约五六分钟的车程，我们就来到了李姐说的那家凉品店。店门很小，不怎么显眼，和其他快餐炒菜小吃店一起整齐地排在马路边。之所以能让人一眼找到它，是因为店内红火的生意。我们走进店里，还未开口说要吃些什么，艾老师突然就从后面的车里出来，站在店门口说："你们是我的学生，就要听我的，包括吃什么！"我们愣在原地，都快吓哭了。后来，我们被老师带到了隔壁店里，吃了盖饭，大家很统一，青椒肉丝。插曲一晃而过，但想要吃凉卷粉的信念却在心底深处扎根。接下来的几天，依然是外卖。

调查的最后一天，老师把我们分成两队，在不同社区进行问卷调查。我和另外三个同学故意选了没有老师的那一队。瞬间，内心对凉卷粉的渴望开始蠢蠢欲动起来。李姐读懂了我们的期待，善解人意地对我们说："中午我带你们去吃凉卷粉吧。"做完问卷，就接到了艾老师让订外卖的电话，我照旧点了老师喜欢吃的菜。而我们在李姐的车上制订了暗度陈仓的计划，先去凉品店吃卷粉，然后再赶回酒店取外卖送给老师。到了凉品店，李姐主动走到后厨帮忙做了起来。我看到白白的、薄薄的凉卷粉被放进瓷碗里，芝麻油、花生油、辣椒油淋在上面，葱花、姜末、蒜泥、香菜、芝麻、花生碎还有凉鸡被一勺一勺地撒上去，酱油、醋、盐、味精慢慢浸透下来。凉卷粉被端到桌子上，看起来就很可口。搅拌均匀吃下一口，凉凉的、软软的，有大米的香，也有辣椒油和花椒油的刺激，花生碎混着白芝麻，香香脆脆的。

人类学家在讨论吃时，常会讨论吃的习惯与吃的社会文化意义，他们希望通过吃来展现研究对象的品位、等级和族群认同，以及研究者与研究对象之间的关系。人类学的田野调查也有别于新闻记者的采访，人类学家需要深入当地，与当地的人和物进行长期的互动。而我的第一次田野，恰恰是没吃到美食，才会想尽各种方法去吃到它。美食在列维－斯特劳斯（Levi-Strauss）看来，可以滋养人的心智，成为一种思的行动（good to think）。我对田野的认同和自我呈现的途径也是通过食物来完成的。正如巴利想象自己坐在茅屋里，每天都有鸡蛋可以吃，但鸡蛋对于多瓦悠人来说却是恶心的食物。巴利和我通过对食物的渴望，进而获得了一种在地的经验，也获得了对人类学调查的一种认同。

调研结束，从云南回到重庆，那一大堆关于吃的计划只完成了一个。凉卷粉的味道和样子既成了我对云南所有的记忆，也成了我人类学田野调查“成年礼”的仪式性美食。

在学校，常被同学问起，假期都去哪儿调查了？

“云南。”

“听说那里有很多好吃的。”

“是的。”

她们很羡慕我，说：“下个暑假，我们也要跟艾迪尔老师去调研。”

我正想说……

妈呀，艾老师又叫我订外卖了。

“有机”食品的“污秽”叙事

张振伟（云南大学）

2010年元旦后，得益于“云南大学东南亚民族志”系列项目的资助，我有机会到缅甸掸邦第四特区靠近中缅边境的阿卡人村寨那多进行田野调查。如今，《在国家边缘》这本书也已出版，但发生在那多寨里的一些事仍令人念念不忘。

进入那多之前，介绍人就在不断向我渲染那多寨的穷困、懒惰以及充斥毒品和疟疾的风险。对我而言，那时的那多寨真是一个想象的异邦。出生于农村的我，自信经历了穷困生活，对将要到来的田野生活，其实是怀着三分期待、三分刺激、三分浪漫，再加上一分若有若无的忧惧。可是待真正进入那多，生活一段时间之后，我才更加深刻体会到，生活在教你一些事情的时候，其实不以你的意志为转移。

那多给我感触最深的是村民的穷困。仅从吃饭这件事上讲，在那多寨住的一个月当中，我每顿饭的饭量从刚到时的一小碗，到临走时的两大碗。原因无他，实在是除了饭再没有其他油水可弥补每日的能量消耗。所幸，我住在村中数一数二的富裕户中，饭是管够的。每隔个把星期，户主去中国境内赶街购物时，偶尔会买些肥肉回来，这是少有的能改善伙食的时刻。平时，家中老人每隔一两天上山摘蕨菜回来，作为下饭菜。由于缺乏食用油，水煮蕨菜蘸辣椒是最常见的做法。大年初一，唯一的下饭菜也是这道。对于追求有机食材、提倡使用煮或蒸等烹饪方式的城市中产阶级而言，这种饮食实在是健康无比。可对于生活在其中的我而言，油水和肉食显然更具吸引力。

有机食品显然并不涉及污秽叙事，跟污秽有关的是食物轮回的另一件事。那多村民如厕的方式也是非常原生态，村寨周边的小树林，除埋葬祖先的树林外，均是村民如厕的场所。我初到村子，为了寻找合适的方便场所，很是寻觅了一番，最后在村寨后面一处相对僻静的背风缓坡上找到了如厕之处。

我原以为找到如厕之处就算解决了这个问题，之后才发现这只是故事的开始。在第二次如厕的时候，我被身后一阵急促的枝叶摩擦声惊吓，转过头发现是一头黑猪瞪着眼睛站在距离我大约一米的侧方，脚步在试探性往前探。除了年幼时有被家乡的狗盯着方便的记忆外，大约有将近二十年没有类似的体验。我第一反应是大声恐吓，然后发现声音对猪并不起到太大的作用，黑猪仍然在试探性逼近。紧接着我开始寻找身边的土块、石头扔向猪，这招好像比声音恐吓有效，可是猪并没有完全被赶跑，而是迂回到另一个方向继续紧逼。身边的土块、石头终有丢完之时，一根枯树枝成为最后的救命武器。在不断挥舞的树枝的威胁下，黑猪终于不再逼近。战战兢兢方便结束，我仓皇离开这个如厕的地方。

再寻找一个如此理想的如厕之处并不容易，而且也很难保证新的地方能躲开猪的威胁，所以第二天我只能再来这个地方。在如厕之前，寻找一根趁手的树枝成为首要工作。这根树枝不能太细太短，更不能是腐木。一番寻觅之后，一根长约一米半、比拇指略粗的树枝成为我的常备武器。在之后的时间里，挥舞树枝成为我如厕时的必备工作。时间久了，除了一开始的黑猪之外，几只半大猪崽和村子里的一条狗也成为常见的围观客。

相对于工业流水线上的猪而言，那多寨的猪享有了最大程度的自然状态。猪每天所食用的，除了主人从山上砍回剁碎的芭蕉树心之外，其余靠自己觅食。由于前一年的猪瘟，那多寨的猪从100多头死到只剩下1头黑色母猪和几头半大猪崽。剩下的这头黑色母猪变得异常宝贝，这也养成了黑猪不怕人的习惯。得益于中国境内对有机食品的追求，那多寨享受着自然生存状态、具有典型绿色食品特征的猪受到追捧。那多寨的猪在相邻的中国市场上，价格比普通猪有明显提升，且供不应求。

如果说有机食品是通过建立一套昂贵的标签来确立对食品的信任，那么那多寨的经历使我对有机食品的信任的合理性产生怀疑。对经过严格检测的工业食品的信任，其实与对有机食品的信任并无根本差异。如果有机食品是通过附加值来树立一种价值，那对于身处贫民阶层、一向活得粗糙的我而言，更是镜花水月的事。

我在美国摘野果

罗安平（西南民族大学）

俄亥俄州立大学校园里，有一块名为“South Oval”的南草坪，在草坪的一侧，有一片小树林。金秋时节，我时常在小树林里散步，看小松鼠们旁若无人地在草地上忙着打洞，储备自己的冬粮。一天下午，和我一起散步的美国朋友，突然兴奋地叫起来：“快看，泡泡！”

顺着她手指的方向，我看到在阳光下有一棵秀丽的果树，约有八米高，树干并不粗壮，典型的阔叶树，叶子呈宽大椭圆状。树枝间，一丛丛果实并蒂而结，树下也掉落着三四颗。捡拾起来，形状宛若芒果，颜色青中带黄。用手一捏，已很柔软。朋友掰开果实，金黄的果肉显露出来，六颗一元硬币大小的果核嵌在其中。取出果核，品尝果肉，味道鲜美浓郁，有芒果的芬芳，又带有香蕉的奶昔味，甚至还有点哈密瓜的回甜。就在我连声赞叹“好吃，好吃”之时，朋友却唱起歌来：

在哪里？在哪里？可爱的小安妮。
在哪里？在哪里？可爱的小安妮。
在那边，在那边，泡泡树林里。

快来吧，男孩们，我们一起去找她。
快来吧，男孩们，我们一起去找她。
在那边，在那边，泡泡树林里。

摘下泡泡果，放到她的袋子里。
摘下泡泡果，放到她的袋子里。
在那边，在那边，泡泡树林里。

作者在俄亥俄州南部森林里摘泡泡果

这是一首美国传统民谣《摘泡泡》(*The pawpaw patch*)，类似于我们小时候的游戏歌《丢手绢》，旋律轻快欢乐。歌中的名字“小安妮”，可以任意更换，如小苏西、小蕾莉，甚至男孩名字都可以的。那么，这种有自己专属民歌的“泡泡果”，究竟是什么果实呢？这么美味的东西，我在超市里却怎么从来没有看到过它？

这种植物的学名叫阿西米娜（*Asimina Triloba*），据资料记载，泡泡果原产于美国东部和加拿大，2009 年被钦定为俄亥俄州的州果。现代人认为泡泡果核籽多而大，果实太软不易保存及运输，因而并没有太广泛的商业运用，它正在成为“被遗忘的果实”。但是回顾历史，印第安人和早期西部定居者对泡泡树的利用可算得上是“物尽其用”，不仅食其果，而且用其纤维树皮制造绳索和渔网。而最被“泡泡迷”们引述的光荣历史，来自著名的刘易斯和克拉克远征队（Lewis and Clark expedition，1804—1806）的日记描述。该远征队在美国首次扩张运动中完成了一次波澜壮阔的西部大考察，途中的艰辛自不待言，队员们有好几天甚至完全靠泡泡果维生。但是出乎领队克拉克意料的是，队员们相当喜欢这种果实，他在日记中写道：“我们的队员声称可以依靠泡泡树好好活起来。”

油画：《泡泡果》

作为一位旅居他乡的“野果猎人”，我对泡泡果情有独钟且念念不忘的，只是它的美味，以及它带给我的异域之感。永远记得，有一天，马克教授带着我们几个“民俗学者”去俄亥俄南部的一片森林打猎，虽然没有打到任何动物，但犹忆当时，在密林深处，我们与一棵泡泡树不期而遇。美丽的果子挂满枝头，我轻轻摇晃树干，泡泡果便纷纷掉落，撒满一地。我们捡了满满一大袋，来到树林小湖边，一边品尝美味，一边谈天说地。这时候，他们谈起一位名叫爱德华·埃德蒙森的画家（Edward Edmondson Jr），他在 19 世纪时曾经创作了一幅静物油画，名字叫《泡泡果》（*Still life with Pawpaws*）。

我此前并不知道这位画家及他的画。但是在那一刻，当我们坐在湖边，吃着泡泡果，我看着他们从网上找给我看的这幅画。画中，一束光线投射在一串泡泡果上，旁边的景物都退到暗色里。我突然想到，在这个九月的森林里，我所感受到的自然世界，静谧而阳光的世界，在一百多年前，已然入画。

酸菜烩面块

李　菲（四川大学）

凡到过岷江上游嘉绒藏区做田野的人，往往心头、舌尖最难割舍的是那一口糯香紧实的小香猪肉，于我而言，最难忘怀的却是那一碗当地的圆根酸菜烩面块。

2008 年汶川地震后不久，我随徐新建教授到嘉绒藏区腹地丹巴做调查。在大渡河上游地区，凭着大小金川流域河谷得天独厚的肥沃土质和暖湿气候，当地人发展出了悠久的农耕生计模式，并以其独特的墨尔多神山信仰区别于西南面的康巴藏人和西北面的草地藏人。我们的田野范围包括从巴旺、巴底到中路、梭坡等丹巴县城周边几个乡，而工作的大本营则设在巴旺乡的甲居藏寨。

初到没几天，嘉绒人饮食文化的混搭属性便给我留下了深刻的印象。我们的考察队在甲居二村借住的人家一年到头在吃藏式酥油茶、烤包子、本地玉米馍馍、猪膘肉，间搭白米饭配炒菜。因为来了一帮省城里的老师和学生，这家女主人，一位汉姓的王阿姨（嘉绒人很多有用汉姓），贴心地每天都炒上几个川味小菜：青椒肉丝、莲白肉丝、白菜肉丝……都还做得像模像样，好让我们吃得舒心，睡得踏实。但遗憾的是，对我来说，这些食物却很难说得上是合口。由于吃不惯油腻，所以酥油茶、猪膘、肉包子，我基本不碰。每每望着青椒肉丝里面那些白花花的肉丝，犹豫半晌，还是悻悻地夹走几丝青椒，就着白饭草草吃完一餐。当然，不光是因为油腻，还因为饭菜之中那股说不清道不明的特殊味道，尽管每天从早到晚上坡下坎，走村串寨，访谈观察，视觉、嗅觉、听觉和触觉都浸泡在异文化之中，而味觉却诚实而不妥协地拒绝“他者”。这样下来，短短几天我就收获了明显的瘦身效果。

主人家中有一位年纪 40 岁左右的小叔，生来是个哑巴，一直没有婚娶，跟着兄长嫂嫂一块生活。哑巴叔叔性子安静，做事勤快，平日里帮着嫂嫂料理家务，一脸憨笑。在这群外来人从早到晚的忙碌折腾和吵闹聒噪中，他只是一道沉默的背影。

一个傍晚，我好不容易完成一轮冗长的访谈，拖着疲惫不堪的双腿回到驻地，刚绕过底楼畜栏跨进碉房二楼大门，一股浓郁的味道扑鼻而来。倘若借用香水的术语，这味道前调微苦，主调香辣冲鼻而底层酸爽醇厚，后调回甜、略带土腥，这就是干辣椒炝酸菜！作为一个地道川妹子，仅这气息就瞬间把我的胃口打开。三两步奔入厨房，果然猜得不错，哑巴叔叔正在炒酸菜。灶台下的炉火正旺，烧滚的菜籽油里炝一把干辣椒，窜出浓郁的糊辣味，圆根叶子酸菜在油锅中爆香，酸味从鼻腔倒逼向味蕾，立刻激起一汪口水。接着，注水入锅，混成一锅浓郁的酸汤，在旺旺的灶火助攻下，很快水滚汤浓，哑巴小叔又转身拿起案板上揉好的面团，开始熟练地手扯面片下到汤中。

噼啪作响的灶火、昏暗的电灯和碉房外的暗淡黄昏，通通被这熟悉的味道搅成一团边界不清的世界，甚而令人有了一丝家的错觉。我都不愿挪动双脚先回房放下沉重的背包，便就地蹲在灶台边守着哑巴叔叔，眼看着逐渐煮熟的面片夹裹酸菜在汤锅里起伏跌宕，巴望尽快吃到嘴里。那一刻，在这个边远寨子里，家乡的味道再次慰藉我的身心。

等到手捧汤碗，顾不得滚烫，马虎吹了几下，便急着嘬了一大口。而味道，这味道……却是令人意外的。眼前这碗酸菜烩面块，丝毫不顾惜我的思乡之情。那样的酸，闻着清爽开胃，入口却有浓浓异味，与四川泡酸菜的清甜可口差之千里；那样的酸，驱逐了咸、辣、鲜、甜、辛等一干滋味，顽固地不肯与我的味蕾握手言和，在口腔中攻城略地，毫无预警地宣示出眼前食物的“他者”本相，引起阵阵反胃。我犹豫着怎样才能找借口推托不吃，转头碰上哑巴叔叔的满脸期待，只得埋下头来，一口一口全部塞了下去。

这一碗酸菜烩面块，着实吃得我无比郁闷，满怀委屈，也让我深刻体会到，田野中最难迈过的那道坎，并非跨文化的观念，而是跨文化的身体。

绿色的公鸡，绿色的酒

马翀炜（云南大学）

老和尚是要穿百衲衣的，人类学家是要吃百家饭的。做田野调查这么多年，游走天下，去哪里调查就在哪里吃。

话说前几年的一个盛夏，我带着学生到滇西南做田野，那里茂密的亚热带森林非常绿，且是整齐划一的绿。走近些，才发现那是橡胶林。怪道没有了斑驳的绿色！人的语言在大自然面前是贫乏的，只能说，那片森林的绿有墨绿、深绿、翠绿、淡绿、嫩绿，也许还有透绿吧。浓墨重彩的绿和轻描淡写的绿都是有的，或疏阔或稠密也是眼中见到的。可是，在农人们的钱包鼓起来的时候，绿色成了统一的绿色，参差多态的植物快要被能换钱的橡胶树吞没完了，真是惜哉，更是怪哉！

搞怪的还有农人们的嘴巴似乎也被染成了清一色的绿色，人人都喜欢说绿。在桌前一坐，主人总要挨个儿把那一桌的饭菜夸个遍：白菜是绿色的、芹菜是绿色的、豆角是绿色的……这些确实是绿色的，但“白萝卜是绿色的、胡萝卜是绿色的、土豆是绿色的、红薯是绿色的、红彤彤的西红柿也是绿色的”，这就有点呵呵了。绿色就是原生态嘛，城里人没有山里人这么好的福气，什么都不绿色！想想也是啊，走田野的人类学家确实有点幸福哎。吃着这么多的绿色，心里念着吃什么补什么的古训，感觉自己都快成绿色的啦。只是，这种青皮绿脸的样子不要吓到人就好。

当主人们说他们自己酿的酒都是绿色的时候，突然想起云南有一种叫作杨林肥酒的酒倒真是绿色的。只是可惜了那个酒不够出名，也许今后打绿色牌是个大出路。

村民们的大部分时间都用于捯饬那整齐划一的绿色橡树，自己酿酒的就逐渐少了，我们借住的村长家就慢慢地成了专门酿酒的。每天早上，浓得化不开的酒糟味总是逼着我们早起，一推开门，“嗡嗡翁”的苍蝇漫天飞舞，双手只好不停地挥来舞去的。一天，村长看到这阵仗，觉得怪对不住客人的，于是，拿出喷雾器一顿狂扫，虽不是精确斩首，但那些苍蝇还是马上结对做伴地掉落一地。眼前是少了不少讨厌的家伙，鼻子里却一下子侵入了不少刺激物，一时间便恍惚起来。村长看着地上黑压压的战果，很是解气。接着，又背着喷雾器，往晒场上走去，那骄傲的样子像极了背着背包、提着毛瑟枪前去杀敌的战士。随着村长左手上下使劲，右手左右舞动，半个球场上的苞谷籽全都雾上了晶莹剔透的小水珠。“这些苞谷多了，一下也酿不完，不打点就生虫了。”

村长家的那只大公鸡也跟过来了，趁着村长在另一边扫射的时候，赶紧扑进晒场，大快朵颐，村长一看，连忙吆走，边吆边骂，骂得很难听。总之，是诅咒不得好死罢。村长媳妇拿着长竹竿来晒场了，她今天的任务就是看好这个场子，不让鸡来吃苞谷籽。

我们和村长回到家门口，突然看见那个刚刚被村长咒了的大红公鸡真的不对劲了。东晃西摇的，哎，那农药还真是货真价实，那公鸡眼瞅着只有出的气没有进的气了。村长过去把那只公鸡捉了，提回家中，往厨房里一扔，就拿起手机给他媳妇打了个电话，让她赶紧回来宰一刀。“不怕，放了血就没问题了。”这是他对我们说的。

天快黑的时候，我们带着收获满满的心情回到村长家，老远就闻到了鸡汤的香味。桌前坐定，村长给我们每人夹了一大块鸡肉，说：“大家今天都很累，喝点酒，可以解乏。大嫂把那只公鸡杀了，没事，放过血了！”这就是那只公鸡？学生有些为难，我使了个眼色给学生，于是便吃起来。村长又端起酒杯：“来，喝起！这酒，这菜都是绿色的！”于是便也喝。一下子明白了，这几天我们喝的绿色的酒就是那些晒场上的苞谷酿的。果然，酒劲真大，才抿了一小口就有些晕。

晕晕地，酒劲上来了，便和村长说：“这鸡吃了农药是有毒的，不能吃的。再说，就是那苞谷，会不会有农药残留，会不会不绿色了哦？”村长说：“没关系，这些东西原本就是绿色的，本质是好的，一小点点嘛，算是消毒喽。喝了这种酒，蚊子就不会叮哦！”

后来发现，吃了那么多绿色食品，在下倒是没有发绿，只是蚊子确实是不怎么叮了哦。

庵坝的一碗黑豆豉

赵红梅（云南师范大学）

我第一次做田野调查的村子学名叫“南田”，当地人自称“庵坝”，是闽西宁化县下辖的一个客家单姓村，全村仅 50 户，共 200 余口人，除外来人口外，均为朱姓。2006 年的 1 月底，我们一行 14 名学生在 Y 老师的带领下，声势浩大地进驻庵坝。

庵坝是一个交通不便、相对封闭的自然村，村民们听说来了一群厦门大学的教授、博士、硕士，个个欢欣鼓舞的。后来又传来小道消息，说此次田野实习已然惊动省政府，有电话打到市里嘱咐要保证师生安全，村里人又光荣而骄傲地承担起照料和保护知识分子的任务。天寒地冻，妇女们织了毛鞋，老师学生人脚一双；春节未至，已经饱尝客家人的特色零食：擂茶、煎圆、锅边糊……初到庵坝时，正值严冬，远远一望，荒埂秃枝，不远处的土屋灰不溜秋的，当时认为这里着实贫困。两周参与观察下来，才知村里颇有殷实之家，由于种烟叶之故，一年进项不错。除夕前后几日，我们从村头吃到村尾，家家以请到厦大师生吃饭为荣，甚至有邻村人慕名来请。我们虚荣心爆棚，茶余饭后还不忘品头论足：东家不会做肉，西家白菜炒得贼好，北家煎圆不错……Y 老师洞若观火，忧心忡忡。

某一天，村后的一户人家约请吃饭，自己不来，拐弯抹角请一位学妹向Y老师说情，Y老师本不欲去，但学妹说这家人境况不好，Y老师怕对方以为自己“嫌贫爱富”，只好应承下来。于是又浩浩荡荡地去了，主人家欢喜瑟缩得话都讲不利索，杯碗汤水摆放停当，定眼一看，满桌的“勉为其难”和“战战兢兢”。这是一次倾尽全力的宴请饭，但没有肉，就连村里人的招牌饮食——擂茶喝起来也觉“寒碜”。这一顿，我们食不知味。Y老师下了禁令，所有宴请赴约必须在大年初三截止。同学们如释重负，而庵坝食物对我的教育还未结束。

庵坝不大，一刻钟内绕村一周都绰绰有余，我以为每户人家我都走到过，但有一天突然发现村边有一所房子被遗漏了。信步走进去，一家四口都在，但没人和我说话，小孙子坐在灶台下抓灶灰玩，老太太在搅拌锅里的猪食，小姐姐站在旁边帮忙，老大爷在编篓子。那时我坚定不移地信仰参与观察方法，于是留在屋里帮忙干活，竭力攀谈。我很快发现除了老大爷外，其他三人似乎从不和外人说话，老大爷本人也有些前言不搭后语，但还是大致获得一个在中国农村很普遍的家庭故事：儿子媳妇在外打工，家里总被罚款，房子也被拆了一半……说话间，老太太已经喂了猪，开始刷锅热饭，一会儿工夫三碗米饭就摆在桌边。大爷问我吃饭不，我撒谎说吃过了，他倒不坚持，转身从油腻的柜子里端出一个中碗放在饭桌中间，老太太拥着小孙子，一家四口埋头扒饭，间隔好久才往中碗里夹一筷子。到底是什么呢？我赖着不走，就是想看他们吃什么菜下饭。假装与大爷聊天，偷窥了一眼，碗底黑乎乎一坨，很有年代感，看不出是什么，我猜是黑豆豉。这是全村唯一一家外来户，不姓朱。

那一年，我的脚刚刚踩在人类学的门槛上，刚刚接触“中心－边缘”的理论范式，绝想不到食物也能勾勒“中心”与“边缘”的界限，大到帝国，小到村庄。

油滋啦

于奇赫（上海大学）

“油滋啦”是中国东北地区对于锅中炼油后的肥肉残渣的一种称呼，取自其在锅中被自身的油脂煎炸时发出的“滋啦滋啦”的声响。油滋啦因为干瘪没有什么营养价值算不上什么食物，但是它表面残留的油脂会散发出猪肉独特的香味，是孩子们最爱的食物。我上初中的时候就吃过父亲做的油滋啦，金黄酥脆，回味悠长。后来上了高中，我偶尔还会让父亲专门炸一些油滋啦，而父亲也会将炸出来的油放在白色的小瓷碗中留着炒菜用。2011 年我考上了大学离开家乡之后，油滋啦就成为了我回忆中“家”的特殊味道，难以忘怀。

2014 年的暑假我到美国中部进行田野考察。一天，我的外教 Sandy Perry 开车把我带到他儿子 Joe 在爱荷华州的家中，一大家子老老少少 20 多个人在后院进行了家庭聚会。下午 Joe 用木炭烤炉烤了两大块猪肉、十余根香肠和放了芝士的牛肉饼，我则和他的孩子还有 Sandy 的其他孙子骑车去超市和四周的公园逛了逛。到了晚饭的时候我们回到了后院，简易的餐桌上早已摆满了烤好的香肠、肉饼、切成薄片的烤猪肉，同准备好的煮玉米粒、豆子、生胡萝卜条和花椰菜等。估计是因为猪肉太厚，所以没有入味，我吃了两片瘦的觉得没有什么味道。我仔细用夹子找了找，发现盘子里也没有外部烤焦的肥肉。当我问 Sandy 外面烤焦的肥肉在哪里时，她说因为肥肉过于油腻就扔在垃圾桶里了。后来，我打开垃圾桶盖子发现了最上层被吸油纸包住的肥肉渣，马上捡出一片放在嘴里，那种味道让离开祖国将近一个月的我一下子回到了家里的饭桌前。

美国人为什么要剔除肥肉丢在垃圾桶中，而我们要如此珍惜肥肉，连渣滓都不肯浪费呢？我当时觉得可能是因为我们过去没有肉吃，所以才会选择吃肥肉。那时候形容人家里穷时会说"一年到头菜里都见不到肉星"，所以我们父母那一代才会保留吃油滋啦的习惯。不过，当我回家同父亲谈起这段经历时，他给我的答案却完全出乎我的想象。那时候人们能吃到油滋啦是因为那时买肥肉不是为了吃，而是为了炼猪油，也就是说是食用油的供应不足才导致了东北地区的人们争先恐后地去买肥肉。父亲是二十世纪六十年代生人，出生在辽宁沈阳。当时实行计划经济，米面油都是按人限量供应的。辽宁城市人口每人每月仅仅供应三两油，而这段时间正是我父亲长身体的时候。

我能够想到，当爷爷奶奶把肥肉放在油锅里发出"滋啦"的声响时，父亲和大爷早已挤在锅旁眼巴巴地望着油滋啦吞着口水的场景。父亲还说大爷于卓抢到一把油滋啦直接放在了口袋，后来因为油了衣服兜，被奶奶打了一顿。现在父亲和高中时的玩伴还会在去东北饺子馆时专门点上一盘酸菜油渣馅儿的饺子，而他在我放假回家后炸的一小碗儿油滋啦，将两代人、两个地域、两种记忆连在了一起。现在的孩子并不知道“匮乏”二字的真实含义，根本不能想象为什么过去的孩子不吃薯片和猪肉脯，却要去争抢炼油剩下的油滋啦。

红白相间的肥肉放在铁锅中，依旧发出“滋啦滋啦”的声响。

熏肉、鱼腥草——酸甜苦辣的味蕾

古春霞（复旦大学）

人的味蕾特别有趣，既能品尝酸甜苦辣，又有着难以抗拒的乡情记忆。我从小生长在徽州，吃惯了那里的桃红柳绿、翠绿油亮，譬如春天新鲜的竹笋，马兰头、艾草做的清明粿子，这些食物让我觉得仿佛拥有了整个春天，走到哪里我的春天都有故乡的清香在萦绕。后来因为人类学专业的需求，要到处进行田野调查，走南闯北的吃了不少百家饭，也见证了各地美食的丰富与多样，新疆的手抓饭、蒙古的奶茶、湖南苗家的酸鱼、青海西宁的牛肉面、银川的八宝茶等。

在下乡调研的过程中，我遇到过很多有趣而又难以忘怀的事情。记得有一次我们一帮同学去湘西苗族的农村调查，那是一个比较偏远的小山村，村子的名字已忘记了。村里的青壮年都外出打工挣钱去了，留在村里的都是老人和孩子，有的是两位老人在家照看几个小孩子，有的是一个老人照看几所老屋子等，生活得清贫而又孤单。他们见我们去了，都非常热情地招待我们。

我和来自宁夏回族的琴姐走进了一位老婆婆的家中，她常年独自一人在家，见我们去了非常热情，她特意换了一件干净而又新一点的苗族服装，和大家留影。那天，老婆婆非常开心，一定要留我们在她家住一晚，为了表示她的诚意，老婆婆指着悬挂在梁柱子上的熏肉说："你们今晚留下来，我烧肉给你们吃。"那一瞬间我的泪快要流下来，我知道这是她拥有的最好、最珍贵的食物。其实琴姐是回族人，不吃猪肉，出来调研对她最大的考验便是吃的问题。她出来调研之前，带了很多清真方便面，凑合着吃。老婆婆哪里知道这些事呢？虽然最终我们走了，而这道菜别样的"滋味"也久久地留在了琴姐和我的心里。

我在武陵山区尝过的另一道菜——凉拌折耳根，学名又叫"鱼腥草"，其独特的气息在我的味觉和嗅觉里留下了浓墨重彩的一笔，至今难以忘怀。那种独特的鱼腥味，喜欢的人便觉得其是一道清香无比的小菜，不仅爽滑润口而且具有清火解毒之功效，甘之如饴；不喜欢的人便觉腥恶难闻，难以下咽。尝它第一口的时候，我被这奇异的味道深深震住了，大家都等着看我的反应，因为往往第一次吃的人，会被那种类似于鱼的腥味刺激到，其实我是被熏到了，张大了嘴巴，众人也等到了他们想要的喜剧场景。喜欢与不喜欢、爱与不爱有时候并不是味觉系统可以黑白分明的，你的生理系统连接着心理系统、文化系统、精神系统，它们是一个整体，在接纳所有信息之后，释放出一个让人匪夷所思的味觉接纳标准。

无论是老婆婆的熏猪肉还是奇异的鱼腥草，都是武陵山区最普通不过的菜肴，我们在田野里经历一次又一次难忘的味觉洗礼。透过日常生活中的美食，遭遇了不同的文化仪式镜像，生活的酸甜苦辣，将蕴藏在民族文化深处的遗传密码和文化图景，通过美食传达出来，成为各个民族、地域的价值信仰、伦理道德、审美情趣中最为生动的展现。

吃“牛奶根”

杨明华（西华大学）

福建省南靖县璞山村，是我2009年暑假参加田野实习待过七周的地方。该村有别具特色的土楼，有参天古树和潺潺流水，还曾被选为电影《云水谣》的拍摄地，是一个环境优美、人文气息浓郁的村子。作为一个四川人，璞山村也算是我遭遇的“异乡”之一。

刚到璞山村时，我便对异于家乡的饮食风格有所留意。让我印象深刻的是村里人对大自然馈赠食物的充分利用。无论是在房前屋后，还是在田间地头，抑或是在山路两旁、溪流边，村人都可以如数家珍地随手指出某种植物是什么，食用后有何功能，然后将其食用方法娓娓道来。

初见“牛奶根”，是在村里的集市上。那一小捆细致扎好的树根，可以与鸡肉、排骨、猪蹄等炖煮食用，炖好的汤呈乳白色，犹如加入牛奶一般，清香扑鼻，味道甘甜。据说加入“牛奶根”的汤具有清热、滋阴降火、健脾开胃等多种功效，老少咸宜。我很想见“牛奶根”被挖出前的真面目，可因“牛奶根”长在深山中，且近年来作为旅游商品之一被过度挖掘出售，深藏山中的“牛奶根”数量渐少，无缘见到。

田野过程中，随着我们与村人逐渐熟络，偶尔帮助村人做些小事，村人常常将他们家多余的蔬菜馈赠给我们。有一次，“牛奶根”的身影出现在我们堆放食材的角落。田野调查期间我们每天的午饭和晚饭，由一位村里的大姐主厨，外加两位同学协助。说来好笑，我们田野一行人都听说了“牛奶根”的食用方法和功效，但却无人在值班做饭时将“牛奶根”加入菜中。村人热心馈赠的“牛奶根”被搁置起来。

后来，学院的领导到田野点看望我们。其中一位老师是福建人，他见到路边有人兜售“牛奶根”等树根、草药，毫不犹豫地购买了几包。有人好奇询问：“你买的树根拿回家会吃吗？”购买“牛奶根”的老师肯定地回答：“当然，拿回家和肉炖，吃了对身体好。”看来，这是出于对“牛奶根”的热爱，而非因兜售者的客套而发生的购买行为。

田野结束时，村人送给我们的“牛奶根”仍默默躺在墙角。

我返回四川老家后，向我的父母提起“牛奶根”，他们根据我的描述认为我们老家一种被称为“牛奶树”的灌木的根部即我说的“牛奶根”。我将听说的食用“牛奶根”的好处说了一通，并鼓动父母去山上挖掘食用，可是终究没有化为行动。我尝试的“文化移植”无果而终。

田野中的松茸故事

李志农（云南大学）

好食如我，每到一地之前必先研究其美食，然后按图索骥，尝尽当地佳肴。云南藏区美食有瘦而不柴、香而不肥的藏香猪，有用文火烘炖、表层浸润着酥油和蜂蜜的酥油奶渣以及松软回甘的麦面手工水沏粑粑……是的，这些美食当然不容错过，但是，最让我难以忘怀并回味悠长的，却是自己亲手采摘的松茸及采松茸的故事。

松茸，学名松口蘑，属于可食用菌类的一种，因其生长在松类树木林地及菌蕾形状如鹿茸而得名。在云南藏区，在日本人开始在中国大量收购松茸以前，松茸被当地人称为“布啥”，“有股松味，不好吃”是当地人对布啥的普遍评价，所以这种菌基本没有人去捡拾，只有在饥饿难耐又实在找不到可以充饥的食物的情况下，当地人才会捡来一些布啥用清水加盐煮食，偶尔拿到集市上去卖，也不过几分钱一斤。但谁也没有想到，这种被当地人评价为“不好吃”的布啥，却因其含有一种名为松茸醇的抗癌物质在“二战”后名声大噪。

日本人食用松茸的历史据说至少有1000多年，但对其药用价值的推崇还得从“二战”后的广岛原子弹爆炸谈起。1945年

8 月 6 日，美国人在日本广岛投下一颗原子弹，将繁华的广岛变成了废墟一片，生灵涂炭，连植物都未能幸免。然而，蘑菇云散尽，人们惊奇地发现，松茸是废墟上第一种生长出来的菌类，复苏速度超过当地所有植物，日本人由此更加相信了松茸抵御辐射、抗肿瘤的食补价值，在日本被奉为“神菌”。又因为松茸状似男根，日本人认为它是生命力的象征。因此，松茸在日本有着崇高的地位。日本原是松茸的主要产地，20 世纪 80 年代，由于日本石油类的煤气、灯油等燃料的普及，导致木材类燃料使用的减少，原本作为烧柴用的枯枝、树叶、野草等得不到及时的清理，杂树和落叶的大量堆积不利于松茸的生长，从而导致了松茸在日本当地产量的锐减。而此时，日本游客在香格里拉旅游时发现了这种在日本被奉为顶级食材的“神菌”，而且价格仅为日本的几十分之一。由此，日本人开始在香格里拉等地大量收购松茸，松茸也从过去不值钱的菌子一跃成为当地藏民炙手可热的“软黄金”，最高的时候价格可以卖到 1500 ～ 2000 元一公斤，近年来也在 400 ～ 1000 元。每年 6 月到 10 月是采摘松茸的黄金季节，村民们往往只留下老人和小孩看家及照顾牲畜，青壮年几乎全部倾巢而出。而在早些年，在松茸盛产期的 8 月下旬左右，一些乡镇也放“松茸假”，甚至乡镇机关的干部也纷纷加入了松茸采摘的大军。

松茸自然生于海拔 2000 ～ 4000 米及以上的无任何污染的松树和栎树自然杂交林中，属于与植物共生的菌类，需在自然环境下与宿主树木根系共生才能形成菌根、菌丝和菌塘，同时需要依赖柏树、栎树等阔叶林提供营养支持，才能形成健康的子实体。因此，松茸的生长环境极为严格，这也决定了松茸的采摘十分困难。

常年来往于藏区，我对吃松茸已不再新鲜，但对亲手摘松茸却是无比向往。2016 年 7 月 23 日，我在迪庆藏区奔子栏村带队暑期学校田野调查时，接到了 8 年前我在迪庆藏区调研时认识的奔子栏石义土司的孙子达瓦此里的电话，失联近 8 年的老朋友因一张发在奔子栏镇政府机关干部朋友圈里的“云南大学民族学与社会学学院田野暑期学校到我镇调研”图片几经辗转联系上了我，他盛情邀请我重访石义村，重访石义土司府。

次日清晨，我们驱车前往位于群山环抱中的奔子栏石义村，现在的石义村已远不是我 2008 年第一次造访时那样山高路远、崎岖陡峭了，驱车半个多小时后，沿着潺潺的溪流，在林木葱郁、山色空蒙中散落着的几处典型的藏族碉楼式房舍出现在我们眼前，久违的石义村到了。再次寻访石义土司官衙旧址，拜谒石义土司府遗迹后，达瓦此里提议带我们去捡松茸。

石义村有松茸生长的林地离村很远，驱车沿着盘山公路行进半个多小时后，我们到达了目的地。手持树棍，我们各自散开，踩着松软林地，呼吸着浸润了松林气息的空气，高一脚低一脚开启了“寻松”之旅。这块林地可以说是达瓦此里的“老巢”，达瓦此里告诉我们，每年他都到这里来捡松茸，每次捡了松茸后，都要用木管按照顺序用泥土仔细地回填松茸的根洞，最后再盖上落叶。次年，在这个菌坑的附近就还会有菌子长出。即便如此，采摘松茸也是极为困难的。头顶和眼前横七竖八的树枝使我们不得不俯身前行，淅淅沥沥的小雨已淋湿了我们的外衣，而最困难的莫过于发现松茸了。松茸仅拱出地面 2 ～ 3 厘米，且表面颜色与落叶颜色极为相似，即便经验丰富的老手也难以发现，发现松茸最需要的是细心、耐心和专心。在踩踏着落叶的窸窣声中，传来了达瓦此里的呼喊声，他的经验帮助他找到了此行的第一棵松茸，而我们也相继发现了两个松茸菌窝。虽然采到的松茸不多，但我们已欣喜不已，用一个路边拾到的红色塑料袋装着弥足珍贵的几棵松茸和顺手捡拾的其他可食用杂菌，我们满载而归。

在日本，松茸价格按每枚或者每片来计算，一份普通的牛肉饭盖上几片薄薄的松茸即可价格倍增。而在藏族的饮食谱系中，松茸绝非如在日本一样是非常珍贵的食材。对藏民来说，几枚零星的松茸，如果不能卖到市场上去，其价值与食用的方法和其他杂菌并无太大的区别。回到达瓦此里的老屋，达瓦的大嫂已早早迎候在门口，藏族有老大当家的传统，父母年迈以后，家中的老大不论男女，均继承全部家业并侍奉父母以及照顾出家的兄妹和未成年的弟妹。达瓦此里的大嫂，一位漂亮健壮的藏族妇女，接过我们手中的提袋，不一会儿一碗掺杂了虎掌菌、松茸、牛肝菌和其他好几种不知名的菌子炒好的野生菌大杂烩就端到了我们的面前，还有糌粑、酥油茶、水沏粑粑和琵琶肉等藏餐，给了我们不一样的味觉刺激和满足。

食罢这餐松茸宴，我忽然想起一位在香格里拉工作的同学讲过的一个故事，他曾接待过的一位日本客人看到餐桌上的松茸炖鸡、鲜炒松茸和冰镇新鲜松茸后泪流满面。日本客人告诉他，在日本，松茸就像生命一样宝贵。回味着两个民族对松茸的不同认知，幡然发现，同一食物对于不同民族竟蕴含着截然不同的历史和文化。

记忆中酿皮二三事

当增吉（青海民族大学）

去年九月，我赴尼泊尔做田野，在满足了味蕾的猎奇，拉了几次肚子后，味觉上，我开始想家了。于是那些藏匿在博德纳椅角旮旯里的藏餐和中餐店成为我的归处。食物真是有一种莫名其妙的治愈力量，当在异乡吃到一碗地道的酿皮，吃下的瞬间我就原谅了这个世界所有的不好，有的只是幸福和满足。

看到过这样一句话，说当我们回味某种食物的味道时，其实是在回味与联想当初用餐的环境和一起用餐的人混杂在一起的特别味道。关于酿皮，我记忆中有三件有趣的事，确实也是和一些人有关。第一件是在老家热贡和外婆在一起。小时候吃一小碟酿皮是一件无比奢侈的事，只有在每年藏历六月的“勒茹”期间才能有这个待遇。回族阿娘们卖的酿皮，五角钱一小碟，黄黄软软的，酸辣凉爽，吃完常常是意犹未尽，于是食欲攻心的我缠着外婆吃一次，然后拿着大人们给的零花钱，自己再偷偷跑去吃一碗。吃的过程其实很像猪八戒偷吃人参果，因为太辣，所以根本不敢停嘴，一小碟在瞬息间狂塞进肚，极速吃完后通常要花很长的时间在“呼哈”的换气中缓解那份火辣辣。如今想来，那时酿皮的味道是刺激、火辣并伴着外婆的慈爱。

第二件是与大学闺密在拉萨八廓街一家略显历史感的老木房里吃酿皮，凉爽、静谧，夹杂着闺密间的窃窃私语，是关于酿皮的记忆味道。还记得穿着藏装，头上裹着一块黑色纱巾的藏回老阿妈端着碗拌调料的安静模样。拉萨的酿皮颜色是乳白色的，碗很袖珍，酱汁考究。与老家稍显粗狂的酿皮不同，在拉萨，这一小碗酿皮似乎多了一份贵族气息，让吃食物的人不由得放低声音，吃相也会沉稳高级几分。

第三件是在纽约，其实是一则关于酿皮的笑话，是来自印度的阿佳卓玛讲的。阿佳曾在达兰萨拉招待欧美客人品尝酿皮时，淡定地介绍："It's a kind of Tibetan ice cream." 听者面上放光，急不可耐地吃了一口后，立马露出了无比难受的痛苦表情，一位代表甚至忘了"Interesting"的礼貌敷衍，直接甩出"Strange"一词来表达藏式冰激凌的奇特味道。而这段记忆中酿皮的味道，应该是一种"Culture Shock"吧！

在喜马拉雅的另一边，和久违的酿皮相遇是我不曾预想过的一种惊喜。在博德纳，很多酿皮店开在学校周边，同胞会稍显嫌弃地告诉我，这些卖酿皮的尼泊尔当地人最初都是在藏餐店打工的伙计，是从藏人那里学到的手艺。酿皮在藏区被认为是属于穆斯林的，而在印度和尼泊尔，甚至在美国，却成为了藏餐的一种。虽然人类学家常常把食物作为区分我群与他群的一个文化边界符号，但跨越喜马拉雅的酿皮却提醒我们还是需要关注文化整体性和语境。

吃山胡椒

刘　麟（上海民办打一外国语小学）

初入田野，对新鲜事物的接纳能力总是有限的，离开田野时又往往成为眷恋。

2017 年 7 月，由于项目需要，我从桂林到资源县车田苗族乡龙塘村进行调研，辗转四五个钟头，终于走进了车田乡。与接头的老乡碰面后，我们先到一家小饭馆吃饭，一盘炒饭，两杯清茶，来不及多想，先填饱肚子再说。这炒饭与平常的味道大有不同，不油不腻还略带清香，越吃越诱人。问起奥妙，对面的老乡悠悠地说："别看我们车田地方小，东西不少咧，现在山上有很多'梦角来'，不忙的时候，摘点回来，浸在油里，不出三天，就可以用来调味，放到你的炒饭里，香得很咧！"后来我才知道"梦角来"是苗语对山胡椒的称呼，据李时珍《本草纲目》记载："山胡椒，主心腹冷痛，破滞气，俗用有效。"这个季节正是山胡椒漫山遍野的时候，以山胡椒入油、入料体现当地人"药食同源"的智慧。

从乡里到村里，情调便显然不同了，站在山边，明镜的绿意真可以把你的五脏六腑都擦得干干净净。一阵风吹过，身旁树上的小绿珠在摆动。"这是啥果实呀？还挺漂亮。"

老乡说："哎呀，这就是'梦角来'，全都是。"

"这就是那个特殊的香料吗？现在可以吃吗？"

老乡狡黠一笑："感冒的时候，生嚼几粒效果最好。"

在老乡期待的注视下，我豪放地拿起一粒往嘴里放，咬破的那一刻我就后悔了，脸上保持微笑，内心生无可恋，满口生香无处可散，香辛浓烈不亚于鼻饮风油精，呼吸的每一口都像有风油精在洗刷气管，怪不得感冒的时候生嚼最好。

"怎么样，感觉不错吧？"老乡眼睛眯成一条缝看我。

我深吸一口气："清新怡人，只是应该不会再吃了。"

"话不要说的太早哟，这个摘下来做汤可好喝了，想喝就摘点回家做起来。"老乡说。

我想这应该是一道黑暗料理，脑海里浮现出把风油精搅拌到汤里的样子，但是为了不扫老乡的兴致，我麻溜地摘起了小果子。

摘得正起劲，感觉手臂一阵疼痛。"好痛啊，我的手臂这咋了？天啊，这什么虫，长的好丑啊。"

"我看看，这是阔大钉（八角虫），毛毛有毒，碰到很痛的，过一会儿就好了。"老乡看了一眼我的手和虫，无奈地说，"今天摘这点够了，我们先回家，涂酒精就好了。"

我望着红肿的手和被唤醒的鸡皮疙瘩，感觉这里的虫子不是很欢迎我，屁颠屁颠地跟着老乡回家。到家后，老乡收拾好立马进入火塘，将山胡椒洗净，把山胡椒和剥好的大蒜舂成浆汁，猪油起锅倒入浆汁，炒出香味后加入自家腌制的酸菜干，入水煮沸后加适量盐调味。一碗棕绿色的汤呈现在我面前，平心而论，有“风油精”的体验在先，面对漂浮着棕色酸菜和绿色山胡椒碎渣的汤，内心是拒绝的，但我再次在老乡的期待下干了这碗汤。不过还好，蒜味和酸味盖住了大部分山胡椒的味道，初入口醇香扑鼻，再入口则开胃清香，酸香口味的汤居然让我生出惬意。

之后的一段时间，每天都会有一碗山胡椒酸菜汤，慰劳在烈日下奔走的我，酸味提神，香气解乏。老乡家里晒有很多的山胡椒，在这栋每夜萦绕山胡椒香气的苗家木屋里，我也睡得香甜。离别期将至，我居然不舍山胡椒，在我第一次尝山胡椒时想不到后来会那么喜欢它。田野调查要求同吃同住，生活习惯、饮食口味的转变也是从“局外人”到“局内人”的一个过程，对山胡椒的喜爱，不敢保证我在文化上已经完全进入五排苗族的世界，至少在饮食口味上已经合格啦。

觉姆的曲拉面片

刘　凡（兰州交通大学）

2017年8月底，为期一年的田野生活渐近尾声。关系好的觉姆、阿乃[①]们得知我即将返回兰州，纷纷叫我去尼舍吃饭送行，其中包括阿乃尕藏卓玛。她今年75岁，解放前出家为尼，是目前寺院年龄最大、资格最老的三位觉姆之一。阿乃尕藏卓玛的一生见证了曲宗宁玛寺从兴盛到衰败再到兴盛的历史沧桑。

在我离开的前三天，阿乃尕藏卓玛便不时来我住处询问何时去她房子吃饭。因为当时手头工作忙，便约在了离开当天的中午。在寺院，糌粑、酥油及素汤面片是觉姆们最常见的饮食。这里地处偏僻，蔬菜运输不便；尼姑寺布施少，生活普遍清贫；加之佛教戒律的影响，便形成了她们崇尚简单、节俭、茹素的饮食习惯。

当我踏门而入时，她正在低矮破旧的尼舍里忙着做饭。凑近一看，竟然是曲拉面片。虽然自己之前做好了充分的思想准备，也早已习惯寺院的日常饮食，但从未挑战过曲拉面片。曲拉，译

① 觉姆，意为“佛母”“度母”；阿乃，意为“姨母”“姑母”等。都是对藏传佛教出家女性的一种尊称。

为“干酪”，是将提取酥油后剩下的奶水在锅中熬煮至不规则颗粒状，然后过滤，将其自然风干后便是曲拉。曲拉面片，顾名思义，就是在白水煮的面片中加入坚硬、味酸的曲拉和食盐制成。这对于天天以糌粑为食的阿乃尕藏卓玛来说，无疑是珍馐美味；而对我来说，无疑是一次味蕾的挑战。

当满载着阿乃盛情的曲拉面片端上来后，观之只是白色，闻之没有任何香味，食之只有食盐加多后的咸味。我只好硬着头皮，味同嚼蜡一般往嘴里塞，为了防止吐出来，不敢多说话，但脸上还得表现出好吃的样子。一碗好不容易下肚，热情的阿乃坚持给我盛了第二碗。那时，我必须将注意力集中在她讲的故事上，才能暂时忘记那碗难以下咽的面片。

阿乃说，她刚出家的时候，日子很艰苦。从家里拿来的只有糌粑，没有酥油，她把一点儿青稞炒面倒入开水里，搅成稀糊糊，能喝到这个就是当时特别开心的事情。那时没有“吃饱”这种话，糌粑必须省着吃，因为吃完了就没有别的食物了。阿乃白天修行完，晚上还要熬夜看经书。吃不饱，肚子饿，但不管多饿都要忍着。布袋子里面的青稞吃完了就把袋子翻过来，用指头像弹灰一样把面袋子上的青稞面弹到碗里，再和上水，这样又能吃一阵子。二十世纪八十年代重开法门后，寺院的生活更加艰苦，白天要修经堂、尼舍，晚上还要学经文，除了糌粑也没有什么吃的，过年的白水煮面就很好了。

我一边听着故事，一边吃着曲拉面片。故事是阿乃尕藏卓玛的，碗中面片是自己的，其中滋味只有慢慢体会……

救命的面片

丹兰索（上海师范大学）

我在西北少数民族地区做了十来年的研究，田野中难忘的故事很多，但这一段情节是我最想记下来的。

我在读民俗学专业硕士研究生时，因为要做土族民间口头传统的调查，在研二那年的夏天，我和班上一位姓蔡的女同学一起去青海互助地区调研。蔡同学比我年长一些，平时我就叫她“蔡姐”。我们一起下乡后的某一天，我俩计划去互助藏传佛教寺院佑宁寺观看寺院的法会，这是佑宁寺非常著名的仪式活动，当地人称之为“观经会”。除了一系列宗教仪式活动，寺院里的喇嘛们还会带上面具，在鼓乐声的伴奏中跳宗教仪式舞蹈，也就是“跳羌姆”。

从县城到佑宁寺，大约有三十公里路程，当时交通不便，没有直达的公共交通工具。于是我和蔡姐就决定在路上搭一个“三马子”（小型农用拖拉机）。我俩运气很不错，不一会儿就看见一个小伙子开着一辆手扶拖拉机过来了，我们招手，他停下，说明来意后就让我们上了车。

到了佑宁寺的法会现场，十里八方的乡亲们也慢慢聚来了。他们大部分是附近山里的村民，多数都是走路过来的，也有人是骑马或者骑自行车来的，极少数人会一家人开车或者坐拖拉机来参加法会。按照土族人的说法，一年之中能有这么一次机会参加“观经会”仪式，来年就会病痛灾难全无。到中午时分，寺院周围就已经人山人海了。

我和蔡姐一到寺院，就进入了工作状态，整个人兴奋得不行，跟各种人互动，看他们表演，和土族乡亲们聊天，热热闹闹地整整忙碌了一天，竟然忘记了吃午饭。下午活动结束了，才发现肚子饿得咕咕叫，于是想在附近找个餐馆，却发现我们在一个山沟里，附近除了寺院，就是村庄，并没有什么可以吃饭的地方，最近的餐馆和小卖部也在几公里以外。当天我们还在别的村子约了一个老爷爷做访谈，担心不能按时到达，就在活动结束后慌慌忙忙跑到马路边搭车，也顾不上吃饭的事了。好在运气不错，又碰上一个开拖拉机的人愿意载我们一程，但这次不能直接到达我们要去的村子，他中途要拐到另外一条路上。我们下车后又走了一段路，好不容易才找到老爷爷家。

到老爷爷家时，天色已晚，他们一家人已经吃过晚饭了。老爷爷非常热情，特地叫了几个村里的老人，一起在他们家炕上接受我们的访谈，为我们演唱当地传统的民俗歌谣。八九个老人坐在炕上，抽着旱烟，一遍又一遍地为我们演唱那些悠远又古老的歌谣，我们两个人一个负责拍摄，一个负责采访和记录工作。进入工作状态后有点兴奋，暂时忘记了肚子饿这回事。采访持续到大约晚上 10 点多钟，我已经明显体力不支了，估计蔡姐也和我一样吧。我们俩是初次来到被采访对象家里，有点害羞，谁也不好意思告诉人家我们没吃饭还饿着，所以就那么一直挺着。到晚上 11 点钟的时候，我实在是又累又饿，头晕眼花，真是坚持不下去了。蔡姐在做记录的时候，一边假装在写字，一边晃着脑袋在有节奏地打盹。第二天我们发现她在笔记本上的最后一部分写的根本就不是字，而是画了无数个乱七八糟的圈圈。这个场景在之后的很多年里，我俩提起一次就笑一次。

那天晚上，这家女主人看出有点不太对劲了，不知怎么的就跑去厨房给我们做了一锅面片端上来了。那时的我已经快要饿晕了，全靠毅力在强撑，当饭碗端上来的时候，我在欣喜之余也狠狠地被惊到了，因为那碗面片里一根菜也没有，除了面，全部都是肥肉。我是从小就不吃肥肉的，当时看着饭碗我就傻眼了。这时候蔡姐看出了我的窘迫，就让我把肥肉捞给她。我心里那个感激啊，都快哭出来了，赶紧偷偷地把碗里的肥肉全部拨到她碗里，然后把那一碗面片狼吞虎咽地吃了下去，完全记不得面片是什么味道。当时幸亏有蔡姐帮我解围，事后听她说她吃完那碗肥肉后，整整腻了好几个星期。后来我们了解到，这家人生活条件并不好，那天晚上女主人拿出了家里珍藏了很久的腊肉来招待我们，好心的女主人把大部分肥肉都给了我俩。这件事过后的很多年里，我对蔡姐都心怀感激，感谢她那时的仗义，而这碗面也从此在我的田野生涯中留下了深刻印象。

我当时真是害羞，肚子饿了不敢跟别人要食物吃。下乡之前也没有做好功课，对当地饭馆情况不了解，也没有带任何零食，在完全没有做好准备的情况下，就凭着一腔热情傻乎乎地下去了，结果得到了惨痛的教训。另外一个教训就是我太高估自己的能力了，在短短的一天之内连续安排了两个很重的田野任务，简直就是自讨苦吃。不过，这段可笑又有点悲伤的记忆也成为我学术生涯中宝贵的经验。后来我给学生上课，偶尔会讲到这个故事，提醒他们在田野调查时，一定要提前做好计划，把目的地的情况全部搞清楚，同时也要顾及自己的实力，合理地安排好调查任务，免得像我当时一样狼狈和尴尬。

第二部分

神圣与世俗

五台山上的荤与素

张亚辉（厦门大学）

五台山上的食物大概可以区分成三个系统：一是以杨柏峪、滩子和杨林街为代表的俗家人开的饭店，尽管这两年也慢慢多了些川菜和重庆菜，但多数仍旧是忻州五台县一代的山西传统饮食，刀削面、过油肉是最常见的；二是藏传佛教寺院里面的五观堂，原本西藏的佛教寺院除了熬茶和做法会，大多并没有五观堂，僧人都是在自己的僧舍里面起火做饭，但五台山上的藏传佛教寺院全部都是有五观堂的，而且素来不忌茹荤；三是汉传佛教的五观堂，包括能海公的大般若宗寺院，随传藏密之法，但饮食上目前也都是按照汉传规范来组织的，这个系统是严格茹素的，殊像寺还在这个基础上发展出了招待游客的素餐，这个当然要比僧人的食物丰富很多，每次看到殊像寺素餐的招牌，我都不禁想起汪曾祺对素排骨、素鸡的嘲讽，但五观堂里并没有做成排骨形状的豆腐。

我算是一个老山西了，在晋祠做田野的时候，既吃过政府食堂，也在农民家里吃过半透明的手擀面；既吃过婚礼喜宴，也吃过葬礼宴席。承蒙山西大学诸位同仁的热情关照，太原的美食也算吃过不少。后来到五台山做田野，在忻州、五台县、河边镇等地也算是尝到了晋北地区的食物，但五台山上俗家饭店里面的饭，我确实是难以恭维。夏天偶尔会在街边的小饭馆里遇到一些身份不明的假僧人，喝酒吃肉全都不在话下，攀谈起来山南海北无所不知，佛道僧尼一窍不通，算是吃饭的一个乐趣。有一年山上来了一个在各个饭馆里弹唱卖艺的藏族小伙子，人很腼腆，唱歌的技艺不怎么样。第一次遇到，我让学生给了他一点钱；第二天又遇到，不等他过来唱，就主动给了钱；第三天再遇到，给他钱时他显得很为难，后来干脆看到我们转头就走，仿佛是看到了债主。

在山上待久了，难免就会厚着脸皮去寺院里面蹭吃蹭喝。菩萨顶的五观堂是最常去的，因为这里有整个五台山最好吃的肉包子，但也不是每次去都有包子，又不好去问知客师父哪天吃包子，唯一的办法就是要常去。菩萨顶的五观堂，包括其他几个藏传佛教寺院的五观堂也都一样，里面都是大圆桌，吃饭之前也不做什么仪式，饭好了云板一响，喇嘛们就陆续去吃饭了。夏天几乎每顿饭都有信众来吃，桌子不分什么顺序，男众女众也不区分，大家按照自己的选择可以和任何人围坐在一起。桌子的当中是几样咸菜和素菜，还有馒头、花卷、包子什么的，每个人坐下以后，会有五观堂的僧人送来当天的主菜，一般都是荤菜，肉并不多，有时一碗汤中也就两三片指甲大小的肉片。桌上的咸菜不够的时候，会有僧人来添，自己的主菜不够可以自己去添。吃饭的过程很轻松，可以低声聊天，吃完了随时可以走，用过的碗筷放到统一回收的地方就好。

我很长时间都是在各个藏传寺院里面活动，对他们的五观堂也十分熟悉。显宗的寺院，山上叫作青庙，青庙的五观堂饮食显然要严格得多。五观堂的大门对着的是一个佛像，佛像的左右手两边各有数排长桌和长凳，佛像的左手边是男众用斋的区域，对面是女众的区域，每个区域的前几排都是专门留给僧人的。每个座位上都贴着一张经文，立斋时由主管五观堂的师父带领大家诵经，还有一个简短的仪式。每个人的面前有两个扣在一起的空碗，一副筷子，仪式结束之后，才能将碗翻过来，有师父挨着座位将饭菜送到每个人的碗里。大部分情况下，青庙的午餐都是烩菜，这种烩菜我在晋祠的农家也经常吃到。吃饭时不能彼此交谈，不能走动和起身自己添饭，否则会受到僧人的呵斥，中间还会给添一次饭菜。我当时注意到前排的僧侣开始吃饭时就纷纷从餐桌的抽屉里面拿出各种辣酱，每个人至少有三四种，种类之繁多令人瞠目结舌。后来有一次在佛教协会吃饭，因为不是在寺院，气氛轻松一些，几个寺院的管家师父兴致勃勃地讨论各种牌子的辣酱的口味，看来汪曾祺只知道豆腐对佛教很重要，却疏忽了辣椒的意义。我向来吃饭比较快，所以那次我吃完的时候，其他人还在埋头吃，我便站起来准备离开，身旁一个壮汉一瞬间用无比惊讶的眼神盯着我，我还没回过神来，就听到一声断喝：“坐下！”旁边的壮汉这才小声告诉我，要等到大家一起散斋才可以离开。我只好又坐下来，窘迫地等着大家都吃完饭，师父又念了经，散了斋，才羞愧地离开。

每次不论是进青庙还是黄庙的五观堂，我都会想起当初在承德时王金山老人讲的一个故事：从前，喇嘛与和尚是师兄弟，喇嘛是师兄，经要念得好一些；和尚是师弟，为人比较老实。师兄弟经常结伴出去给人做法事、放焰口，但那时主家是不管饭的，都是师父把饭做好了给兄弟二人带着。有一天，师父突然开始担心徒弟们出去给人做法事的时候会不守戒律，于是蒸了一锅肉包子给两人带上了。和尚吃了一口，发现是肉的，就没有再吃，饿了一天肚子；喇嘛发现是肉的，毫不迟疑都吃掉了。晚上回来师父检查包子，发现喇嘛破了戒，便将他的衣服剥去，关在大殿里面，夜里大殿越来越冷，喇嘛只好求师弟放自己出去，师弟不忍心，便开了门，可喇嘛没有衣服穿，于是把佛前供案的桌布扯下来披在身上，又把法罄下面的垫子抽出来当作帽子，这就是喇嘛的红袈裟和桃帽子的来历。从此喇嘛就离开了寺院，逃下山去了。

这个故事并不能看作是对两种佛教形态的戒律的判断，而是对佛教不同社会与功能的区分。李安宅先生在描写藏民祭太子山时提到，拉卜楞寺香佐向南素祭，而黄正清则是向北红祭，两者缺一不可。要想呈现佛教的全貌，仍旧需要将两者并置在一起。五台山青黄两庙的情形也大致如此，能海公的大般若宗寺院据说从前每个月可以吃一次肉，看起来是大有深意的。今天这种安排自然是没有了，唯有塔院寺的知客师父养了一只硕大的高加索犬，每天还有四个鸡架可以大快朵颐。

化缘·布施·僧俗

段　颖（中山大学）

晨曦，外出，化缘，一日的生活，就这样开始。

忆及我在缅甸出家的日子，匆匆已过十年，正是那段经历，使我对这个万塔之国有了更深的认识。我们都知道缅甸为佛教国家，但佛教究竟如何影响民众的日常生活，外界依旧知之甚少。当时身在缅甸，从事田野工作的我，起初也只是在平时经常看到僧侣在街上托钵行走，即便到了寺院，除去礼敬献花外，也很难与之深谈，神圣与世俗，既近且远，还是那么不可思议。机缘巧合，我在华文学校认识来此学习中文的师父吴耶瓦达，相谈甚欢，由此渐生出家之意。

遂与师父商谈，吴耶瓦达非常支持，并建议我就在他所在的寺院出家。选定日子后，师父召集僧伽，为我举行了剃度仪式，我的缅甸朋友得知后也很高兴，在他们眼里，出家不只是个人的福报，而且还可为家庭积累善业。当日他们随我一起，见证了整个过程。按照师父的指引，我的出家是从准备布施开始的，最重要的就是米、油和一些日用品，这些布施之物本应由我的家人准备，也是僧俗之间联系的开始。剃度之后，我被安排住在寺院图书馆，阅读佛经，参禅打坐。

晨起，托钵化缘，乃僧侣每天必须的修行，外出着装与在寺院栖居时还有所不同，袈裟穿法更为复杂，出行必须赤脚，于我而言，赤足于碎石路上行走，分外疼痛，至今记忆犹新。我们一般会在寺院周围的村落挨家挨户化缘，村民都知道此时会有僧侣前来化缘，所以事先就已准备好食物，荤素不一，有的只有米饭。我们会在每家门前稍停片刻，如果没有回应，便静静离开，化缘时不能与施主对视，以免因食物多寡而对施主产生爱憎分别。起初，师父还陪我在附近化缘，之后看我渐渐熟悉，便让我独立化缘，他则会去更远的地方。

僧侣每天饮食均由化缘得来，每次化缘回来，大家都会将托钵交给厨房，由厨房平均分配，偶尔遇到所得不多，厨房会再做一些食物添补。平素还有一些家户会特别到寺院来布施，一般会在正午之前，布施时僧侣先要落座，施主再将饭菜奉上，僧侣应允接受，没有经过布施礼的食物不可以食用。由于布施之食来自各家各户，我在寺院的日子里，吃着名副其实的“百家食”，从鱼汤米线、椰浆饭到各式甜点，不算丰盛，却种类繁多，同时感受着信众布施的礼敬与虔诚。记得有一次，一位年近八旬的老妇，由家人陪伴前来布施，颤颤巍巍地奉上自己亲手制作的点心，眼神中流露出的那份质朴与纯善，触动人心，久久难忘。

寺院严格遵循过午不食的戒律，十一点就餐，十二点结束。饭后僧侣需自己收拾、清洗托钵，取水时需要用细网兜过滤，以免误伤水中生物。若还有一些未吃完的食物，则会带到后院，置于平台，那里栖息着很多乌鸦、麻雀，随后会来啄食。出家最初几日，师父担心我受不住饿而“偷食”犯戒，时常将村民布施给我的饮料、食物转赠寺工。起初我也担心自己撑不下去，随后细细想来，出家饮食，不过是变化了起居节奏，三餐转为两餐，作息也相应调整为早睡早起，适应就好。

起居饮食，也是修行的重要部分，记得住持在一次开示时，曾以食物为例解释生灭无常：食物还是食物时，是为“生”，食用、消化、排出，是为“灭”，而食物的生灭，又促成了人的新陈代谢，另一个更大的生灭循环，所谓业与无常，亦复如是。起居饮食，也会和世俗社会联系在一起。有时，缅甸信众会在家中布施，他们会提前告诉寺院，因父母生辰、小孩出生或其他缘由布施祈福，得到寺院应允后，施主一家会连夜准备饭食，早早在家门外双手合十恭候。清晨，僧侣们相继前来，就如流水席一般，接受布施，并为之祈福。

从外向内看，神圣与世俗，看似边界明确，但若深入其中，却是另一番景象。尤其在佛教国家，僧侣的修行，透着浓浓的生活气息，几乎家家户户都曾有或正有人出家。出家，亦非不近情理的隔断红尘，家人可来寺院探访，化缘时偶尔亦会途经俗世之家，倾谈之余，家人自会为其准备一些喜好之食与日用之物。更为重要的是，千家万户之间构成了共同供养的关系，出家与在俗，经由寺院，我家饭，你家食。而僧侣出家的舍身与持戒，换来了福报与德行，布施中的“施”与“受”，更完成了精神与物质之间的互惠，成为佛教社会中道德与力量的根源。

一箪食，一豆羹，佛在人间，缘来如此。

祭拜过“车神”的博山水饺

姚晨晨（山东轻工职业学院）

2016 年 7 月 3 日，这天是山东省淄博市博山区某村集体祭拜“车神”的日子，近几年，随着私家车的普及，“车神”祭拜在当地逐渐形成了一种民众集体进行的新风俗。

早上七点左右，本村七八位老奶奶已经在村里最大的十字路口就位，领头人孙奶奶将自己已经下好的饺子端出来，共四个小碗。博山美食习俗中，“四四席”是最具代表性的，而“四”在博山也是最吉祥的数字。四碗水饺，每碗六个，摆上供桌。习惯不吃早饭的我，大早上起来看到孙奶奶端着热腾腾的水饺，肚子咕噜咕噜叫。博山水饺，全国独一份儿的，不是圆皮，是梯形的皮，最好吃的数三鲜馅儿的。老博山人习惯将水饺称为“包子”，为了区别于蒸包，就直接称水饺为“下包子”。

我还沉浸在水饺的香味儿中，忽地，孙奶奶拍着脑门往家跑，嘴里还念叨：“我这记性，忘带酒了，包子就酒，越吃越有！”逢年过节，博山地区大大小小的酒桌上最少不了的当数博山水饺，民众用民间谚语借着节气抒发内心美好的愿望，但此刻孙奶奶这句话让我不禁一头雾水。在这几天的田野中，了解到“车神”祭拜实为博山地区的民众根据当下社会生活所臆想出来的“新神”，是一种典型的民众“造神”过程。采访中，孙奶奶曾说，自己此举纯属义务，因为近几年村里发生了多起交通事故，所以才组织年老的几个同伴一起举行“车神”祭拜，并且祭拜仪式的地点，也正是当地车祸发生率最高的路口。但在之前的采访中却有几位奶奶表示，贡品中不用酒，因为“喝酒不开车，开车不喝酒”。此类现象属于民众对神灵的拟人化，那孙奶奶跑着去拿酒便让我很是费解了。但为了仪式的顺利进行，我并没有当下发问。

七点三十分整，祭拜仪式开始，此时村里的出租车司机已经陆陆续续赶到仪式现场，他们有的带来几沓黄表纸，有的带来刚买的热乎早点，有的带来昨晚准备好的“神食”，有的则带来几样散称的点心。总之，祭拜的食品样式种类繁多。二十分钟后，祭拜仪式结束，孙奶奶带头烧纸。烧纸结束后，孙奶奶将供品中的一样早点递给我：“闺女，赶紧趁热吃了，供养（当地俗语，祭拜）过神仙的，吃了保佑你。”我赶紧接过来，但心心念念的还是孙奶奶那四小碗水饺，本想凑过去假装帮忙收拾，然后趁机拿一个吃，但手脚利索的孙奶奶迅速将水饺倒进了事先准备好的饭盒里。就这样，祭拜过“车神”的博山水饺与我失之交臂。大学时期，曾多次和同窗提起过家乡的水饺，后来终于如愿带他们吃了一次，未料到，他们却评价道：“这就是我们那儿的馄饨嘛，不过味道比馄饨好吃多了。”这评价让我哭笑不得。博山水饺，形状为两头翘角，呈元宝状，博山人把其他地方造型不同的水饺称为“扁食”“元宝水饺”或“把攥”等，以示不同。

虽然是家常面食，但博山水饺却能反映出博山人的讲究。调馅配料一丝不苟，和面擀皮颇有章法。包水饺讲究，吃水饺也不含糊，有段子说博山水饺“拌馅快——保鲜，擀皮快——防酸，包得快——怕粘，下锅快——防干，吃头锅——抢先”，连包带吃处处体现着博山人的利落劲儿。二十世纪八十年代，同济大学的陈从周教授来博山品尝了博山水饺，挥笔写下了“博山风味推第一”。博山人把陈先生引为知己，后来曾专门请他给孝妇河上的桥题写桥名，陈先生的字现在还在孝妇河的桥头上刻着。而此时，这祭拜过“车神”的博山水饺才是我心头最想。

祭天仪式与食物

冯　莉（中国文联民间文艺艺术中心）

对于迪庆州香格里拉市三坝乡东坝日树湾的村民来说，2006年正月初九是一个特别的日子。中断了49年的祭天仪式，将由大东巴习阿牛担任主祭恢复起来。那年我正在村子里进行田野调查，亲历了这场最隆重的祭天典礼。

正月祭天是纳西族古老的习俗，纳西古语称“纳西蒙补西”，意即纳西祭天人。在历史上，纳西人极为重视祭天活动，不参加祭天的族人甚至被认为不是纳西人。据民国《中甸县志》载：“凡第三区三坝乡七伙头所管辖之摩些民族，每逢年节，必迎东跋念经祭天。摩些民族所在村落，必于附近高阜筑一天坛，定于每岁正月初四、五、九日集众醵金，延请东跋，杀牲祭天一次。嗣秋收前，又择日祭天一次。”纳西族的祭天活动，是融纳西族祖先崇拜和自然崇拜为一体的祭祀活动。

那年正月，我住在主祭东巴习阿牛的家中进行参与观察。初七那天，老东巴的四儿子翁堆活佛告诉我，村里人准备恢复祭天仪式。当晚，92岁的大东巴习阿牛竟激动得吃不下晚饭。天一落黑，他就来到儿子翁堆活佛的木楞房中，商讨后天举行祭天活动的准备事宜。村里懂得点儿东巴文化的男性都聚在屋子的火塘边，热烈地讨论着两天后祭天典礼的程序和各项细节。从他们的眼中，我已经感觉到期待了半个世纪的隆重盛典已经奏响了前奏。

正月初八傍晚，我随整个村里的男性来到村旁被茂盛古林环抱着的石头垒成的祭坛。听村里老人讲，过去祭天前只能是村里的男性来这里清扫祭天场，并且还会派遣专人值班，防止野狗进入这片神圣之地。

祭天的日子，日树湾家家都要带着饵块和猪脖子肉作为祭天仪式相互馈赠的礼物来到祭天场。这些食物首先要送给克里布，其次送给乌里日，克里布与乌里日分别是祭天仪式的主祭和副主祭东巴。举行仪式时，每家每户都要在祭天场周围燃起塘火，烧饵块、烤肉，分享圣餐。

清晨，村里的男女老幼陆续来到祭天场。他们用篮子背来栗树枝、杜鹃叶、面粉、净水、酒，在祭坛上燃起缕缕青烟，祭天仪式在煨桑除秽中拉开了序幕。除秽通常有两种形式：一种是用火除秽，人们燃起火堆，在火堆边绕一圈，或者跨越火堆以除去污秽之气；另一种方式是煨桑除秽，有些人在祭坛上燃烧柏树枝、栗树枝或杜鹃叶，桑烟升起，一边将带来的面粉、米、净水等祭物撒向祭坛，一边嘴里说着保佑家族人畜平安、大吉大利、样样顺心等祈愿吉利话。每家每户带来麦子撒在祭坛前的竹箩里，作为祭品。人们还会把带来的一部分食物放到较高的树杈上给乌鸦施食。东巴经中记述，施舍食物给乌鸦吃，它们能很快将人们祈求的愿望传递给天上的神灵。

先来到祭天场的老人和成年男人们穿着麻衣在祭场的东边，盘腿坐在地上。主祭东巴和助手们在祭坛前念着东巴经，有些不懂事的小孩子围在跟前看热闹。

祭天的时候主要诵读的经书是《崇搬绍》（人类迁徙记）、《蒙精》（献牲）、《哈时》（献饭），请天神地祇。献牲还分为生祭和熟祭。熟祭就是把猪头煮一下用来祭祀，祭祀用的猪被称为"天猪"。天猪也有讲究，老人们说，过去天猪必须全身黑色，四只蹄子白色，由村落中各家轮流饲养一年。杀天猪之前，先举行除秽仪式，待东巴念完几本经书后，宰杀天猪。人们将猪苦胆取出来，挂在树上，象征起死回生药，这就是生祭仪式。天猪煮熟后，东巴们开始进行熟祭。熟祭时，要向天父、天母和天舅献酒。祭坛中间的柏树，代表天舅；旁边两棵栗树，分别代表天父、天母。在纳西人的观念中，父代表天，母象征地。献饭时，三个神灵之间还要互相交换，这碗饭才能真正献上去。人们先将这碗祭神食物献给天，天再交给地，地再转给舅舅。熟祭之后，大东巴根据天猪的肩胛骨纹路进行占卜，以判断村落未来一年的光景。

祭天仪式杀的天猪，除了头、脚、肚杂作为共享食物外，祭祀东巴分得猪腿肉，其余则由村长负责按家户均分，叫分福泽肉。仪式之后，各家户再用福泽肉祭祀自己的先祖。

整个祭天仪式在祭天歌舞"热赤"中达到高潮，村落中的男性家长身披麻布长衫，手臂相连，围成圆圈，踏足而舞，其他村民在塘火边分享祭天圣餐，看到火光映照下张张幸福的笑脸，我感觉这样的典礼仿佛从未中断过……

哈尼族“昂玛突”，连吃三家“扎赫”

黄龙光（云南师范大学学报编辑部）

2010 年 2 月 20 日，是哈尼族聚居地红河绿春哈尼族年度性祭祀“昂玛突”（祭寨神）的神圣日子。窝拖布玛大寨，是绿春县城所在多娘梁子 13 个哈尼村寨的母寨，也是白师姐的老家。年前，师姐就邀请我们前来调查哈尼族“昂玛突”祭祀。

头晚，师姐带我们到咪谷[①]家请求允许拍摄祭祀仪式，得到的答复是部分许可，即除了“昂玛突”寨神树下核心祭祀以外都可拍，核心祭祀只许远观，不能动机子。咪谷一脸严肃地说，2000 年州电视台来拍仪式，当年村里就连丢了三头牛，还发生了其他不顺的事。能远观已不错了，要知道明早一封寨，外人一律进不来。

外观颇现代的窝拖布玛哈尼寨，水泥路面、太阳能路灯、小卖部、篮球场、公厕一应俱全，同时哈尼族寨神树、寨心石、秋千架以及各家门头为防“琵琶鬼”而挂的野蜂巢，堂屋里的通天神柱和祖先神龛，这些宗教符号无一不在建构一种神圣性。如果

---

① 咪谷，哈尼族民间祭司，主持祭寨神等宗教活动，享有很高的地位。一般为家传，由父母健在、儿女双全、为人正派、办事公道的 30 岁以上男性担任。

没有白师姐的家乡亲缘关系，这将是一趟不可能完成的任务，它不断提醒我学术有禁区。

一早封了寨门，男人们拉来“昂玛突”献牲，即各家凑份钱购买的一头黑猪。这头250多公斤的猪应养一年半以上了，看起来毛发黑亮，膘肥体壮。咪谷主持在寨神树下的生祭后即当场宰杀黑猪，随后各家代表陆续来领各自祭肉“扎赫”，归家祭祖享牲。

献牲份钱是均摊的，祭肉“扎赫”也要均分，象征社会结构共建与社会运行共享。咪谷助手以及屠宰匠，先用新采芭蕉叶垫在地上，按总户数将猪肉切分成数百份，来一家认一份。每份“扎赫”虽小，但均带皮、肉、骨、脏，这相当考验屠宰匠的刀法。

对于每一个哈尼人来说，领回的祭肉“扎赫”不仅是寨神所赐福禄，也是各家和祖先沟通的灵肉。师姐侄子家领回“扎赫”后煮熟切片，连同其他酒肉茶饭祭品，摆满一桌置于祖先神龛前。大堂哥主持家庭祭祖仪式，只见他在神龛前虔诚跪拜，念念有词，家里人按班辈大小依次跪拜，祭毕作为客人的我们入席享“扎赫”。事实上，“扎赫”只有一小碗，每个人只能象征性地夹一小块。因为有一种“圣餐”的心理暗示，吃下“扎赫”的瞬间，我真的感觉一丝神秘的轻颤划过肠胃。

六点半左右，我们荣幸地被邀请到咪谷家吃“扎赫”。哈尼族咪谷是神灵使者和人间代表，“昂玛突”祭祀当天能在咪谷家吃到“扎赫”，是一种幸运和福分，会给全年带来好运与吉祥。

咪谷告诉我们，如果能吃上五个寨子的“扎赫”与彩蛋，那就来年做什么顺什么，福缘广进。

席间，有两个人将其钥匙串取下，向我们展示用“扎赫”骨刻制的挂饰。大家说多娘梁子 13 个哈尼村寨联合祭祀“阿倮欧滨”[①] 时献牲的“扎赫”更灵验，据说参加 20 世纪“对越自卫反击战”的绿春人，凡随身携带了“扎赫”骨饰的都活着回来了。于是，“扎赫”的灵验传说，经无数个体长时间口耳相传后，叠加成了一种神圣叙事。

后来，我们又被热情地邀请到师姐堂姐家吃“扎赫”。至此，“昂玛突”祭祀当晚，“扎赫”我们一共连吃了三家，酒也连喝了三台，歌也连唱了三支。

深夜，月光下的窝拖布玛哈尼寨，神人以和。

---

① 阿倮欧滨，意为“阿倮地方泉水汩汩而出之处”。每年农历正月第二个属牛日，绿春县城一带 13 个哈尼族村落联合举行的神圣水源林祭祀。

捧饮咂酒，与神同醉

卞思梅（四川大学）

羌山的酒从来都不是独享之物，大坛的青稞咂酒，必与众人众神共享方才彰显其意义。置身川西北大山深处的羌寨，倘若没有过一醉方休，便只可谓蜻蜓点水，拾了点浮光掠影。唯有手捧竹管，喝懂了那咂酒的滋味，才算得上与山与人真正结了缘分。

坛封的咂酒，家家户户皆有。将青稞、小麦、玉米在大铁锅内翻炒，注入雪山泉水烹煮，起锅晾冷后撒上酒曲，盖上棉被，发酵数日，再装坛密封，放置几日便可饮用。虽都是“千颗明珠一瓮收”，但酒味却因火候、酒曲、发酵时日不同而异。每饮酒，谁家的咂酒味更甜、香更醇，女主人便会被众人夸赞，这时哪怕是带着缺口的酒坛子都散发着骄傲。在婚丧嫁娶、家族会议、村寨集体仪式等场合，咂酒作为沟通人与神的媒介，必不可少。作为一种“后发制人”的助兴之物，咂酒绝对令人难忘。初尝之人，多因其香甜味道放松警惕，贪喝的下场就是酩酊大醉，甚至不省人事。2011 年夏，我初入四川茂县北部格尕羌寨田野，这香甜精灵便给我狠狠上了一课。

那日是当地最为隆重的祭山大典，男女老少皆盛装出席。山脚神塔前整整齐齐地摆了一排酒坛子，坛子顶部横放着空心竹管。祭祀是男人们的事情，插旗、烧香、杀牛、放祭品，女人们则在远处或观望或准备食物。待男人们绕塔几圈礼毕后，便到了喝酒狂欢之时。年龄最大的男性老者手持竹管，一边祈福开坛，一边用竹竿在酒坛内蘸一下，酒向空中，反复三次，如此以第一口酒敬天地、山神等众神。众神尝罢，才轮到人。老者往酒坛里插一支竹筷、两个辣椒，此举是为防止骨头不净之人破坏酒的味道。老者又将三支竹管插入坛中，吸咂一口，此后便邀请在场的外来男宾优先饮酒，之后是女宾，然后寨里人再以男女长幼的顺序依次吸食，有秩序地分享。

我也很荣幸地被请去喝酒。老者先往坛里加开水，使坛口的青稞浮动，然后手里端着另一盅水，说："我唱歌，你喝酒，歌停时要喝到这盅水能全倒进坛子里，如果倒不完，就要重新喝。"我豪气同意，心想如此甜酒怎能难倒我？一首羌歌响起于耳畔，我快速大口吸食美酒。歌毕，那盅白水全被倒了进去。如此循环几轮，待整个酒坛子变热，酒也就喝淡了。然后，妇女们给现场每个人敬一杯滤好的咂酒。我与伙伴不忍拒绝其好意，又贪食佳酿，连续饮下不少。只一会儿工夫，便借着酒劲与众人狂欢乱舞。约半小时后，酒力发作，我和同行伙伴坐在草地上相互依偎，竟醉到没有力气说话，而后只觉眼皮沉重，便倒地不省人事。善良的村民将我们两位姑娘抬到拖拉机上，只记得躺在拖拉机里，眯眼看见了滑过的蓝天、白云与树叶，觉得天地都与我融为了一体，快哉！到住所后，用最后一丝力气爬上床，一觉睡至晚上八点，误了访谈。翌日清晨，到了约好的老者家里补充访谈。一进门，招待我们的又是那倒在碗里清亮亮的咂酒。看到它，我一哆嗦，头日醉酒的阴影还在，这次只敢小酌，再不敢贪杯。

此后悠长的一年田野里，我又在无数场合喝过无数次咂酒，醉酒丑态自然也是百出。不过后来也逐渐体悟到一同醉酒或许是种很好的存在。咂酒乃分享之物，饮食咂酒的规则象征着一种秩序，神与人、男与女、长与幼、奉献与回报、誓言与繁衍，男女分工，长幼有序，天地山神哺育人类，人类以酒回馈。同饮一坛酒，在特殊的仪式场合短暂地突破既有结构秩序，聚合在一起，认证了彼此的存在。只有喝懂了他们的酒，才会在他们之间觅得自己的位置，感知周遭的一切。

所以啊，无论男女，不分长幼，来到羌山，来到格尕小寨，都请放下矜持，捧饮咂酒，与众神众人同醉吧！

吃了那只上供的公鸡

祝何彦（辽宁大学）

说起田野与美食，我想起了一次吃鸡的经历。这次吃鸡经历算是一次家乡田野的意外收获，当时我在舅舅家对毕业论文的仪式活动进行调查，舅舅正是我的报道人与访谈对象。

在调查的过程中，刚好遇上九月初九，听舅舅说是“斗姆星君”诞辰日，信仰氛围浓厚的舅舅家每逢这样的节日必定会进行祭拜。而舅舅更不同于一般的信众，他在一年前就拜师“出马”，成为“出马仙”（出马之后便能够通神通灵）。但是，舅舅一直没有真正通神通灵，而是做梦梦到自己考试不及格，舅舅便以此来安慰自己，神灵还没有认可自己。究竟还需多长时间得到神灵认可还是个未知，但虔诚的祭拜却是必不可少的活动。当然这只鸡在祭拜中也扮演了重要的角色，以至于在吃鸡的时候仍要遵守禁忌。

这只公鸡是舅舅在九月初六从集市上买回来的，舅舅的解答是：“提前买回公鸡在家里养几天，能让它与家里的神灵相互熟悉一下，也可以知道神灵到底喜不喜欢这只鸡，如果不喜欢，这只鸡肯定活不到祭拜的日子。之前咱家就有过一次，买回来的公鸡，第二天就不吃不喝打蔫儿，第三天大清早就看到它死了，这不就是神灵的意思吗，不满意这只鸡，后来我又现去市场买的。”舅舅将鸡死的意外当作是神灵的旨意。买回来的鸡也很有讲究，舅舅说公鸡要选家养的，鸡冠又大又红，叫声洪亮，至少得有 4 斤以上重。我问为何有这么多讲究，舅舅说这样的鸡健康，能通神，鸡小了神灵会不满意，显得人太抠门，对神不敬。

初九这天清早，太阳还没出来时，舅舅便早起杀鸡。舅舅先在鸡脖子上划了一刀，并放了一碗鸡血出来，随后鸡就慢慢停止了挣扎，舅舅在杀鸡时还念叨着：“黄仙大神，给您送公鸡来了，以后多保佑咱家，也别祸害咱家养的鸡。”然后又对鸡说：“鸡呀，这是你的命，你被选中升天，我这三天待你不薄，你可得帮我们跟神灵言好事啊。”随后舅舅把鸡的羽毛一丝不苟地摘干净，内脏清洗干净后装回鸡的胸腔内。杀鸡要在日出之前完成。鸡杀好后就开始摆供品，将公鸡摆放在黄仙与狐仙牌位前的盘子上，鸡头冲向神灵一面。舅舅用两根红筷子将鸡脖子和鸡头支撑起来，保持昂扬向上的姿态，表示对神灵的尊敬。然后舅舅把已经凝固成血块的鸡血扣在鸡背上，至于为什么放血在鸡背上，舅舅也无法解答，只是依循他师傅的做法。摆好供品，开始上香，香要上满一天，没了就再续上，供品也要摆满一天，第二天才能拿下来。

将公鸡拿下来之后，舅舅将鸡炖了。开吃的时候，舅舅将鸡头挑出来夹给姥姥，我还疑惑，以前吃鸡都是舅妈爱吃鸡头呀，而且姥姥牙口不好，啃不了鸡头啊。只见姥姥将鸡冠咬下来吃掉，剩下的鸡头又给了舅妈。我问这是为什么，舅舅说：“鸡头要给年纪最大的人吃，你姥姥能压得住，咱们都压不住，吃了鸡冠就算吃鸡头了。”舅舅又将鸡翅夹到我碗里，说：“吃了这鸡翅，你能越飞越高。”舅舅腰不好，他把鸡背的部分吃掉了，姥姥腿疼，舅舅让姥姥吃了鸡大腿跟鸡爪，舅妈把鸡心夹给我，我打趣道：“舅妈，我心脏没问题，还是你们吃吧。”舅妈说：“吃心眼补心眼，多吃点，聪明。”“我可不想补个这么小的小心眼儿。”我打趣，但还是吃了，在那一刻，我竟然相信舅妈所说的吃心补心。后来回味起来，还是觉得整个吃鸡的过程很是有趣。

禁忌已经渗透在信仰者的言行中，在人们建构的信仰环境中，人们不仅用禁忌规范着自己，而且也将神圣性赋予到所用的工具之上，就如那只充满使命感的公鸡。此外，人们根据日常生活中的经验，将现实的社会关系投射到信仰世界之中，使那些模糊的感觉得以与外界交流，获得理解。

“羊骨头”里的权威和地位

陈祥军（中南民族大学）

我是土生土长的新疆汉人，羊肉一直是我的最爱。汉人家里做羊肉的方式很多，总是会放各种各样的调料，但做出来的羊肉还不一定好吃。而哈萨克人做羊肉的方法很简单，把一块块羊肉放进大锅里，等水沸腾后用小火慢慢煮一两个小时，出锅前放一把盐，用这种简单的方法煮出来的羊肉特别香。他们做羊肉的方法简单，但吃肉的礼俗却很复杂，不同部位的“羊骨头”肉被赋予不同的寓意，用来招待不同的客人。

2008 年冬季，我在阿勒泰富蕴县做田野时，完整地参加了一户牧民的婚礼，婚礼持续了三天。

婚礼前一天早上，周边的亲戚及邻居就早早过来帮忙。四个经验丰富的中年男人负责宰杀牲畜，有一个老人负责砍柴和烧水，还有五六个妇女等男人们宰杀完毕后负责清洗牲畜内脏。宰杀牲畜之前，还邀请本部落有威望、年龄较长的老人做“巴塔”[①]仪式。那天宰杀了三只羊和一头牛，这之后，考验一个真正牧民的时刻终于到来了。哈萨克族有个说法：只有熟练掌握宰

① 巴塔是哈萨克族的一种古老习俗，表达“祝福”“祈求”之意。

羊技术，并懂得如何分配羊骨头的男性才是合格的牧民。我跟随他们一起走进毡房，两个技术娴熟的中年男人开始分割羊骨头。为节省时间，头天晚上就要把这些羊肉煮好。第二天根据来宾的身份在盘子里摆放不同部位的羊骨头肉。后来我了解到，哈萨克人把羊身上的骨头从前往后分成 6 个部分，总共有 12 根。这 12 根骨头与羊头及其他部位互相搭配，代表不同的尊贵等级以招待不同地位或身份的客人。如今在牧区比较正式的宴席中，依旧保留着这种传统。

晚上，新郎的父亲邀请本部落内的老人前来用餐，大都是白天参加宰牲前做“巴塔”仪式的老人们。当天晚上大概有十几个老人，他们按照年龄及威望依次落座。正中间是位个头高大、带着白帽、留着有近 20 厘米长白胡子的老人，是新郎所属的“萨尔巴斯”部落公认的领头人。大家落座后，新郎的弟弟肩上搭着一条毛巾，一只手拎着水壶，一只手端着脸盆，走到老人们面前给他们一一浇水洗手。老人们喝了碗热气腾腾的奶茶后，年轻的小伙子已经把盛放着羊头的盘子端上前来，放在白胡子老人面前，而且让羊嘴对着老人。羊头是羊身上被赋予等级最高的部位，象征权力、地位、威望、智慧及高贵等含义。老人拿起羊头，用刀先在腮帮上割下一块肉敬给新郎的父亲，再削下右耳朵给旁边一桌的小孩吃，希望他听话。羊舌头给家中女人吃，希望她能说会道、贤良淑德。再切一片鼻前肉自己吃，最后把羊头递给新郎父亲，感谢他的热情款待。

婚礼这天，新郎家大摆酒席，款待亲朋好友，迎接新娘的到来。这天来的客人很多，上肉的人要根据客人的身份、地位、年龄、威望等情况，来决定在盘子里放羊身上哪个部位的肉。现在已经没有过去那么讲究，但对特别重要的客人一定不能上错了肉，否则会使对方不高兴。羊的胯骨是除了羊头之外排名第二的骨头，可代替羊头来招待尊贵的客人。我偶尔也会得到这样的礼遇。前腱骨尊贵程度排名第三，是给老人吃的，不能给女性和青年人吃，如果给了会被认为是不希望他们成家。前胫骨排名第四，因有羊髀石[①]而得名。这块骨头是女婿、儿媳和已婚青年人的专属，希望他们长得有气质、漂亮。股骨排名第五，不能单独给客人吃，由侄子、外甥或未婚青年享用。这块骨头是最难啃的，如果啃得干净，那你肯定是一个心灵手巧、有耐心的人。

我完整地参加了这场持续三天的婚礼，见证了他们在饮食中的诸多礼俗，其中印象最为深刻的是他们在用餐过程中处处体现着“长幼有序”的社会秩序。尤其是在大型宴会上，入席者必须按照尊卑长幼顺序入座。入席时主宾如何坐、给客人准备什么等级的食物几乎是一个常识。这背后折射的是一种有序的社会规则，它对保障哈萨克社会秩序，维持和谐的社会关系及牧业生产都发挥着作用，并协调着社会生活的方方面面。

① 羊髀石是羊后腿膝关节的一块骨头，在哈萨克社会有辟邪和勇敢的意思。

“七月七”的巧果子

魏 娜（辽宁大学）

我老家在鲁西南，在我们那儿，“七月七”并没有什么特殊的活动，抛开古老的传说，便是个普通不过的日子。儿时的葡萄架下还有老辈摇着蒲扇念叨着传说，小孩躲在密密的架下屏着气儿细细听，牛郎织女的夜话也能捕到几句。而今，钢筋水泥密密实实地覆上了葡萄架，又能去哪儿寻着牛郎织女呢？这样的“七月七”我过了二十多个，直到踏上西河阳村的土地，才知道“七月七”除了牛郎织女，还有属于它的节日食品。

因做胶东民俗的田野调查，我第一次接触到这个位于胶东半岛依山傍水的古村。胶东地区面食文化历史悠久，西河阳村的面食也丰富多彩。像是婚丧嫁娶、中秋元旦这样的“大日子”里，除饺子、面条外，各家巧手媳妇也会做些精致的面塑，彰显时日的特殊，传达美好的寓意。看我对面塑感兴趣，一旁的村民告诉我，不远处的卫常英家中有几个另样的面塑，可以去看看，并热情地为我带路。

卫阿姨家里收拾得干净整齐，土炕边放了张木桌，上边摆着几个大小不一的面塑。时日太久，面团早已风干，零星地布着裂纹。卫阿姨说，这面塑是她过寿的时候，女儿送来的。我无意中抬起头，看到面塑上方的墙上挂着一条用线穿起来的一片一片的面食，已经风干变硬了，但因是白面做的，没有修饰和色彩，它风干以后的样子更是多了几分落魄。这是我第一次见到这种造型的面食，比较好奇。卫阿姨说这些穿起来的面食叫“巧果子”，是七月七这天特有的节日食品，别看它如今有些落寞，曾经可是挂在孩子们心尖儿上的“好吃的”。据说在七月七这天，吃了巧果子就会变巧变聪明。因此有孩子的家庭，就算条件再不好，也会想法儿做上些巧果子给孩子们吃。多情手巧的姑娘，也会用心做好巧果子，送给心上人，希望爱情长久，得到美满的婚姻。

巧果子有甜的、咸的，也有无味的。有条件的家庭在和面的时候是不会加水的，直接用鸡蛋和面，也有用油和面的，然后根据口味加上糖或盐。现在看来，这是普通而简单的面食，但在食物匮乏的年代，能吃一次白面可是很不容易的。好不容易能吃上一回，当然要吃得赏心悦目，所以面和好后要用印有花纹图案的木制模具做出形状和图案。然后，烧个大锅，把做好的面团放在锅里烤，以防烤煳还要用铲子不停地翻着。七月七，尚处于炎热之中，在热锅旁不停地翻着巧果子，汗流不止但乐此不疲。做好后，穿成串儿，孩子们把它挂在脖子上，哼着“果子甜，果子香，织女搭伴儿做新娘……”好吃又好玩儿。如今，饮食的多样化让这个曾经风靡一时的食物被逐渐淡忘下去。到了七夕，一些小贩专门做了巧果子在路边卖，一串一串地穿起来，巧果子里外有油，看上去油光光的，比很多村民做得还要美观。家里有孩子的就去买两串哄孩子，以沾“巧”，有些没有小孩儿的人家就连买也懒得买了。

在另一户人家家里，我再次看到了巧果子，同样是放置了一段时间的。虽然巧果子的外表不那么美观了，但它仍诱惑着我。许是我渴求的目光太过于明显，热情的女主人说："如果你不嫌弃，可以尝尝看。"说着给我递了一块。我立刻伸出了手——终于尝到了巧果子！面有些干硬，带着些许的甜。确实，按照这个味道来说，巧果子并不符合现代人挑剔的味觉审美。我想可能是因为我没有在它刚做好的时候吃，更可能是因为我吃它的那天不是七夕。七夕当天，巧果子的味道应该就会不一样吧，因为有牛郎织女的味道，有乞巧的味道，有妈妈的味道，有爱的味道。

别有滋味“庙”中餐

邵媛媛（云南民族大学）

2017年夏，作为学校民族学暑期班带队教师，我将田野点选定在云南临沧沧源县勐角乡。半月间，师生十二人行走于阿佤山脚下，体悟民族淳厚乡俗，领略自然如画美卷，而最生动欢快的经历则源于一座南传佛寺和寺中的吃食。

勐角乡是傣、彝、拉祜、佤等多民族杂居地。彝族和部分佤族信仰南传佛教，乡属九个行政村共有佛寺13座。金龙寺占地面积20余亩，是勐角村下金弄寨傣家人的村寺，2015年完成全部重建后成为勐角乡规模最大的寺院。作为田野熟练工，正式调查的第一天我便同搭档和一名学生前往金龙寺拜访。这座寺庙整体采用典型南传上座部佛教寺院建筑风格，主殿外观金碧辉煌，庄严肃穆，殿内供奉一尊汉白玉释迦牟尼像。佛寺的二长老是彝族人，在同我们短暂交流后，将我们引荐给刚刚做完功课的大长老提卡达希。

提卡达希长老现为云南佛教协会副会长，近年来凭借个人魅力和社会资源，为勐角乡文化建设贡献颇多。长老五十岁左右，面如白玉、斯文和善，问明来意后便开始依照我们的提问娓娓道来。长老善言谈，访谈很快转为漫谈，其间长老多次以桌上摆放的水果、零食、饮料相让。然三人碍于威严，甚为拘谨，仅小食几口便又认真聆听起来。长老仿佛不觉疲累，谈话不知不觉行至午时，长老一定要留我们在寺中吃午餐。因僧俗不能同桌，我们被安排在寺院伙房旁的石桌。寺院的吃食全部来自下金弄村民的供养，南传佛教讲求不挑吃，即信徒供养什么便吃什么，因此僧侣并不忌荤，餐食中有各类肉菜。菜上毕，为我们服务的小和尚腼腆地请我们用餐，二长老特意嘱咐我们："俗家动过的饭菜，出家人是不能再碰的，要都吃了，不好浪费。"我们连声称是。未等开吃，耳边忽然传来一阵诵经声。我们随之放下筷子，向伙房里张望，缝隙中，只见长老、和尚正站立着吟诵经文，虽不懂其意，但这无疑是敬惜食物的一种仪式。念经结束，僧侣们坐下吃饭，悄无声息，我等也转回身拿起筷子。菜肴大概有六种，荤素搭配，简朴丰富，看得出为了招待我们，二长老特意吩咐小和尚多上了几样，而且菜量不小。受寺院神圣场域和方才那阵经文加持，这顿饭吃得似乎有些不同寻常，我们吃得小心翼翼，少话且轻声细语，不敢挑食，咀嚼得格外认真。吃不完，又怕剩，直起腰板硬往下塞。末了，为了表达对食物的敬畏和对习俗的遵守，三人搜索包囊，摸出几个塑料袋，将饭菜一一打包，准备带回旅舍当晚餐。上午闲聊期间，我们主动提出帮助一位正在寺中游居的汉族长老将其翻译的傣文佛经录入电脑，拿了厚厚一摞手稿后，告辞离去。

以后十余天的日子里，师生十二人以不同组合、于不同时间数次轮流参访金龙佛寺，向长老请教各类问题、校对经文，看小和尚学习傣文，随“老人”们在安居日跪坐佛堂静听诵经。当然，我们也越来越大胆地吃起零食水果，经历与再次经历颇具仪式感的午餐晚餐。大概是出于对文化人的喜爱，也可能因对穷学生出门在外的怜悯，抑或是为表达对输录佛经的谢意，金龙寺的长老们总是借口不喜甜食将热带瓜果、缅甸特产、果汁饮料送予我们。有次，我们竟然收到一个生日蛋糕，十二人欢欢喜喜地分作夜宵。日升月落，金龙寺慢慢成为调查组成员们的一种倚靠。调查漫无目的时，师生都爱走进闲坐，即便为打发时光，也总有收获。田间徒步，晴雨之中，望见它便知归途已近。与长老们的相处也愈加自然，记得有次田野归来到寺里歇脚，疲累中师生只觉缅甸萨其马太美味，专心致志地吃起来，好一会儿才对大长老的讲经说法回过神儿来。调查临近尾声时，一场“扫房仪式”结束后，几名师生自然而然地来到金龙寺，饱餐后围着彝族长老询问未能明了的仪式细节。夕阳余晖下，我偶尔出神想到又省了一顿饭钱，还有专家讲解仪式过程，顿觉人生甚是美好！

虽然中国人类学社区研究曾因陷入“进村看庙”模式屡受诟病，但时至今日，宗庙、村庙仍会令有经验的人类学从业者在步入田野时暗自庆幸。因何？且不论“庙”作为精神世界的物理空间与社群联结的交汇中心，是透视村落乃至地域文化底色和社会结构的基点；也不论“庙”作为人员聚集的公共场所，是打开人际关系、建立人情网络、融入地方情境的便捷通道；仅就田野者自我而言，“庙”的慈善属性可为枯燥、焦虑、疲乏、困窘的田野生活提供难得的慰藉。除了带给田野者心灵慰藉，在最基本的

“食”的需求层面，“庙”也会为清简的田野生活增添一抹生动的颜色。简单抑或丰盛，“庙”中餐总会让人产生不同一般的滋味。多年后，也许当初苦苦追寻的学术抱负早已模糊不清，而与“庙”有关的人、事、食却久难忘怀。回想我的数次田野经历，那些闪亮的记忆还真少不了“庙”中的饮食：做博士论文时在城中村的一座村庙吃过有生以来最阔绰的海鲜宴；刚工作时的第一次调查是在纳家营的清真寺，在那里我初次品尝到朴素却正宗的回餐；圣诞节前夜在景洪曼允傣族村的基督教堂里我收获了村民赠予的两枚“平安果”…… 以食为媒，“庙”传递着安全、爱与尊重的信号，给田野者带来远远超越眼前餐食的深远意义。

“老师，您看我的田野点定在哪儿好？”临近毕业论文选题，二年级的研究生征询我的意见。“就勐角吧，至少那里有寺庙。”师生相视，会心一笑。

竜林、竜肉与哈尼白宏人的献祭

李建明（云南民族大学）

滇南红河县与墨江县交界处有一个地方被称为黑树林，这里居住着哈尼族支系白宏人。在白宏人有关村寨的宇宙想象中，一个好的村寨是驻扎在一个水源充足的山包上，最上是竜林，竜林不仅有神力而且还能涵养水源，保证充足的水田灌溉，山腰是村寨，而村寨以下则是梯田。

竜林是哈尼白宏人建寨的象征，也是村寨开展世俗生活的神圣来源，是一块具有神性的树林。当一个村寨因人口膨胀而需要分寨时，将要离开村寨寻找新寨子的人们会从原有竜林的竜树上偷取一块树枝。新建村寨的人们将偷取的树枝放入新选村寨的树林中，并邀请摩批[①]和普玛阿布[②]举行祭祀仪式，自此这片树林便成为新寨的竜林。此一过程中新旧两寨之间的竜林并无高低等级关系。

2015 年 12 月 13 日，我有机会参与黑树林打洞梁子螺蛳寨的竜林祭祀。在哈尼族社会里，竜林祭祀具有至高的神圣性和排外

---

① 摩批，即哈尼白宏人社会生活中各种仪式的推算者和各种宗教仪式活动的主持者。成为摩批需要系统地学习本土知识，摩批是哈尼白宏社会的本土知识分子。

② 普玛阿布，哈尼白宏语，即专门选出来的竜林祭祀，简称“竜头”。

性，祭祀村寨竜林的仪式环节一般是禁止外村寨的人参与。当地人认为，村寨的竜林祭祀本来就是为了保佑村寨共同体内部的丰产、团结，外人参与会破坏这种内部团结。另外，竜林里有一棵树，村寨通过仪式将其界定为竜树。竜树一般只有村寨的普玛阿布知道，当地人认为如果让村子之外的人知道竜树，则关系不好的村寨会将其破坏，从而导致村寨的衰落。

遇到这样神圣的仪式环节，学习人类学专业的人一般难以抵挡内心的好奇。我于是向普玛阿布表明了意图，想跟随祭祀的队伍进入竜林参与观察整个仪式过程。虽然平时我们有很好的交情，但是在涉及村寨利益的时候，他还是委婉地拒绝了我。我虽理解但也不甘心，无奈中去村寨另一户村民家参与家户的祭祀。

经过询问，我了解到竜林祭祀的整个环节。其中，最重要的环节是完整地将牺牲物品（一只由村民集体出资购买的公鸡）呈献给竜树。献祭分为生祭和熟祭，牺牲品被称为竜肉，普玛阿布需要将献祭给竜树的竜肉均分给村寨的每个家户。家户在分到竜肉后将其投入自家正在蒸煮的鸡肉里，家户的献祭才能获得神圣性，竜肉虽少却是家户成功祭祀不可或缺的环节。

我也凑了一份子进去，于是分配竜肉的时候我也获得了一小块。家户的寨民们都很虔诚地将其投入自家蒸煮的肉锅里。我将我的那一份放入了所在寨民家的大锅里，待到家户的祭祀结束之后，我们便一起分享了这顿献祭的食物。

对于我来说，这顿饭的味道和平时没有太多区别，但对于村民来说，这顿饭具有太多的象征意义。他们的虔诚和对生活的期待都浓缩在这顿饭食里，因此，吃得很有文化的味道。晚上，全村人又将家里的食物带到广场上一起分享，人们敲锣打鼓，跳起了舞蹈，我也跟随着舞动起来。此刻，我在欢乐的人群中感受到了村寨的这种“集体欢腾”感。

第二天，我凑份子吃竜肉成为村寨的话题，人们见到我笑而不语，却真正接纳了我在村寨里的存在。因为我是吃了他们竜肉的人，他们邀请我第二年去竜林里一起参加祭祀。

一个回民村子的斋月饮食

李　芳（云南师范大学）

我第一次去回民村做田野正值伊斯兰教的封斋月。正午时分，一路由县城走来，我注意到村里的清真大寺前有卖杂货及蔬菜水果的摊点。我试着和一位卖果蔬的年轻人搭讪，闲聊期间，我注意到蔬菜水果点还出售羊肉。我倍感好奇，开始兜兜转转提问，这位不太爱讲话的生意人回答说："羊是请阿訇宰杀的，斋月第三天才开始卖。"她原本不卖羊肉的，只是斋月期间，封斋的人会根据自己的饮食与身体状况适当地改善封斋饭和开斋饭。于是，封斋月间买羊肉的人会比平日稍多一些，生意也会好一点。

在聊天的同时，我等着和同学碰头，然后和她一起去村里。我们的临时住处在一对上了年纪的夫妇家，晚上开斋后，我听他们谈论着一些伊斯兰教的知识。我的同学说早上想和他们两人一起封斋，他们同意了。

第二天凌晨，我被清真寺里传出的念经声吵醒，厨房的灯已经亮了。过了一会儿，女主人来叫我同学去吃封斋饭。从他们的谈话中，我知道早上的饭食是米饭炒菜。主人夫妇说，他们是从小就封斋的，斋月之前就在商量如何安排斋戒期间的饮食。斋月的第一天，洗漱完毕之后，开始做封斋饭时，附近的清真寺里都是静悄悄的。因为家中的表坏了，无法清楚地判断时间，女主人就出门去查看周围几家人是不是开着灯。只见前边邻居家的灯也亮着，女主人以为自己起得太晚没有听到念经声，误了封斋。结果，饭都快做好了，清真寺里才开始念经。是啊，那时也就凌晨三点多啊。

封斋期间，主人夫妇因为白天忙着做零零碎碎的活计，有好几次都是清真寺中念了好一阵子经文，他们才起来。来不及做饭，他们俩就匆忙地喝几口茶，吃点之前准备的麻花、饼之类，封的清斋。

此次斋月是在夏天，有时封斋可长达十五六个小时。时间最长的一次是早上三点多近四点吃封斋饭，晚上八点二十分才开斋。一些对封斋颇有些体会的人说，刚开始封斋的时候，觉得不习惯，等过了最初的五六天后，也就不觉得难受了。

有意识或无意识地以食物为焦点的事件，在封斋人中时有发生。据说，在清真寺里，几位年纪颇大且经历相似的老人一起坐着等开斋。其中一位拿着一块面饼，向坐在对面的老人说："你现在敢不敢吃？"对面的人自然说："没开斋呢，我不敢吃，吃了会招真主降罪。"村里一位独自生活的老奶奶也讲过，在斋月里的某天中午，有熟悉的人给了她两三个玉米棒子，说让她煮着吃。她拿过来顺手就放到锅里了，正准备向锅里加水，忽然想起自己还封着斋，也就不敢再继续下去了。

斋月里，村中的回民在饮食上是很上心的。既要想着吃什么，也要想着尽量按时吃。在封斋与开斋的间隔期间，他们还要克服饥饿带来的困难并逐渐对之“免疫”。这真是身体与精神上的双重磨炼与考验。

厦门和金门——生与熟

王希言（法国社会科学高等研究院）

离开金门的前一天，我去了趟海边，在海滩上看到许多锥形螺，我的报道人跟我说这种海螺叫“台风螺”，是太平洋海域特有的物种，连大西洋中都没有。这种螺生长在深海之中，台风过境才会把它们带出海面。而彼时正是“莫兰蒂”台风过后不久，所以海滩上布满了以台风螺为主的各种贝类。想起我的导师在书中曾写过，他在离开田野点香港之前，特意在米埔湿地保护区捡了一个贝壳带回巴黎做纪念。于是，我也弯腰捡了几颗，小心翼翼地包起来，想着带回巴黎给我的老师同学当纪念品，因为大西洋海域没有台风螺。

翌日清晨，我从金门水头码头乘船出发，半个小时后到达厦门五通码头，立即又换乘了公车，去往厦门大学翔安校区和金门大学海洋管理学院与厦门大学环境生态学院的两位教授会晤，商讨怎样共同防治海洋犯罪。会议结束之后，厦门大学的老师邀请远道而来的金大教授吃饭，我也顺道沾了金大教授的光。晚饭在一个湘菜馆进行，大部分菜品上来之后，老板向我们隆重地奉上一道厦门的特色菜，呈现在我眼前的正是我要从金门带回巴黎给我的老师同学的礼物。饭店老板介绍，这道菜叫作“炒尖尾螺”，

海滩上的台风螺

是一道具有湖南风味的厦门特色菜，因为食材是厦门海域特有的，烹饪方法则采用了湖南的小米椒炒制而成。

在座师友邀请我先尝尝“炒尖尾螺”。此刻的我，虽然食物还没到口中，却已经万般滋味在心头了。于我而言，这是金门海滩的一道独特风景，是我将千里迢迢带回巴黎送给我的人类学老师和同学的礼物，怎得瞬间就成了桌上的一道美食呢？吃，还是不吃？老板在旁加油鼓劲：“必须使劲儿吸，才能把可食用的部分吸出，虽然可食用的部分少，但是味道极为鲜美。”尖尾螺的食用方法不仅形象上不太雅观，发出的声音也着实让人尴尬。但是人类学家的好奇心总能让我跨越各种障碍，我终于鼓起勇气夹起一个尝了尝。的确，尖尾螺可食用的部分极少，过多的调味品早已经让它丧失了“海鲜”的味道。

在厦门短暂逗留数日之后，我回到巴黎，我将在金门海滩捡来的台风螺悉数送给老师和同学们，因为台风螺的美丽形态以

炒尖尾螺

及它特殊的故事，人类学人都很高兴。在整理田野调查资料之后，我也将在金门看到的风景和在厦门看到的美食照片贴在了Facebook的页面上。一位师兄留言：le cru et le cuit（生与熟）。这是我们的祖师Claude Lévi-Strauss的著作*Mythologie*（《神话学》）四卷中第一卷的名称。另一个同学说："等你将来有著作问世了，这两幅照片可以用来做插图。"一位在美国读书的人类学家留言说：中国人每次去海洋公园，特别热爱海洋生物知识，每每积极提问，问题主要有三个：能吃吗？好吃吗？怎么做最好吃？

玩笑过后，我也在思考：为什么一水之隔，尖尾螺在金门是风景，而在厦门就成了美食呢？事实上，这也是我的博士论文关注的一个核心问题。金门和厦门原本共属于闽南文化区，也拥有几乎相同的生态环境。今天许多在厦门消失的物种却在金门重新出现，如厦门老鼠簕。当然，解决这个问题还需要许多时间。

倒扣的酒杯

张　帆（四川大学）

住进鬼师石公家的那天，离 2014 年春节还有半个多月。当地小学的陆老师带着我来到石公家，简单说明来意，石公就同意我住下来进行田野工作。

酒杯中斟满了石公家自己酿制的米酒，陆老师用筷子的大头蘸取杯中酒在饭桌上点了两下，之后才开始喝酒吃菜。我也有样学样。陆老师介绍，这是给家里去世的祖先敬酒，是贵州水家人做客时的规定动作。

再次见到这套动作是在念鬼仪式上。念鬼仪式是水家与祖先或鬼神交流的仪式，分为邀请、招待和送别三个环节。在请鬼阶段，将杯子倒扣在桌上。当鬼师顺利请来鬼神，稀饭、糯饭和肉都摆上桌的时候，鬼师依次把每一个杯子翻过来斟满酒，招待鬼神吃饭喝酒。然后，周围的人上前饮酒吃肉。喝酒前，照例用筷子点酒在桌上。

不出门念鬼的日子，石公和我也是每天喝酒，就在我第一次吃饭的饭桌上，那是一个一米见方、上下两层的木制矮桌。初期，喝完酒吃完饭，酒杯就和饭碗一起拿去洗了。几个月后，石公跟我说："小张，天天喝酒，我们俩的杯子就不要动了。"他把空酒杯翻过来直接扣在桌子下层。我虽不明所以，也照做了。慢慢我也习惯了，喝完酒再把杯子倒扣在桌子下层。等下次喝酒的时候再拿上来倒酒。

某天，石公的儿媳盯着桌子下面那两个倒扣的酒杯，缓缓地说："你看你和石公的酒杯，像念鬼一样。"我突然发觉，对呀，这种放杯子的方式，不正和念鬼仪式上石公请鬼时倒扣的杯子一样吗？我突然领悟了日常生活和仪式之间的内在联系。

那年夏天，石公的二女儿回家。每次吃饭前，她都会先盛上满满一碗米饭，再放上一点菜和肉，放到堂屋的供桌上去。供桌上方是石公父母的遗像。等到正式开饭，再端过来自己吃。每顿饭都如此。

点酒和敬饭是水家人尊重祖先、善待鬼神的一种方式，在水家的日常生活和念鬼仪式上是相通的。当我结束一年多的田野工作，在千里之外思索水族宗教生活的内涵与特点时，那两只饭桌下倒扣的酒杯经常给困顿中的我无尽的灵感。

真是浪费鸡血

史敖丁（云南大学）

2017 年 9 月底，我和其他 12 名云南大学的留学生以及云南师范大学的 13 名留学生一起在香格里拉各处旅行。这次活动的主要目的是亲自体验藏区生态建设、民族团结和民族文化习俗。当地的烹调法正好是突出表现上述三种现象的载体。

在这六天的探险活动中，我们接触到了香格里拉常见的几种主食。例如，每顿饭都有大量的青稞面包。我在中国生活了两年，在餐桌上见到如此之多的面包，觉得很稀奇。我们旅行团的成员也经常被当地人邀请参加饮酒仪式，仪式上包括不断地敬酒、祝福等事情。我们见到的大多数当地人都喜欢喝青稞酒，它浓郁的味道与我在昆明所喝的高度白酒完全不同。此外，我们每顿饭都能吃到各种各样的牦牛产品，如牦牛奶酪、酸奶、酥油茶等。这些牦牛产品随处可见，与我在其他地方吃到的主食完全不同，这让我感觉仿佛到了神秘的"异域"。不过，周边的人仍然用普通话来交流，交通标志用的也是汉字。因此，这趟旅行体验对于我来说异常丰富。

我们来自 17 个不同国家的留学生也增强了这种多元文化的氛围，因为每个国家的饮食文化不同。在某些饮食文化中，会严格禁止吃某些食物。在我们旅行团中，有6名来自穆斯林国家的学生。每顿饭，他们6名学生都会单独坐一张桌子，餐馆的厨师会按照他们的宗教信仰要求提供菜肴。也有比较尴尬的时候——餐馆无法提供任何能达到他们宗教要求的菜肴，遇到这种情况时，他们就不得不去别的餐馆吃饭。有时候工作人员会来问："你们能吃鸡肉吗？""是的，我们可以，但是杀鸡之前必须要举行一种仪式。""哦，是吗？"工作人员会有点困惑地回答："蔬菜怎么样？""我们可以吃蔬菜，但是你是用油炒的吗？"学生问。工作人员的脸顿时亮起来："是的，我们用猪油来炒所有的蔬菜！"学生叹息道："我们不能吃猪肉。"

这真是两种截然不同的文化的有趣交叉啊。接下来的两天，他们每次都会被服务员领到一张隔得老远的桌子边，吃着几样简单的蔬菜，遥望着我们其余的学生开开心心地吃着一大堆肉，心情沮丧。这样过了几天，他们终于坚持不住了。那天上午11点半，在开往滇金丝猴国家公园的路上，司机把车停在路边的一家小餐厅前，然后我们都下车去吃午饭。

看过风景后，我们参观了几个小猪圈和鸡笼。当我们经过充满蒸汽的厨房时，看见里面有两个女厨师正忙着给我们准备午饭。周围的穆斯林学生一眼就看到了炖着的鸡肉，这时，一名巴基斯坦的斯文姑娘叹了一口气："我们又不能吃他们准备的菜。"我非常好奇，就问她按照她的宗教信仰，怎样才能达到他们的食物要求。她告诉我："在动物被屠宰之前，必须背诵神圣的话语。必须诵安拉是真正的上帝；必须诵穆罕默德是安拉的唯一的先知。在这一点上，我们也提醒自己，所有的生命都是上天给予我们的礼物。”

这时，其他的穆斯林学生也过来了。他们问午餐有没有其他的菜，厨师回答说所有的东西都是在肉汤里煮的。另一个穆斯林学生大声叫道：“我有一个主意！”然后走掉了。片刻之后，他又出现了，提着一只鸡。“我们可以吃这只鸡！”厨师认出来那是她自己养的鸡，居然同意了！穆斯林学生们哈哈大笑起来了，开心得不得了。在这种高昂的情绪下，另一个人又去捉了一只鸡，好确保每个人都能吃得饱饱的。

第一只鸡被穆斯林学生带到房子旁边的水管旁，一个厨师递给他一把长而锋利的刀。陪同我们游览香格里拉的摄影师们围了过来，大家争相拍摄那只被屠宰的鸡。穆斯林学生念诵了几句阿拉伯语，然后，他把刀放在鸡脖子上，迅速有力地割了几下，鸡头就掉下来了，血喷在混凝土上。大家屏住呼吸。鸡的身体在混凝土上痉挛，扑腾着翅膀，差点就摔到旁边的高速公路上了。我们笑了笑，打破了屠宰仪式的严肃气氛。我听到一位刚好经过现场的游客惋惜地说：“真是浪费鸡血！”

之后，我问杀第一只鸡的穆斯林学生感觉怎么样。他说他是按照他们的宗教信仰来杀鸡的。他还解释说：“虽然我们不是专业的屠夫，但仍然‘乐在其中’。”

耿马大寨佤族“红生”

赵明生（滇西科技师范学院）

对许多人来说，耿马傣族佤族自治县勐简乡大寨佤族是神秘的，他们崇尚黄色，喜欢着黄装是他们最显著的特征之一。他们自称“阿佤”，也因此被人们称为“黄衣阿佤”。

1989 年，我在中共临沧地委党校教书。那年暑假，我和段世琳老师到耿马傣族佤族自治县调研。由于交通不便，加之正值雨季，我们没有机会亲临大寨调研，便在县城拜访了时任县委副书记的大寨佤族桂光明同志，在县档案馆等单位查阅了一些相关资料，间接地收集和了解了大寨佤族一鳞半爪的情况。这次调查后，“大寨佤族”不时晃荡在我的脑海里，我强烈地希望未来能有机会去大寨佤族调查。

为迎接五十周年县庆，2005 年国庆节期间，耿马傣族佤族自治县民族宗教事务局邀请云南省民族博物馆杨兆麟老师和我参加“耿马民族博物馆”的筹备、策划工作。为此，我们首先必须对耿马民族历史文化进行考察，在我们的考察行程中，勐简大寨佤族列入其中。机会终于盼到了。

2005 年 10 月 6 日，天气晴朗，我们沿着盘山公路，向勐简大寨进发。经过约 1 个小时的颠簸，我们走进了勐简大寨中寨。

大寨是耿马勐简乡的一个行政村，由几个小寨组成，中寨坐落在两山中间的低凹处，海拔在1000米左右，村委会、中心完小均设在此，是大寨佤族的核心寨。大寨佤族是一个开放性较强的佤族群体，由于长期与傣族、汉族接触，大多数人都会讲佤语、汉语和傣语三种语言。另外，他们的姓氏比较特殊，有桂、洪、马、刘、普等，这在其他佤族地区很少见，甚至是没有的。

第一次到大寨佤族调研，给我留下深刻印象的是“红生”。

兆麟老师和我都是第一次到大寨，和我们同去的县民族宗教局副局长、办公室主任、驾驶员三人都是耿马本地人，他们都说到大寨一定要吃“红生”，“不吃红生会后悔的”。我们抵达大寨时，正好是中午，寨子广场有不少人。我们走进离寨子广场只有100多米、姓洪的老人家里。我们坐下没多久，寨子里就传出猪的尖叫声。“有人杀猪了，可以做红生了！”办公室主任兴奋地说。

我决定亲自去看看“红生”是怎样做成的，就和办公室主任飞快跑到杀猪处。杀猪的地方就在寨子广场侧边的一个水泥池子旁。除了杀猪的几个壮年男子之外，还有一些围观的人，有的是为了买到自己喜欢的部位，能够回去饱餐一顿。办公室主任也是这样，他告诉了杀猪人我们需要的肉，并一再叮嘱不要卖给别人，一定要卖给我们。

大寨佤族做“红生”的猪是极其讲究的，根据他们的说法，老母猪、老公猪、带病猪不能用，必须是健康的、一年之内喂养的、体重在50公斤上下的“半大猪”。他们认为，喂养时间短的猪染病的概率低，喂养时间长的猪容易染上这样那样的病。选择了猪，杀猪也是有讲究的。大寨佤族的杀猪方法很特殊，据说，整个大寨佤族也没有几个人掌握这种方法。只见杀猪人用一根削尖的竹签，在猪的脖颈上深插，一方面要能够让猪很快死去，另一方面要确保不让血喷出来。这一本事需要长期的经验积累和个人天赋，不是所有杀猪的人都能够做到的。这样杀猪是因为他们对猪的腹腔血有特殊需求。

猪杀死之后，就用干稻草把猪毛烧干净，猪皮也要烧黄烧熟，烧得漆黑。烧透猪之后，一边用刀刮，一边用自来水冲，把猪皮刮得金黄。之后，把猪冲洗干净，放在干净的木板上开膛破肚。接着就是把他们最爱的腹腔血用碗或者瓢舀到盆里。这血就是做“红生”最基本的原料。

卖猪人很讲信用，按照办公室主任的要求，为我们提供了做“红生”的肉，除了腹腔血，还有里脊肉、猪皮、猪肝、猪心等。有了原料之后，办公室主任就开始忙乎了。他洗净里脊肉、皮子后，就忙乎准备配料。只见他把辣椒、花椒、生姜、蒜头、鲜芫荽籽等，加适量的食盐用木臼把它们舂在一起。准备就绪后，就开始做“红生”了，具体做法如下：先把里脊肉剁碎，切细猪肝、猪心，然后用酸果子（当地人一般叫“酸麻榴”，即柠檬或者橄榄树皮）浆汁搅拌，肉色由红变白，这叫“咬白”。随后要把皮子切成规整的小条。“咬白”的里脊肉和切好的皮子放在盆子里，同配料、腹腔血搅拌之后，颜色呈红色时，香气扑鼻的“红生”就做好了。

“红生”确实有一种特殊的味道，靠的首先是鲜芫荽籽的使用。鲜芫荽籽带有一点芥末的刺鼻，同时又有独特的清香味，这是做“红生”必不可少的配料。当然，因为使用的是非常新鲜的嫩猪肉、烧得清香的猪皮以及甘甜的腹腔血，所以红生的味道自然以香、鲜为特点了。同时，鲜红是佤族人民喜爱、崇尚的颜色，制作一道带红色的美味菜肴，自然是他们追求的理想食品了。

大寨佤族做“红生”，一般在春天、秋天和冬天，因为在这几个季节里，细菌相对少一些，能减少人感染细菌的可能性。大寨佤族人认为“红生”要大家一起吃，一个人吃不香。许多人坐在一起，一边吃“红生”、喝酒，一边聊天交谈，可谓乐趣无穷。从某种意义上说，“红生”具有增进了解、加强团结、凝聚人心的作用，体现了佤族人民有肉大家吃、有难大家扛的相互关心、相互帮助的民族个性。

吃饭的时候，我一开始有些畏惧，非常小心地小口尝“红生”，办公室主任说：“不怕，不会有事的，放心吃吧！”在他的劝导下，我勇敢地吃了“红生”，并和其他人频频举杯畅饮。这一顿饭，我吃得非常舒服，从小口品尝，变成了狼吞虎咽，似乎真正感觉到了“红生”所具有的开胃、增进食欲的作用，第一次真正体验了“红生”的独特味道。

从这以后，我似乎有了“红生”瘾了。

漫话山西花馍

梁起峰（晋中学院）

提起山西面食，90%的外省人都会想到刀削面，然而，刀削面只是山西面食中的“九牛一毛”。如果你来山西，不论是岁时节日里走亲访友还是参加婚丧嫁娶的事宴，更或是儒释道三教以及地方民间神灵的崇拜，只要与“食物”有关，你都能看到形形色色的面食。这其中，最主要的当数花馍。

我儿时的记忆中每逢春节最期待的一件事，就是看奶奶制作花馍。奶奶拿一把剪刀，就可以剪出一条活灵活现的鱼；拿一个镊子，就能捏出一只可爱的燕子。我的任务就是拿着红色和黑色的豆子，给这些小动物们安眼睛。奶奶会把蒸好的燕子留给我们小孩子吃，把鱼分给爸妈和叔叔婶婶吃。她说，吃了老人做的花馍，一年都有好的运气。过年时最主要的一个花馍叫作“枣山”，奶奶会在里面放很多大红枣，并且在大年三十中午十二点准时供给灶王爷，到大年初五，则会把枣山头掰下来给我吃，保佑我快快长大。我的童年，是被花馍庇佑着的，我想，这是我内心深处最初的关于花馍的记忆。

随后的很多年，奶奶年龄越来越大，已不再做花馍。这个童年记忆中最有趣的食物仿佛从我的生活中消失一般。直到读大学后，偶然在太原一家连锁老店“双合成”看到了“娘家年馍”的礼盒，关于花馍的记忆才涌上心头。

2012 年，我在中元节前几天去到定襄县的一个村子里，看到有很多人家定做面羊，说在七月十五当天，要由舅舅送给自己的外甥，教导外甥要懂得孝顺长辈。2013 年我到太原的崇善寺参加盂兰盆节大法会，在菩萨的供桌上，供奉着巨大的花馍。来参加法会的人说，只有捐赠了很大功德的人，才能在供桌上摆馍馍。

2014 年暑假，在我人生中的重要仪式——婚礼中最引人注目的应该就是龙凤花馍了。亲朋好友们都来围观这个逐渐淡出城市人群视野的稀罕物，从外地赶来参加婚礼的导师和同学们更是觉得稀奇，于是，朋友圈里出现了很多他们与花馍的合照。花馍随其他嫁妆一起送到婆家后，又引发了新一轮围观的高潮。于是，这个在二十年前山西人家家会做的食物，如今已成为难得一见的宝贝。

说来也奇怪，婚礼后我又多次见到花馍。

一次是在外婆的寿宴上，姐夫专门请人从闻喜县定做了寿桃花馍来给外婆祝寿。外婆看后甚是喜欢，于是，这几年仿佛成为了不成文的规定，每年外婆寿宴大家都要定做花馍来祝寿。遗憾的是，儿时记忆中的花馍，没有这么多艳丽的色彩，但是最后都会全家分食。而现如今的花馍，色彩鲜艳，造型多样，却不再是人们心中的美食了，只是拍照留念而已。

近两年，我一直在关注晋祠庙会，每年农历六月十五都要去晋祠镇参加娘娘会，这是太原地区比较盛大的民间信仰活动。连续两年，我去参加娘娘会时都会看到一个奇特的现象，在献殿正前方的供桌上，摆满了祭祀的寿桃花馍，而在献殿内，却摆满了西式的奶油蛋糕。在祭祀大典之后是分食阶段，来祭拜的当地民众都会去抢西式蛋糕吃，而作为当地特色的寿桃花馍却惨遭冷落，大部分被游客拿走。传统的食物在遇到外来食物时，受到了极大的冲击，这种现象在山西这个传统文化大省也不可避免。

花馍，是山西老祖宗传下来的手艺，是当地人生活中必不可少的一部分。然而，近些年，越来越少的人会制作花馍了。每逢春节，“双合成”会有“娘家年馍”的礼盒出售；每逢婚礼寿宴，去闻喜花馍专卖店可以购置各式各样的花馍；甚至在乡村的白事祭礼中，也有专门的店铺来做“供”。花馍已不再作为食物，而是成为了一个必须存在的物品，一个观赏品而已。再过二十年，我们的生活中，还会有花馍吗？

远去的文化记忆——猴捣碓

李文娟（辽宁大学）

“月儿、月儿，玩月儿来，八月十五蒸糕来……”

“月婆婆吃馍馍，月奶奶吃糕了，月牙儿喝茶[①]来……”

“猴捣碓？这是啥？”

村民告诉我可以去村西头找李新（化名）他娘：“人家经常烧香磕头，你问人家，人家啥都知道，我就只会照着做。”王霄冰在介绍扬·阿斯曼的“文化记忆”理论时说道：“文化记忆所依靠的是有组织的、公共性的集体交流，其传承方式可分为‘与仪式相关的’（rituelle Kohärenz）和‘与文字相关的’（schriftliche Kohärenz）两大类别。任何一种文化，只要它的文化记忆还在发挥作用，就可以得到持续发展。相反，文化记忆的消失也就意味着文化主体性的消亡。”[②]猴捣碓作为笔者家乡的一种独特饮食文化，对我而言，关于它的记忆是零星的，乃至陌生的；对家乡老一辈人而言，虽然无法具体追溯它的历史渊源，但

① 茶，指三碗冷水。

② 王霄冰：《文字、仪式与文化记忆》，《江西社会科学》2007年第2期，第237～238页。

影响力却是持久且充满力量的。

2017 年 8 月 16 日晚饭前，我同母亲骑着“电驴”，一路疾驰，在路边“截获”了李新他娘。可惜的是，老人年事已高，外加生病落下的后遗症，已记不清了。但在熟人社会里，再找其他知情者还是一件相当容易的事儿。邻居家一位姑姑的娘家妈郜姥奶对猴捣碓也颇为熟稔，上过学堂，从小爱听些“古儿”。在郜姥奶的讲述中，“猴捣碓”的面貌逐渐清晰起来。在解释“猴捣碓”为何物之前，还有一则极具趣味性的说法。在家乡村镇乃至更小的文化圈内，老人们认为“日头”（即太阳）是玉皇大帝的小姑，月亮是他的嫂子。“白天抬头看太阳时，那日头像针一样，在刺人的眼睛，使人睁不开眼，意思是说小姑害丑了，不能见人，就跟针在刺你的眼一样，那日头老毒毒，不就看不清？”郜姥奶兴奋地说道。

猴捣碓

月亮婆婆，有的人家也叫月亮奶奶。“猴捣碓”是在八月十五那天，专门供给月亮婆婆的，是一种面塑，祭拜过后就可以拿着吃。据说，八月十五晚上月亮升起来以后，抬眼一瞧就能看见月亮中的一个阴影，而那个阴影就是一只猴子在捣碓臼。人们在中秋这天的午饭后，醒面，蒸各种各样的糕，猴捣碓就是其中的一种。由于调查那日并非中秋，为了满足我的好奇心，郜姥奶随即和面给我做了一个。首先是底座，里面塞满了枣，目的是使其看起来更加立体；其次，便是捏猴子，主要的组成部分为猴子的小帽儿、脑袋、四肢；最后，便是碓臼。这样，一个栩栩如生的猴捣碓就做成了。

除了蒸猴捣碓，有条件的人家在中秋这天也会打月饼。晚上，在院子里摆上桌子，供上梨儿、柿子、葡萄、香蕉、大糕，以及月饼。按照老规矩，请一把香，参供过后，把供品分散给小孩儿，三五成群的孩子手里拿着猴捣碓，插上香，就如正月十五打灯一样，嘴上叫着“月儿、月儿，月打月儿……”

“打三朝”上的侗族酒

丁 旭（教育部民族教育发展中心）

一位贵州的学长一聊起自己的家乡，就说“‘醉’美贵州，你来了贵州就别想不醉，光喝酒我们都能喝上一整天！”我当时只把这当作学长对家乡的自豪感，没承想自己后来也能有亲身体验“醉贵州”的一天。

都说我们做田野的“三分靠赶，七分靠碰”，“赶”的是可以预测或提前安排的事情，如访谈村里的一位老人或者在村里过一次传统节日，“碰”的则是没有规律的或不确定的活动，如观察一次婚礼或满月酒。我们在地扪村[①]做田野的前四天，每天走街串巷，不放过一条可能有用的信息。偶然的一次闲聊让我们探听到一个重大消息，后天在地扪村维寨有人家要办满月酒！这无疑是一个激动人心的消息。

在侗族的习俗里，满月酒称“打三朝”，姥姥家要杀一头猪，送十几担谷子以及新被褥，奶奶家要杀一头牛并负责操办整场满月酒。在打三朝的当天我们从博物馆出发往维寨走，路过芒寨

① 地扪村位于贵州省黔东南州黎平县茅贡乡，全村由五个自然寨和一个人文生态博物馆组成。五个寨子分别是母寨、芒寨、模寨、寅寨、维寨。

时，正好碰到了集合完毕准备出发的“姥姥家”送礼的队伍，之前在风雨桥上认识的一个老熟人也在队伍里。“你跟我们一起过去吧，来！年轻人你也挑一担。”面对吴大哥热情的邀请，我当然义不容辞，就这么转换了身份稀里糊涂地成了“姥姥家”的人，和众人一起挑着扁担走在了乡间的石板路上。路上早已经排起长龙，人们驻足观望迎接喜气，金黄的稻谷摆满了卡房前的空地，那是我从未见过的风光，好不气派。

在侗族社会中，“姥姥家”和“奶奶家”泾渭分明，打三朝的仪式、分工、随礼、座次都是以此为基础的。我是随着吴大哥挑谷子来的，因此维寨的人就给我贴上了“姥姥家”的标签。吃酒时，我自然就和“姥姥家”来的亲戚去了男方屋里，而“奶奶家”的亲戚都在本寨的卡房中。

打三朝最令我记忆深刻的，非敬酒莫属。侗族人日常饮用的自制烧酒，是用糯米或籼米混合酒曲发酵一周后，用甑子蒸上数小时而得的蒸馏酒，度数在 20 ～ 30 度，较低的度数让它很容易入喉，轻微的酸甜混着粮食的饱满，带来清爽的微醺和充实的口感。在取之于竹林的甑子中反复蒸煮后，酒的烈被洗净了，犹如这大山中村舍上的雾气，朦胧婉约，清香绵甜。尽数落座后，大家便各自吃了起来，碗中都倒满了酒，却没有人举碗共饮，仿佛都在等着什么。就在饭吃得差不多的时候，门口一阵骚动。果不其然，这里有套路。

第一个来敬酒的人手持俩碗，分别盛着三分之一左右的烧酒，我与他碰碗一干而尽，便坐下歇息，想着他应该是主家负责来敬酒的。可谁承想楼梯中却源源不断走出年轻小伙，人人皆手持俩碗！我与他们一一喝罢，询问左右才得知，这八九个人都是“奶奶家”的年轻一辈，都在 20 岁上下，是第一批来敬酒的。听到“第一批”三个字，我的额头竟不知何时出了一层虚汗，赶忙夹了些酸辣椒想解解酒。不消十分钟，便听见那楼梯再次作响。第二批来了，万万没想到，来的竟然是十多个白发苍苍的老太太！这些老人轻车熟路地分散到各酒桌，同样，每人手持俩碗轮流敬酒，只不过这次换成了啤酒，短短几分钟便有七八杯下肚。敬罢酒后，老太太们便各自和周围人聊了起来，不同于先前略显羞涩的年轻人，这些老人似乎和酒桌上年纪较大的人都相熟。在他们聊天的同时，几个年轻人也会偶尔插上两句话，或碰杯再饮，或哄堂大笑。其间又不断有人来敬酒、添酒、添菜。整整一下午，寂静的山林中弥漫着清甜的酒香，高朋满座中笑声与歌声不断。

席间，陆陆续续有年轻人离席，过不多久又都拿着酒碗回来，想必是代表“姥姥家”去给“奶奶家”的宾客们敬酒去了。我睁着微醺的眼，看着这质朴而隆重的仪式，想着“姥姥家”和“奶奶家”看似是界限分明的两个群体，可是却有着无数“隐性的丝线”将这两个群体牵连起来。平常生活在不同寨子的人们少有来往，正是这样吃酒的机会使他们见面交流、维系感情，那些“自来熟”的老人，何尝不是通过一次次的吃酒，从青涩的少年成长而来？

夜幕将至，“姥姥家”来的亲戚们手提红袋子装的鸡蛋，在鞭炮声中左摇右晃地哄闹着回了寨子，我亦同他们一路回了住处。"打三朝"看似是为新的生命庆祝，实则是以此为契机，通过一轮又一轮的敬酒来团结、稳固庞大的亲属系统，继而维系两个寨子之间的亲密关系。侗族人民的智慧不得不让我心生敬佩！他们的生活更是让我神往。

难忘“鱼腥草”

王　歌（宁夏大学）

2016年，我随“云南大学暑期班”深入彝家，既期待又紧张。7月，雨季，气温微凉湿润，浑身都在深呼吸。

上山路上偶遇沿途而下的彝家老爷爷，背大箩筐，脚步轻盈。“学生，跑这山上做什么？”没等我开口，老爷爷满脸笑意将箩筐卸下递到我面前，“你这姑娘运气好，你看看这是啥！”好精神的绿芽，圆心形叶片，叶面嫩绿，叶片背部和茎部泛红，有的还连着根须，乳白色。

自小生长在北方的我从未见过这植物，很是好奇。爷爷随意靠在路边破败的树桩上，从筐里拿出几棵，甩甩露水，就往嘴里送。“这叫狗心草，你没见过？可好吃呢，现在长得正好，你也尝尝。”略有狐疑，不经冲洗烹调的野菜能直接吃吗？老爷爷眼微闭，腮帮子一动一动，满脸幸福地咀嚼。我就地坐下，抓两棵嫩芽入口，咬开之后汁液流出，满嘴怪味。“啊！”我悄悄出声，又赶快捂住嘴，被这味道惊得目瞪口歪，嘴巴张不开闭不住，嘴里怪味蔓延流窜，益发浓烈，不禁闭眼皱眉，瞬间头皮发麻，想张嘴吐出，又怕失礼。转脸看爷爷又往嘴里放了几棵，轻松自如地咀嚼，鼻腔里还不时哼出小调，十分享受的样子。我转过脸，左手轻掩住嘴，右手从侧面紧捏大腿，用尽力气，“咕噜”一声囫囵吞枣地整咽下去，身上所有紧绷的神经才稍稍松弛。

这是一股难以形容的鱼腥味，略带苦，微涩，如同吃下一座鱼货市场也不觉夸张。爷爷眯眼见我脸憋得通红，好笑地说：“忘了告诉你，这东西还有个名儿，叫鱼腥草……你可能吃不习惯这个，可我天生就会吃这个！”我苦笑应和，嘴里那股残留的腥味隐隐冲撞，这真的是我自小到大吃过最腥气的东西，没有之一。

隔日拜访毕摩，赶上毕摩邀请同村几位长者商量跳“大锣笙”的事，我也围火塘席地坐在院中，几位长者各自拿出事先备好的鱼腥草。又见鱼腥草，心里不禁打了个寒战。正心虚，毕摩拉我坐在他左手边，拣选鱼腥草，抓入盘中，有的连着根须，带着泥土。然后起身，从屋里端出牛干巴、鸡枞汤、南瓜苗等，还有自酿的苞谷酒。看到拿来的食物，都是书中宣介的山地美食，心想这回可放心享受了。没有开场白，大家拿着酒说声“qi da tok”（彝语“端酒喝”的音译，汉语译为“干杯”），所有人仰头饮尽碗中土酒，我也一饮而尽。放下酒碗，人们不动筷子，似乎在等什么，我心想是不是像内地劝酒“好事成双”一样要喝第二杯呢？但见毕摩眼睛微闭，面无表情，气定神闲，不像要喝酒的样子。我不敢轻举妄动，静静等待。突然毕摩睁开眼，夹起一大撮鱼腥草，眼又微闭，下巴上扬，咀嚼良久不舍下咽。其他人陆续夹了些放入口中品尝，我想起那股味道，心里发怵，没有吃。

酒过三巡，微醺，身边长者趁我不备“嗖”地将几根鱼腥草放到我碗里，我一愣，不露表情，端起碗，麻木地吃着。“这东西味道特殊，祖先神灵都喜欢着哩，跳笙祈福，一定要吃这个，你吃上些，好！”“当着神灵的面吃，驱邪避灾，灵着呢……”

让我作呕的鱼腥草，有着那么多的意蕴，能让彝家日常餐食仪式化，就算再不适也不能阻挡神秘的体验呀。于是，借着酒劲忘掉矜持，大碗喝酒，压住鱼腥草的味道，把碗中嫩叶一口吞下，伸舌头舔净嘴角残留的土渣，苦腥味、泥土味、潮湿味、酒的辣味在周身乱窜，灵魂随之出窍。恍惚间，置身云端。忽听到“这姑娘是我彝家的阿诗玛了！”一股甜蜜的感觉，涌上心头。

彝村的短暂田野，久久难忘。举碗就喊“qi da tok”，进门先“尝”鱼腥草，成为最深的记忆。人类学家行走田野，活在理解、体验“他者”过程中，虽说是门槛，但这个门槛不好跨过。至今，每当有人说起鱼腥草，我还是闻言欲呕。

晋北中元节“趴娃娃”

孟　榕（四川大学）

2015 年夏秋之交，为了收集牛郎织女传说口头文本，我到晋北地区进行田野调查。时值中元节，家家户户开始做“趴娃娃”。这是一种面人，由于面人多为儿童，姿势多为俯趴状，故唤之为“趴娃娃”。

到了联系人老王家，他家也张案铺箩，准备做趴娃娃。老王媳妇个头矮小、行动敏捷、笑容满面，浑身透着一股利索劲儿。她系着围裙，忙着给我们取烟、倒水。之后我们开始访谈，她也就在近旁。她还叫来了邻居家的几位妇女，和她一起捏趴娃娃。遇到老王说得不详尽的情况，老王媳妇和其他妇女就七嘴八舌，用晋北方言作为补充。遇到了这样愿意多讲，且讲得很清楚的访谈对象，我很快就完成了预定任务。之后我对她们捏的趴娃娃产生了兴趣。

只见妇女们先用小麦面粉和面，和面的器皿大有讲究，最好用上了釉的厚瓷盆，本地人称为“瓷奎”。和面时加上酵母或者“肥头”（即上次和面剩下的一小块生面疙瘩，内含酵母菌）用来发酵。待面块发酵完毕，便重新揉面。之后，妇女们便利用剪刀、筷子等工具与黑豆等辅助材料制作趴娃娃，黑豆用作趴娃娃的眼睛。妇女们把捏好的趴娃娃放进笼屉里，蒸了大约五十分钟

趴娃娃

就出笼了。只见趴娃娃或叠手而卧，憨态可掬；或抬起小腿，怡然自得。只要再用食用色素稍加上色，便是精美的民间工艺品。

做完访谈之后，老王留我在他家吃饭，一碟过油肉炒土豆，一碟尖椒土豆丝，还有一大锅杂粮饸饹，这是老王特意嘱咐妻子为我准备的当地最“土”的饭。席间我问道：“咱们这里为什么要在七月十五捏趴娃娃呢？”老王抿一口酒，给我讲了这样的一个故事：很久以前，从忻州到大同的晋北地区为鞑靼族所统治，他们在每户都安排一个鞑靼人来管理人们的生活，防范当地人反抗鞑靼人的统治。人们生活得苦不堪言，于是大家约定要斩木为兵、揭竿而起。那么，如何通知起义的时间和地点呢？大家便想出一个计策，即到七月十五这天，由起义首领将写有起义时间和地点的小纸条藏进趴娃娃，送到各家各户，由此便可一呼百应，一举推翻鞑靼人的统治。到了七月十五这天，每家每户都置好菜，备好酒，鞑靼人都喝得酩酊大醉。大家便趁此机会，集中力量，将鞑靼人打败，过上了自由的生活。鞑靼人的统治结束了，但是他们对晋北地区的统治历史却在方言和民俗中留下印记，如当地人称呼父亲、叔叔或公公等家中最尊敬的人为“鞑靼”（大大）。每年七月十五中元节，大家还保留着做趴娃娃的习俗。

听完老王讲的故事，我感觉很震动，山西作为游牧文化与农耕文化的交界地带，其研究价值已得到学界承认。然而，一个趴娃娃便承载了晋北地区曾被北方游牧民族所统治的历史传说，着实让人始料未及。

临行之前，老王特意送给我两个趴娃娃，让我放在家里的阳台上，待趴娃娃自然风干，便是“养胃的好药”，胃痛时吃少许，便可止痛。回家之后，我按照老王说的，待趴娃娃风干，将之用线挂在墙上，作为装饰，其养胃的功效早已被我抛到脑后。直至一天，我因为写论文没有注意饮食作息，半夜胃病犯了，遍寻家中没有胃药，抱着死马当活马医的心态，我掰开了一个趴娃娃。风干后的趴娃娃很硬，我就着热水吃了一点，居然感觉胃不是那么痛了。想来应该是胃酸过多，趴娃娃作为面食入腹之后，恰好中和了胃酸，于是胃痛也便止住了。从那以后，我明白了，虽然民间的一些小偏方听起来不那么“科学”，但还是有其内在合理性的。

艾玛的青稞酒

才　贝（青海民族大学）

南木林县属于西藏自治区日喀则市，藏语意为“胜利洲”。从山系与河流来看，位于岗底斯与念青唐古拉山脉的交汇处，湘河（shangs-chu）蜿蜒流过，滋润着两岸的乡土，生活在这一区域的藏族被称为“湘巴”（shangs-ba）。作为西藏的“粮仓”，日喀则丰饶的河谷孕育了别具一格的湘巴农牧景观。

2013年7月中旬，我们一行人进入艾玛乡牛沟做田野。一进入村庄，即刻被这里清新的夏风和青翠的麦浪所包围。七八月正是藏族节庆仪式最活跃的时期，“望果节”作为收割前最重要的节庆仪式，呈现出浓烈、庄重而不失轻松的气质，那些平常看似朴素、腼腆的村民们，突然展现出了他们典雅端庄和诙谐的一面。

虽然那次田野已经过去几年了，但我总是难以忘怀那些和村民们一起在艾玛乡牛沟的中心区域德村牛曲果林寺庆祝望果节的场面：眼前满是身着鲜艳服饰的老乡们，摆满当地称为“卡赛”的小食，以过“林卡”的形式围观表演，男女老少都饮用当地自家酿的青稞酒，大家几乎都是微醺的状态。

我当时住在阿佳格桑啦家。兄弟共妻在这里普遍流行，阿佳格桑啦是两个兄弟的妻子，她的两个儿子前不久共同迎娶了临村一位漂亮的姑娘。刚过四十岁的她，看起来很年轻，却已经快当奶奶啦。等我在人群中认出她时，她已面颊通红，整个人笑眯眯的，欲言又止，顿感十分妩媚。演“阿姐拉姆”藏戏的村民们化着浓烈的妆容，晃来晃去，随意出入于表演区域和观众之间，喝上几口亲朋好友递上的青稞酒或聊上几句，再返回到表演行列。当时正在上演藏族八大经典藏戏之一——《智美更登》，表演王子智美更登的村长显然已经喝醉了，只好踉踉跄跄地表演。被大人背在身上的小孩，也不时被喂上几口青稞酒，男女老少分享饮用，青稞酒似乎让日常生活中紧绷的秩序和结构变得有些松散和游离。在酒精的刺激下，穿插在藏戏中的小品相声，变得更加富有灵感，逗得观众捧腹大笑，表演者自己也是一副忍俊不禁的样子。

青稞酒是各家准备的最基本饮品，灌在各种大小不同、形状颜色各异的饮料瓶中，也装在大水桶中，成为节庆中流动的“礼物”。在后来的调查中，我了解到这里种植的青稞基本上都用来酿酒，很少用来磨糌粑。

那天是望果节的最后一天，全乡三个村聚集在德村进行藏戏表演和最后的狂欢。在这之前的两天时间，他们列队行进，或举着旗子，或背着经文，穿着特定的服饰，有的骑着马，由低处到高地，庄重有序地穿梭于牛沟。青稞酒在每个村落地方保护神的祭祀点都被庄重地供奉给神祇。由女性阿妈“央金啦”（意为“妙音”）组成的迎接队，总在每个重要的路口手捧“切玛”（一种木制的传统容器，里面盛有五谷及麦穗）、青稞酒迎接各路人马的到来。队伍休息时，人们会适当饮用一点青稞酒，但不会喝醉。当我们一行人跟随着队伍走到阿妈“央金啦”面前时，她们热情地敬酒，知道我是来自安多的藏族后，还执意让我穿上当地服饰和她们来一张合影。在我穿上衣服、手捧传统青稞酒器皿的刹那，老村长称赞说：“是藏族就是藏族，（味道）都是一样的！”感觉一下距离就拉近了，虽然这才是我们进入田野的第二天。

我第一次品尝当地的青稞酒就是在望果节，杯中的酒水看上去并不清透，为土黄色，酸甜适中，但两杯下肚后，会有一点灼热感。人们还喜欢在酒里撒上一点糌粑，来缓解饥饿感。男士对自己用的碗颇为讲究，他们喜欢用镶着金银的精制木碗饮用青稞酒，有时碗底还雕有一朵莲花，在酒水中隐隐浮现，十分富有意境。

那时正值割草的季节，人们每天都去田间地头锄草，对于当地人来说，最可口的田头小食就是一点干肉，配上本地的干辣子和馍馍，再搭配青稞酒。

阿佳格桑啦每天早起的第一件事就是酿酒，屋里弥漫着令人陶醉的味道，到处堆满酿酒之后沥干的青稞秆子。刚开始，我们会时不时从老乡手里买一点青稞酒，日子久了，阿佳格桑啦每隔几天就帮我灌点青稞酒，坚持不收钱，并给我喝最浓烈最好喝的第一道酒。

那段时间，我每天整理笔记前都会小酌一口青稞酒。在艾玛的田野里，我体会到青稞酒与女性有着紧密的关联，正是通过酒，我和阿佳格桑啦的关系从陌生到亲近。快离开时，我们和乡亲们在望果节的合影照洗出来了，我的照片被阿佳格桑啦放在她们家墙上的相框里，置于最中间，我穿着她们的服饰，似乎“成为”了她们中的一员。那个瞬间，总让我难忘，那种感觉不关乎田野，只是两个女性之间的一种默契，虽然我们也访谈她，但这种亲近的感觉，都发生在访谈之外。

第三部分

饮食与民族习俗

食物的“深加工”——缅因州烤龙虾小记*

〔美〕杨竖（耶鲁大学）

黄昏后，印第安纳湖水泛着油油的绿。我甩杆下去，一条14英尺的大嘴黑鲈就成了我的囊中之物。我把鱼迅速放进我的网兜里，并为我的战利品拍了张照片，在这一瞬间，我忽然被这条鱼的神情所吸引，在夕阳的余晖下，鱼鳞泛着黑金色的光泽，宽大的下颌骨上顶着一双迥异的眼睛惊恐地盯着我。这是两种生命的对峙，但不平等已经显现，显然我是一个战胜者，我已经十分确定另一个生命的命运——在我的厨房中被“再次所指”（re-signified）成为一种食物。我把刚才的那张照片用微信分享给我的中国朋友，中国朋友迅速回复说：“好馋人啊！”

这个回复，让我感到惊诧，无法想象，我捕获的这条活生生的鱼，嘴里还流着黏液，身上的鱼鳞闪闪放光，这种待煮的食材居然让我的朋友流口水？在我看来，动物要成为一种食物，必须通过社会和物理加工被重新赋予意义，必须跨过动物与食物之间的象征性边界。而在我中国朋友的眼里，我渔网里的鱼早已超越

---

* 作者：〔美〕杨竖（Andrew Junker），耶鲁大学社会学博士，社会学家，研究领域为社会运动、宗教、性别、东亚文化、社会学理论等。

翻译：禹虹，香港中文大学中国研究服务中心访问学者。

了动物和食物的边界，她看到的是一条新鲜的、已被精心烹饪过的、摆在餐桌上的“清蒸鱼”或者是“红烧鱼”。瞧，中美文化的差异在这里已凸显。

在英美食物分类方法中，对于有生命和有感知的生命有一个很高的食物分界线。在被作为食物之前，有生命的活物必须被转变成一种非生命的物体。动物通过人类情感洁净的加工仪式跨越界线后成为一种食物，这种想象性的加工过程与味觉和营养无关，只是一种文化习惯。

比如，在欧美的日常饮食中，鸡爪子是从来不会成为盘中餐的，这是源自人们心里的一种禁忌。记得三十多年前，我在费城的中餐馆第一次吃“凤爪”时，那种既恶心又有点刺激的感觉。鸡爪的每一节骨节都使当时十二岁的我感觉像是在吃人的指节，这种恐怖而又复杂的感觉自始至终伴随着我，但当时那种渴望了解或者体验“异文化”的决心，又迫使我打破自己原有的饮食禁忌，克服文化排斥性，勇敢地吃完了这些在我眼里看起来和人类手指一样的食物。

在北美饮食文化体系中，哺乳动物从活物到食物的等级处理区别于非哺乳动物。比如在英文中，通过语言和文字来表述这种区别，我们用牛（cow）来表示活着的动物，用牛肉（beef）来表示加工后的可以食用的食物。猪（pig）变成了猪肉（pork），羊（sheep）变成了羊肉（mutton），鹿（deer）变成了鹿肉（venison）。

有趣的是，只有哺乳动物被如此重新命名，这种语言实践并没有拓展到鱼、海鲜以及家禽类。重命名是一种更高级的符号编码体系，我猜测之所以哺乳动物需要这种分隔，是因为哺乳动物和人类有着很多相似之处。看着牛的眼睛，好像是在看着和你一样的同类。但是凝视鸡或者鱼的眼睛，看到的只是一种“屏障”，就像是单面镜子后面深不可测的主观世界。所以，鸡、鱼、龙虾、贝类以及我们能够食用的那些活物，包括我渔网里的那条大嘴黑鲈，我们不容易“移情”在这些动物身上。即使非哺乳动物没有直接被重命名，但它们依旧要通过“再次所指”或者我们称为象征性的食物处理后，跨越过文化的边界，与动物做出区分。

就算人类很难“移情”于鸡或者鱼，美国人依旧做了很多象征性的工作去区分动物和食物。海鲜相对比较难识别，很多美国人有点忌讳吃海鲜，听说有人要吃生蚝，他们会有这样的疑问：这味道闻起来比较恶心，你真打算要吃吗？在东亚地区，小一点的鱼是可以整条吃的，而在美国则是通过“切片”仪式来完成动物到食物的转换。从鱼的侧面切开，就像切牛排一样，当鱼像食物一样呈现在你面前的时候，你已经不认为它是一个活生生的有些令人恐怖的动物了。遗憾的是，这种切片的方式浪费了鱼身上最美味和有营养的部分。记得有次在巴哈马群岛，当地的渔民帮我们钓到了一些超级美味的黄鲷鱼。作为他们服务的项目，他们非常热心地把鱼切开，剁掉了鱼头、鱼尾以及前端和末端的大部分，而且还剥掉了鱼皮，渔民顺势把这些物件丢到海里，成了清道夫鱼的食物。我不得不央求渔民手下留情多给我留些部位，好让我用东亚的烹饪方式去烹这条鱼。

和美国饮食文化背景不同的是，中国人认为鱼眼睑处的肉是比较美味的，有些食客会抢着吃。在中国，“鱼”和“余”谐音，在春节吃鱼，就寓意着“年年有余”，食物富余、财富富余。但是，依照迪尔凯姆的理论，我认为在这种情境中“余”的另一层意思是：附加上“客观物质世界”，通过我们仪式性的共餐，通过吃整条鱼而达到一致性团结的“集体欢腾”。

在日常烹饪中，美国人强调动物和食物之间“二元结构”象征性的分隔，如肮脏和洁净、活物和食物。但是，仪式场景可以翻转这种象征性的隔离，用来强化相聚和团结。在这种状况下，一顿饭夸大了食物的动物性，让这些饮食方式打破以往的饮食禁忌，从而建立了一个具有社会团结情感和“阈限性”的社会狂欢体验，通过象征符号的转换使得人们的距离更为亲密无间。

“烤乳猪”就是一个很典型的例子，在露天的聚会上，一整只猪被挂在烤炉上烧烤，切开后供众人食用。这不但是一头完整的猪，而且被称为“烤猪”，而不是“烤猪肉”，动物和食物之间象征性的壁垒被打破。

在缅因州和新英格兰海岸，有一个很少有人知道的仪式性的食物——“烤蛤”，这是一种用潮湿的海藻覆盖在有明火的自制大土炉子上，让贝类以及龙虾等海鲜在蒸汽中蒸熟的烹饪方法。

缅因州“烤蛤”流程如下：首先得挖一个浅坑准备生火，我家后院有一个专门用来烤蛤的炉灶。那是用石头垒的一个灶圈，然后在圈里生火。烧烤用的硬木的好坏非常重要，好的木头会燃烧很久，而且在燃尽后还能保持足够高的温度。烧柴的同时，人们开始用袋子在海岸边采集海藻。缅因州海边时常会有一种叫作鹗的鸟尖厉地叫着，这不免让人想起中国《诗经》中描述的一段诗词："关关雎鸠，在河之洲。窈窕淑女，君子好逑。参差荇菜，左右流之。"把采集好的一部分海藻均匀地铺在燃烧的土灶上，这时土灶产生了大量的蒸汽，再在冒着热气的海藻上放上活的龙虾、贝类、新鲜的玉米以及生鸡蛋，之后再用一层湿海藻把这些食物覆盖起来，最后用篷布把覆盖在最上层的海藻灶包裹起来。在这个过程中需要注意不要让篷布接触明火，此时蒸汽和烟雾从篷布的缝隙处争先恐后地溜出来。一段时间后，可以先挖出一个鸡蛋来判断整个食物的生熟，如果鸡蛋熟了，就意味着海藻炉里的食物都可以放心地吃了。扯开覆盖在顶层的篷布的一刹那，好像是掀开幼时游戏中的纱帘，挖出龙虾、贝类、玉米、鸡蛋，无须任何作料，海藻味和烟熏味是天然的调味品，这是上天赐予的美味。"烤蛤"不仅仅是简单的烹饪过程，其实也是一种社会事件，亲朋好友相聚在这一天，采集海藻，烹制食物，分享美食，打破了原有的饮食禁忌，跨越了动物和食物的象征边界，社会团结因此事件而更为紧密。这有点类似格尔茨描述的巴厘岛人斗鸡习俗。

让我们完整地想想整个过程，首先虽然称为"烤蛤"，但实际上龙虾才是这道菜的主角，其他蛤类、玉米、鸡蛋等都是陪衬。在美国传统饮食文化中，很难把长相像动物的龙虾作为一种可以直接食用的食物。缅因州的大多数龙虾被做成"龙虾卷"，"龙虾卷"很成功地掩饰了其动物性的特征。"龙虾卷"其实就是去掉尾巴和螯的龙虾肉，再加一些蛋黄酱，成为各种三明治的配料。这种感觉如同把伦勃朗的画裁剪了一块当桌垫用，大材小用。我认为更为地道的吃法是把整个龙虾或蒸或煮，用餐者卸下龙虾的某个部位，一块又一块地蘸着黄油吃。我十几岁的女儿惊恐地看着我，称我的食物为“野蛮人”的食物，她已经在无形中被美国动物与食物边界化的禁忌所内化了。这种食用龙虾的方式总是有点刺激，这种刺激不是源于口味的刺激，而是违背了动物不可直接食用的饮食禁忌后源于心理的刺激，就如十几岁的我第一次吃鸡爪子的感觉。

然而，缅因州的“烤蛤”让这种刺激更为深入，看起来是象征性地把作为动物的龙虾分离成作为食物的龙虾，其实是一种比较夸大的团结仪式。按理说，在炉灶上烹煮龙虾的过程是不被食客们所窥见的，但是“烤蛤”是一个开放的烹饪过程，人们在户外享受食物。参与的每个人都目睹了活蹦乱跳的龙虾被放置在蒸汽缭绕的海藻灶上，然后每个人都期待着美食呈现的激动时刻，当海藻的“幕帘”被揭开，隐藏于暗处的龙虾最终成为我们的美味，人们大快朵颐后，整个仪式表演结束。

请注意，海藻在仪式中扮演的是一种象征角色，而不是一种食材的角色。在“烤蛤”的过程中，海藻的使用与否是重点，因为海藻的参与象征着龙虾和蛤的生存本性。采集海藻是一种仪式的表演，在缅因州湿冷的海岸边，参与者奋力攀爬在阴冷的岩石边，用手撕扯着岩石上的海藻，手指间满是冰冷滑腻的感觉，咸腥的味道蔓延在你的胳膊和腿上。因为人们不会经常去“烤蛤”，大概是几年才去一次，所以也没有什么特殊的工具和技术，只能用手从岩石上撕扯下海藻再放进桶里或者塑料袋里。这就像在十二月份圣诞节来临的冬季，家人去树林里寻找圣诞树一样。

“烤蛤”一方面似乎是打破了北美人饮食的规矩和禁忌，另一方面则加强了传统价值和社会秩序。在我家，父亲在做饭方面多充当副手。而在“烤蛤”的过程中，父亲则转换成“烤蛤”仪式的主角，他把握火候，选择木柴，决定海藻的数量，检查鸡蛋的生熟，最后揭开篷布拿出美味，等等。此外，仪式的代际沟通的基础是“男人之间的事儿”，父亲“烤蛤”的技艺是从一个比他大二十多岁、名为埃尔夫德的男士那里学来的。埃尔夫德还健在时，虽然我的父亲是“烤蛤”仪式的主持人，埃尔夫德依旧会拄着拐棍，监督整个“烤蛤”的过程，看看火候够不够、篷布盖得够不够严实，从而体现其权威性。同时，埃尔夫德的妻子艾莉在厨房里准备配菜。我的母亲——一个设计城市心理健康系统的职业女性，此时也和艾莉一起准备着烤鸡、咖喱米饭、沙拉等食物。烤蛤仪式还涉及性别角色的互换，女人在烤蛤仪式中被认为是有危险的，只能隐蔽在后厨做配角，打破以往传统家庭食物烹制角色。

仪式的戏剧性高潮处毫无疑问就是在揭开海藻后美味龙虾显现的那一刻。大家聚在一起，男人用叉子掀开篷布，露出红亮的龙虾，金黄色的玉米从热气腾腾中闪亮登场。哈，相机的镜头聚焦在这些美食上。动物成为了食物，秩序又被恢复，我们一起跨越过动物到食物的界线，同桌共餐！阿门！

比酸汤更美，比苗药更灵

潘年英（湖南科技大学）

“氨汤”中的“氨”字是贵州苗家地方汉语方言的发音，叫“ngan”，去声，没有相对应的汉字，苗语叫“gang”，也是去声，更没有相对应的汉字。姑且写作“氨”吧。

氨汤，是苗家人普遍食用的一种酸汤，是将蔬菜煮熟后放入坛中发酵而成的一种汤料。平时是用坛子密封装着的，要经常放入新鲜的蔬菜，以维持微生物的正常生长，如果没有微生物的存在，氨汤就坏掉了。

我常年在苗乡侗寨行走，当然吃过多回氨汤，但印象最深的还是第一次。那是2003年的夏天吧，我到贵州三穗寨头苗寨做田野考察，受到几个在三穗县委工作的大学同学的热情接待，酒自然就喝高了，第二天几乎起不来床，身上沉重无比。一个在县法院工作的朋友来看我，说：“天，你这是酿酒痧了，要吃苗家氨汤才好。”我就问：“什么是氨汤？”他回答我：“这个你别管了，我带你去一个地方，你去吃就是了，绝对好，不好你砍我脑壳，这个你要相信我，我试过多回了。”

我跟他和他的几个朋友，一起驱车进到山里的一个苗寨，叫梁上。法院的朋友曾经在这村挂职，所以对村里人家了如指掌。

他很快找到了一户人家，问："你们家还有氨汤吧？"那户人家回说有，法院的朋友就说："快，给我们一个来一碗。"

那家主人就从一个黑黢黢的大坛子里舀出来一大钵子氨汤，味道顿时弥漫在屋子里，简直要把人当场熏倒，而且那味道就是氨气的味道。我当时就抗议说："这个我不能喝，你们享受吧，我到外面散步等你们……"正打算抽身溜掉，被我朋友强行拉住了。他说："我怎么可能害你嘛，你先看我吃，你再吃。"他在氨汤里放了一把切碎的青辣椒，然后直接就喝下去了，边喝边赞美那氨汤的美味。

其他几个一同去的人也都照他的样子喝了，都说好喝。我只好也跟着喝了一口，结果发现味道还真不错，有点像臭豆腐，是闻起来臭，吃起来香。就把一碗氨汤慢慢喝完了。

刚喝完，神奇的时刻果然到来——身体顿时轻松起来，酒意全消，神清气爽，精神抖擞。主人问我要不要再来一碗？我说可以，再来一碗。法院的朋友说，这个东西也不能多喝，喝多了也是会醉的。经他这样一说，我更加觉得这氨汤神秘了。

这之后，我经常吃氨汤，没有醉酒的时候也吃。有一回，贵州黎平县的一位朋友开车送我到黄平县城，黄平的苗族朋友请我们吃氨汤。我那黎平的朋友对饮食是非常讲究的，平时吃菜连味精都不能放，任何味道大的菜肴他一律不吃，所以本不想跟我们去吃氨汤，但因为我坚持，他没办法，只好跟着去。原来黄平县城有一条街道，居然全部都是做氨汤生意的，那味道飘荡在整条街道上，仿佛掏粪车漏了，泼洒了一条街。但是，不可思议的是，整条街的生意居然红火得不得了。更不可思议的是，我那位对饮食特别讲究的黎平朋友居然也经不起诱惑，最后破了戒，吃上了氨汤。

我后来每当醉酒发痧，就会想起苗家的氨汤，但是，却很难吃到氨汤了。我真希望能有一家公司专门经营氨汤，可以网购，可以快递，当天下单，当天能取货，那才安逸。

初识牛瘪

石　峰（贵州师范大学）

没有一个人类学家会对这样一个事实持有异议，即共享食物是人际交往的主要手段。在社交场合，出于礼节，主人通常都以“至尊食物”待客。当然，“至尊食物”是个文化概念，食物的尊卑等级视文化而定。

2016 年冬季，贵阳的天气阴冷潮湿。一个热情的暂居贵阳的黔东南青年朋友，说要请我吃黔东南的美食火锅。我开始以为他要请我吃酸汤鱼，还有些不以为意。因为酸汤鱼在贵阳，甚至在全国，已不是一道很稀奇的地方食物了。

出乎我的意料，他在电话里说，要请我吃牛瘪。我有些吃惊，因为我在贵阳几十年，还没听说贵阳有牛瘪餐馆，以前也没吃过，但有耳闻。他问我是否吃得惯，我当然说没问题。我的回答，一方面是出于礼节，另一方面是人类学的知识和专业训练，让我对异文化食物并无排斥感。在田野和日常生活中常遭遇异文化食物，如何待之，一位前辈人类学家曾风趣地用不那么学术化的语言说：别人吃了没事，你吃也不会有事。

约好的聚餐时间到了，他把餐馆定位发给了我。我打车前往，师傅问目的地，我说了地址，并说是一家卖牛瘪的餐馆。师傅说那里是条小巷，且用吃惊的语气问我：“你吃得惯？”我回答：“没吃过，去尝尝。”

贵阳城区不大，很快就到了餐馆。小巷位于贵阳老城区，车辆人群，嘈杂无序。街旁的建筑陈旧低矮，餐馆同样如此，这与贵阳的酸汤鱼火锅店形成强烈对比。酸汤鱼火锅店通常开在市中心，店面装修豪华。就我去过的几家酸汤鱼火锅店，老板还安排盛装的苗侗少男少女，吹着芦笙，唱着苗歌，热情揽客。在黔东南苗侗地区，牛瘪的地位高于酸汤鱼，但离开本土进入都市后，其地位却发生了奇妙的翻转。

这家牛瘪餐馆空间狭小，进出客人也不多。但屋顶上的招牌却挺有意思，上书“××牛瘪（biě）”，店家考虑周到，专给“瘪”附上拼音。朋友早到，并订好了餐桌。因就我俩，菜不多，一个牛瘪火锅、一碟凉拌酸菜折耳根。火锅类似干锅，汤不多，主要是牛肉丝和蔬菜。我吃了一口，没有很浓烈的异味，味微苦。从味道上来说，舌头并无排斥感。我俩边聊边吃，中间添加过一次牛瘪汤。我注意到，来此用餐的客人，听口音主要还是居住在贵阳的黔东南人，几乎没看到贵阳本地人。

因对饮食人类学颇有兴趣，为了深入了解牛瘪，回家后查阅了一些资料，并询问了黔东南的朋友。网上的大众话语，大体分为两派，一是非黔东南人的“客位观”，多以负面的语言论之，如“重口味”“黑暗料理”之类的评价；二是黔东南当地人的“主位观”，多为牛瘪辩护，而且还取了一个雅名“百草汤”，另外，还会详细介绍牛瘪的制作过程，以及强调牛瘪的药用价值。

关于牛瘪的学术论文较少，在知网上我仅搜到一篇，且是在论述黔东南苗侗饮食文化中提及。主要是说当地民族家有喜事或有贵宾光临，大摆筵席时，牛瘪是一道不可或缺的菜肴。当时我有个推断，认为牛瘪可能跟祭祖或祭神有关，但黔东南的学者朋友并不认可我的想法。他们推测牛瘪作为“至尊食物”，可能跟其独特性有关。在历史上，也有相关记载，如宋朱辅《溪蛮丛笑》载：“牛羊肠脏略摆洗，羹以飨客，臭不可近，食之则大喜。”由此可知，尽管跟祭祀无关，但牛瘪自古就是筵席待客之食，且具有较高的“地位”，不是一道简单的家常菜。

全球化浪潮下，各地景观已同质化，唯具有地方特色的食物使我们还能感知到“地方”的存在。外地人对贵州的食物印象，可能主要是酸汤鱼和花溪牛肉粉，以及其他杂食。而极具贵州特色的牛瘪远未得到认同，人类学知识的普及任重道远。未来哪一天，当牛瘪餐馆如同酸汤鱼餐馆遍布全球各地之时，也就是文化隔膜消除之时！

酸笋小鱼汤遇到涂尔干

沈海梅（云南民族大学）

人类学者进入田野，际遇不同文化中的食物，真是挑战着每个人的味蕾。所幸我的田野点都在云南，每次田野都会与美食不期而遇。能够吃到美食渐渐成为我喜爱做田野的重要动力，甚至很多时候是为美食而去田野。

夏天雨季来临，午时一场大雨之后西双版纳曼底寨子边的速底河水涨起来了，洪水裹挟着泥沙和鱼虾奔流而过，这是“奥巴”（傣语：捕鱼）的好时节。寨子里的老人、小孩都动起来了，手里拿着网兜，站在洪水奔涌的河边，用网兜捞鱼。不多时，人们手里都端着收获的小鱼高兴回家了。晚上，依雅（奶奶）用腌制的酸笋煮了小鱼，淡淡的笋酸把鱼肉的鲜甜激发出来，清淡可口，我立刻爱上这口酸笋小鱼汤。

田野中天天东家进西家出，入户与村民聊天是日常，碰到某户人家做赕（宗教仪式），知道会有较丰盛的餐食，也就顺理成章地留下蹭饭。有时，聊得高兴了，碰到主人家饭菜煮熟了，也被热情的主人留下吃饭。最简单的，主人拿出平日晾晒好的青苔，放到火塘的炭火上慢慢烘烤，烤热了抹上猪油，撒点盐，烤青苔的香脆和海苔般的味道舌尖留香。这样，一段田野下来，往往都是吃百家饭了。雨季的一周，在曼底不同的家户吃饭，我惊奇地发现，家家吃的都是酸笋煮小鱼汤！味道也极为相似！原来以为这道菜是奶奶的绝活，没想到是每个傣族家户都吃的日常食物。一周下来，我天天吃的都是酸笋小鱼汤，当然，这口汤对我也不再是最美味的食物。然而，味蕾上不断被强化的酸笋小鱼汤的味道却开始在我的身体里产生反应。有一天，我的头脑中突然产生一个问题：为什么这个 50 余户的傣族村寨人们在食物方面有如此强大的同质性？这对于一个村寨有什么意义？随后的几天里这个问题不断刺激我去思考、去感悟。

当然，不用很费力，就可以从涂尔干的机械连带社会理论中找到答案。涂尔干将社会连带关系分为机械连带（mechanical solidarity）和有机连带（organic solidarity），强调机械连带建立在个人相似性的基础上，而有机连带是以个人的相互差别为基础的。我开始把曼底傣泐人日常生活中的同质现象进行系统梳理，发现了寨子里许多男人们身上穿着的同款仿皮夹克，发现了这个曾经是高度同质的机械连带社会如何在种植橡胶以后“脱域”“失序”，并经历了从机械连带社会向有机连带社会转型。酸笋小鱼汤让我悟出了傣泐社会表象背后社会结构的存在，酸笋小鱼汤就这样遇到了涂尔干。

苗药·苗酒·苗文化

吴正彪（三峡大学）

苗族的饮食和药疗是互为一体的，这是我多年来做人类学田野调查中耳闻目睹最多的一种文化现象。药在酒中、酒中有药，而这些药和酒都是苗族长期积淀下来的物质文化遗产精华。因为长期到苗寨做调查，免不了会和调查对象喝上“二两”，然后才慢慢地拉开话题，一点点引入所要了解的内容。

2016 年暑假，我们在贵州丹寨县非物质文化遗产研究中心文珍伟先生的陪同和引导下到该县城郊采访一个姓陈的苗族老歌师。初见这位姓陈的歌师，我们还认为他是一个不到五十岁的人。到了歌师家，文珍伟就开口用苗语称他“陈公”。按照苗族人的称谓传统，对于初次认识的老人，一般年龄要过了 60 岁以上才能被称作“公”，我们都很惊奇，私下问文珍伟怎么如此称呼这位歌师。文珍伟解释说，这个老人是 1940 年出生的，如今已经有 70 多岁了，这就让我们感觉更加神秘了。到了午饭时间，歌师的妻子也从山上劳动回来，从外表上看也只有四十多岁的样子。席间，我们得知歌师和他妻子是同龄人。于是我们更加好奇，问他们是怎么保养得这么年轻？歌师说这一切都得益于他们长期喝的苗酒，这种酒是用 30 多味苗族民间草药先泡制成酿酒用的发酵药，然后再将这些特制的苗药用来发酵制酒的粮食，酿造出一缸缸美味飘香的美酒。他们就是常年喝这种酒养生，而且越活越年轻，精神状况也很好。这种用苗药酿制的粮食酒，度数不高，一般也就是 30 度左右，有的时候还会更低一些。

在各个地方的苗族村寨，都有“一千苗药，八百单方”的说法，讲的是在一千种苗药里面有八百种是单方。生活中所使用的这些苗药，又和乡村里用粮食酿制的酒分不开。记得我曾经到贵州龙里县采访过一个姓罗的非物质文化遗产苗药传承人，她家的苗药都是世代单传，而且是传女不传男。而这些苗药的使用，同样与酒有着密不可分的关系。据龙里县的这位苗药师讲，他们所配制的苗药酒是有讲究的，如米酒和高粱酒多是用于内服的药酒，而苞谷酒则内外兼用。将泡制的药酒提供给患者使用时，不同性别、不同年龄、不同身体状况不仅使用的药酒有差别，且各人的用量、服用的时间都不一样。这些苗药酒多数是由一味药泡制的，也有少量是用多味药进行泡制。我曾经品尝过这位药师酿泡的药酒，有微甜、轻酸、苦涩、酸甜等多种口味。

去苗族人家做客，从使用什么样的酒来招待客人，就能够看出客人与主人的亲疏关系。最好的是将泡制的药酒根据客人的身体状况分给客人品尝；然后是自酿的粮食酒；其次是自己家用草药发酵酿造的粮食酒；最差的是用商店里买来的瓶装酒招待客人。而且无论何种宴席都必须要有酒。有一次我们到一个苗寨去做调查，户主很热情，在招待我们的特别宴席上鸡鸭鱼肉应有尽有，户主的岳父也住在同一个寨子，吃饭时专程去把他岳父请来。这位岳父大人与男主人的父亲一起坐在靠里面墙的老人位席上，看到女儿逐一盛饭给大家，迟迟不拿酒来，老人左顾右盼，很是不安宁，还没有开始吃饭就放下碗借故起身出去了。后来仔细一问才知道，苗族人家招待客人的宴席上若是没有酒，这是很不礼貌的。在苗族家庭看来，菜肴不一定要求很高，但招待客人的宴席一定要有酒，要在开餐前先往地上或桌面前滴上几滴酒，敬供祖先神和家神，这样才会得到神灵的护佑，一家人才会健康、平安。

酒也是药，生病用药离不开酒，或饮、或涂、或泡，只要不贪杯，只要不是嗜酒如命，正常的药酒养生也是苗家人难得的乐趣，这样的理念延伸下来就是苗族的酒礼文化了。

进山吃山俅江行

高志英　侯　蕊（云南大学）

不少学者写过独龙江的交通之险，却少有人呈现独龙江田野中长时间爬山涉水、极度饥饿之后的“独龙族美食”体验。之所以将“美食”打了双引号，一是这些饮食在外界少见，甚至闻所未闻，所以也是一种体验异文化的挑战；二是饥肠辘辘之后，无物不美食，于是在感悟自然恩赐中理解独龙族虔诚的自然崇拜心理。久而久之，就会想念那种在独龙江才能够体验到的独特美味。

2005 年 10 月，我带两名研究生从迪政当村到独龙江最北端的向红村调查，有独龙族向导陈永华相陪。陈向导说，早上六点出发，中午不超过一点就可到达，所以不用带食品，以减轻徒步山林的负担。陈向导高估了来自内地的女研究生的爬山能力，加上泥石流、塌方而需绕道，不得不多走五六公里。这样，已经到下午两点多，还是望不尽的林海，听不完的林涛，却没有一颗野果可以解馋。每迈一步，感觉前肚皮与后肚皮又贴紧了一截。只有不断喝水、喝水，到后来都听到清水在肚子里摇晃。

终于在山脚林海里隐隐约约看见一个茅草屋顶，却没有炊烟升起。独龙族有在离住房一定距离的山地间搭棚子与粮仓的习俗，除了播种与收获季节，少有人居住，也不上锁。近年实施“兴边富民工程”，山上独家独户的独龙人家大多被动员搬迁到路边集中居住，但仍习惯将鸡、独龙牛养在老屋，收获的粮食也放在老屋。外人擅自进入烧火取暖、烧水、取玉米棒烧烤吃，也不会被认为是偷，认为是远来客因为饥饿才不得已。独龙族还有路不拾遗习俗，远行时会准备一些干粮每隔一段距离将其挂于树上，别人不会偷吃，自己返回时逐段食用，这样可以减轻远行的重负。而今，因为有水泥吊桥、短距离乡村毛路等，使独龙江交通有很大改善，所以不再需要将干粮挂在路上。

终于走到茅草屋前，仍然一片寂静，没有人出来观望，也无狗前来狂吠，似乎是无人居住的房子。陈向导推开门进屋——门没有上锁，也无人吱声。过了几秒钟，眼睛适应了屋里的黑暗，才发现不是无人，有一个男性老者一动不动地坐在火塘边。火塘里的火早已熄灭，老人就像融化在这长年烟熏火燎的黑黝黝的房子里。两个女生突然见此情景，甚至被吓得退出门去。陈向导说了几句独龙话，老人慢吞吞搭话，才知道老人还活着。

我们将火塘点燃，火光照亮一屋子的黑色。陈向导跟大爹要一点现成的食物，大爹有气无力地说：“要是有吃的，我自己也不会这么饿着了。”大爹说他老伴一早回新房子去拿粮食，但到现在还没回来。看样子大爹真是饿坏了，我们在烧火时，他仍然一动不动，甚至连答话的精神都没有。待喝了一碗热茶之后，大爹才有了一点精神，眼睛、嘴角也都满是笑意。两个女生也跟大爹亲近起来，大爹就带她们去打树上的野桃。独龙江的野桃个小，但特别甜糯，已到秋霜季节的野桃更是异常香甜。我们跟大爹就或坐或躺在草地上，沐浴在秋阳里，细细品味着野桃的美味。

太阳偏西，山风里夹着丝丝凉意。大妈背着一背东西回来了，也是跟大爹一样话不多却满眼善意，用手势与笑意招呼我们进屋，就开始做独龙美食大餐。

首先是火灰炸玉米花，即将独龙江特有老品种玉米一次几粒放在温热的火塘火灰里，使其受热爆炸成玉米花。老品种玉米有一种特有的香、糯，非一般玉米可比。再就着屋外汩汩山泉或用山泉泡独龙江茶，其淡淡的回甜从舌尖到心底，令人难忘。掰玉米粒、扒灰、放玉米粒、盖灰、扒翻、捡玉米花……一捧烫烫的玉米花还未吃完，又一捧香喷喷的玉米花放在手里。我们言语不通，但此时任何语言都是多余的。

清泉就玉米花已经很幸福了，大妈还要让我们品尝独龙族的漆油茶。将核桃粉、盐巴与鸡蛋放入竹制酥油茶桶，再倒上滚烫的茶水，切上一些漆油——漆树籽熬制后以饼状储存的植物油。一时间，满屋子的漆油茶香味，一碗热乎乎的漆油茶下肚，一路的疲劳消失殆尽。漆油有驱寒祛风湿的功效，傈僳族、怒族与独龙族女人不坐月子，但生完孩子要喝一碗漆油炒鸡出汗，因而很少有月子病。难怪独龙人就想住在山里，一家人在火塘边，一塘火、一碗漆油茶、一捧玉米花，就很满足了。

才吃完玉米花，大妈又架起铁锅，给我们煎董棕粉粑粑。董棕的树干含植物淀粉较多，一棵董棕树可以沉淀出五六十斤董棕粉，因而被独龙族称为“面包树”。原为野生，后来家家户户移植五六棵于房前屋后，以备灾荒之年食用，因此平时并不砍伐——门前那棵桃树留果到秋末也是如此。董棕粉可以煎成粑粑（饼），也可似藕粉一样调食，对于肠胃炎与“三高”有极好的疗效。用漆油煎的董棕粉粑粑，也是独龙族待客的美食，自有一种山里植物的清香，还带有淡淡的回甜。我们来到这个远山野林里的茅草小屋，享受到了独龙族款待贵客的董棕粉粑粑的美味，实属幸运。

吃饱了，喝足了，大妈还给我们备了些路上吃的玉米煸米。独龙人对于远道而来者总是待之为客，虽然不擅言说，最终就一句“你们那么远的来到我们东方，辛苦了！”然后进门有吃，离开有送，这就是独龙人最真诚的待客之道。在玉米成熟季节，将青玉米棒煮熟后挂于火塘上方的晒架上，以免受潮。每隔一段时间，主妇就将玉米粒掰好，然后放在锅里用微火炒熟，再放手碓里舂碎，即成香甜酥脆的玉米煸，是独龙族所特有的一种主粮、干粮。只要远行都喜欢揣上一些玉米煸，就着沿途的山泉水，甜脆可口，回味悠长。

独龙人生于斯、长于斯的山川河流，都是他们的崇拜对象，因为是其衣食父母。甚至猎神、山神，也被认为是与人类一母同胞的亲兄弟，因而收获什么猎物、获取多少猎物，都是其对人类的馈赠，要用独龙族最隆重的剽牛仪式祭拜。而今禁猎，猎神已远离其精神世界了。因为不再刀耕火种，很多只在刀耕火种地里生长的食物越来越少见。但因为这次泥石流改道，又因书生爬山之慢腾腾，意外来到了舍不得离开山林故居的独龙老夫妇的茅草屋，与其说是体验到了一次越来越难得品尝到的独龙传统美食，还不如说是对独龙人适应自然、适度取用的生存智慧的一次身心感悟。

维吾尔族的婚宴

何　明（云南大学）

2016 年 8 月初，我到新疆维吾尔自治区和田市策勒县调查后，于 10 日驱车到离县城约有 80 多公里的奴尔乡。奴尔乡的环境很好，有数条溪流蜿蜒穿过。乡村道路、公共建筑和民居等基础设施焕然一新，给人富裕祥和的感觉。

到达奴尔乡的第一天，我们参与观察了尤喀克阿其玛村委会的村委换届选举，在乡政府召开座谈会，与乡干部交流。听说第二天奴尔乡二大队有一户村民嫁女儿，我们决定去参加婚礼。

第二天早上，我们在乡政府食堂吃完早餐，就在一位维吾尔族女副乡长的带领下去二大队。二大队紧邻乡政府驻地，仅有一条小河相隔。农民的住宅沿着笔直的水泥路排列开去，每户人家都有一个小院，院内建着住房。嫁女儿的人家住在村子的中间位置，院子不大，但整洁有序。

进院门后，女乡长向主人家介绍了我们，我们在房屋大门前脱了鞋子，跟着女主人进到左边的房间。这个房间是客厅，地面全被地毯覆盖，唯一的家具就是一个位于角落的柜子。大家靠墙席地而坐，大概因为我年长，所以被安排到最里面一面墙的中间位置。落座一会儿，女主人提着茶壶、端着杯盘进来，给每个人斟了一杯奶茶。我们喝着茶，问着二大队的情况，不断有人来，一会儿就熙熙攘攘起来。

这时，传来了音乐声，我们起身走出房间，原来右边的卧室里有六七个年轻人跳起了维吾尔族舞蹈，有两个姑娘在炕上跳着，还有四五个年轻男女在地上跳。女乡长告诉我，炕上那个身穿一身红色衣裙、披着绣花红色盖头的是新娘。她个子不高，但长得很漂亮，打扮得艳丽而雅致，舞姿优美。人越来越多，喜庆的气氛也越来越浓烈，男女老少在卧室里、卧室外的过道里纷纷跳了起来。

院子左侧一间比较简陋的小屋里，有不少人在忙碌着。我从开着的门望进去，里面有灶有炊具，应是厨房。在离厨房不远处，搭有一个露天灶，上面架着一口大铁锅，铁锅里盛着米饭、胡萝卜丝和羊肉丁，两个男人用铁锹使劲炒着，旁边几个女人蹲着洗菜。不知不觉已到新疆的午饭饭点——下午两点多，一个学生来叫我去吃饭。

回到客厅，里面已坐满了人，我找到一个位置刚坐下，女主人和几位妇女就两只手各端着一盘堆着四五个馕的盘子进来，分别放在客人面前。看着大家都不动手，我想可能是因为吃的东西还没有上完，或者是因为还有客人没有到，等人到齐了才开吃。正揣测着，女主人一只手提着一只壶，另一只手端着一个小铜盆进来。她走到我面前，把铜盆放下。女乡长提醒我说“请你洗手”，我把双手伸了出去，女主人把壶中的水倒到我的手上，然后淌到盆里。壶是银白色的，装饰有图案，非常精致。女乡长提醒我，水冲完手轻轻抖一下就行，洗完后不能甩手，我忙把手缩了回来。

洗完手，大家开始用手撕着馕吃起来。过了一会儿，几个妇女又端着堆满羊肉的盘子进来。馕是干的，用手将其送进嘴里，没有什么心理障碍。看着周围人都用手抓起一块块热乎乎的羊肉大快朵颐起来，我也就学着拿起一块羊排吃起来。可吃完后，面对着自己油兮兮的手，却显得无所适从。这时，妇女们又端着一盘盘炒饭进来，放在每位客人的面前。一看，就是刚才在院子里看见的米饭，饭粒已炒成金黄色的，间有红色的胡萝卜丝和咖啡色的羊肉丁，散发着羊肉香，非常诱人。在南方人观念里，那些馕等面食只是点心，吃米饭才叫吃饭，而此刻时间已近下午三点，往常午饭早已进肚，味蕾开始蠢蠢欲动，不由得眼睛扫描着四周寻找筷子、勺子之类的工具，居然没有？可旁边的人们开始动手了，女乡长给我示范如何用三根手指捏起一撮米饭往嘴里送。这才叫真正的“手抓饭”！

我回想起 2007 年 12 月在缅甸科科群岛（Coco Islands）的大科科岛上的往事。那时我们一行三人到一个村子看建房仪式，仪式完毕，村民们开始吃饭，每人拿一片芭蕉叶盛上米饭和菜肴，用手指抓吃芭蕉叶上的食物。当时同行人开玩笑地和当地人搭讪：“用手抓饭，不脏吗？”当地人回答说：“我们只抓自己的饭，你们乱抓别人的饭，你们才脏呢！”顿时，一片哄堂大笑。看来云南的傣族、景颇族名为“手抓饭”的特色饮食，原本应是实质性的“手抓”，现在用筷子或勺子食用是被规训的结果，只有其名而无其实了。好歹也读过玛丽·道格拉斯的《洁净与危险》，我也用三根手指捏着米饭往嘴里送，但吃得相当笨拙，需要仰着头才能把米饭送进嘴里，而且每次都会掉下一些，不一会儿左手就接了一把。旁人大都已经光盘时，我的盘子里还剩大半米饭。

午饭结束后，大家起身来到院子里。五六个手持各式传统乐器的中老年男子已在院子中间的凳子上坐下，见不少人从房屋出来，就很默契地开始弹唱《十二木卡姆》，时而独唱，时而合唱。

下午六点左右，迎新娘的车队来了，新郎及其亲戚、伙伴二三十号人从车上下来，拥进新娘家。一会儿，把新娘和她的伙伴接上车，去往新郎家。新郎为邻乡人，与新娘家相距 10 多公里。我们也坐上车跟着迎亲车队到新郎家所在村。新郎家的仪式在村子的文化活动中心举行，大厅能够容纳三四百人。客人大都进入大厅，沿着四周的墙席地而坐，主人家给每位来客端来一盘馕和一盘羊肉，而来客象征性地吃一点，就把馕和羊肉放进自己带来的袋子里，大都与主人道贺完就起身离开。只有新人的年轻伙伴们在大厅隔壁的小厅里伴着音乐载歌载舞，久久不散。

亲手捏糌粑
——拉卜楞藏家饮食亲历记

王　烜（加拿大纽芬兰纪念大学）

2011 年 2 月 15 日一早，我跟随好朋友桑吉到他位于甘南州夏河县上卡佳村的老家为他的阿妈格姆（藏语：奶奶）庆贺八十大寿，那是我第一次进入原生态的藏家感受他们的节日仪式和日常生活。我当时在做拉卜楞寺正月十五毛兰木祈愿大法会的调查研究，所以此次藏家亲历记算是调查前的一个铺垫。

这是一座具有典型藏族民居特色的院落，我们被请入屋子的二层，一层是厨房及储藏室。客厅里有半圈藏式木质沙发，上面铺着毛毯，占满了大半间屋子，还有一棵养在盆里的活松树。桌子上摆放着各种食物、水果，有的水果被放坏了。在藏区水果是稀罕物，放在那里也很少有人吃，估计只是充个门面。待我们坐下时，一批又一批庆生的人来了。新来的被上一批让到上座，而上一批就会自觉退出。

沙发上座坐着几个喇嘛在侃侃而谈，我起身研究旁边桌上的酥油。真的是鹅黄色，闻起来很香，味儿有些冲！我记得以前看过一个电影《拉卜楞人家》，里面的老阿妈说藏族人往往把最好的酥油献给佛爷（或点灯或做酥油花烧掉），而把一般品质的酥油留给自己吃。我不知道这块酥油属于哪种品质。桑吉的哥哥拿碗削下来两块酥油，加热水，加糖，加青稞面，桑吉为我现场展示了一回做糌粑的技巧。加水加糖的量都以经验为主，熟练者一圈一圈揉搓下来，待吃完，最后碗壁上都是光洁如新的。糌粑在放牧时方便携带制作，也方便洗濯。我尝了一点，有似曾相识的感觉，入口柔柔的、甜甜的、沙沙的，还是温的！难怪有“高原巧克力”之称，但口味和巧克力又完全不同。

参加完晒佛仪式后，我们回到屋子，都有些饿了，大家又开始拌糌粑吃。我要自己露一手，他们表示很期待。桑吉的嫂子给我切了两大块澄黄的酥油，给我加了好几勺糖（当时加的时候我已经意识到可能放多了），然后加开水。桑吉说水有点多，你喝掉一点，我喝了一口。然后往碗里放青稞面，加多少面视水量而定，桑吉说稀了还要加，我又加了一勺。他说水还是多，要再喝掉一点。此时青稞面已经浮在整个碗面上了，根本没法喝到底下的水。他说：“我给你说个办法，你用手指在面上戳个孔。”我照他的话做了，露出一个往出渗酥油汁的小孔。他接着说：“吹！”我想都没想就用力吹，细密的青稞面被我大力吹起来，雾蒙蒙一片，落了我满脸满睫毛，大家都乐了，笑得特别开心，我也不好意思地笑了。桑吉的司机朋友邓哥说要顺着碗边戳孔，我戳在中间自然无法下嘴。我又在碗边戳了一个洞，喝掉了些酥油。他们说，现在可以拌了，我就下手进去，开始搅和青稞面和酥油汁，中间会再视稀稠的情况加青稞面。我的动作还不够娴熟，左手转碗右手和面，一直掌握不了转碗的方向。他们在一旁指导我，说转反了，要逆时针转，转得好会像他那样碗边不留一丝痕迹。我照做，虽然不顺手，但总算把面和酥油和在了一起。尝尝，味道还不错！有些偏甜。我和桑吉把这一大碗报销了。整个过程很开心，大家在旁边用藏语交流，我虽然听不懂，但可以看出大家在对我表示赞许。

几天后，在夏河县调研正月大法会时，我有幸借住在朋友格桑家里，并尝到了另外两样神秘的藏家风味食物。我去格桑的朋友道吉家的小卖铺小坐，道吉的妈妈从寺里带回来些“酥油米饭”。道吉拿出个小碗和筷子，给我盛了些。虽然我不忌讳酥油，但是这个酥油米饭的味道还是太冲了。里面有葡萄干和牛肉，拌上酥油，米饭是甜的，还很腻。虽然我不太能接受这种味道，但我还是吃完了。阿姨又从饭盒里拿出了牛窝骨让我尝，道吉说他最喜欢吃这个，但很难买，还是托了人才买到，他爸爸煮了十几个小时。所谓牛窝骨，就是牛的膝盖骨。一只牛只有四只膝盖骨，所以很稀罕，外面牛窝骨一只要卖几十块钱呢。而且这个是道吉爸爸亲自煮的，味道和价值就更甚了。真的很好吃！

我对藏族的热爱始于他们的信仰和文化，也曾做过一些藏边社区研究。他们的善和美，好客和洒脱，常常让我动容。人类学家和民俗学家在田野调查中的饮食故事，应该是最有乐趣的部分。食色性也，我们通过食物与研究对象达成默契，也通过感情和吸引，和研究对象达到共鸣。

补记：此时距我致力于藏族文化研究，倏忽已近十年。近些年因为在加拿大读书，也并未再继续硕士期间对北方少数民族文化的研究。2018 年，桑吉发来信息说，阿妈格姆最终离开了我们……2018 年在爱沙尼亚和五台山东亚佛教研究的国际会议上，我又分别做了两次关于拉卜楞寺大法会和夏河县关帝庙的报告，都是 2011 年到 2013 年的田野调研经历所赐。2019 年夏季我又重新回访了夏河县，县中心地区开了奶茶店和咖啡厅，一切似乎变了，也似乎没变。我的加拿大博导戴安・泰（Diane Tye）博士一辈子致力于饮食民俗学（foodways）的研究，她认为，“食物永远是共享的、是最安全的沟通媒介”。藏族文化历史悠久，和中原大地诸民族的交流随着时间流逝愈加频繁，你中有我，我中有你。勤劳虔诚的藏族文化之美，由一辈一辈的藏人传承，也由我这样的汉族学者进入研究、书写赞美。“各美其美，美人之美，美美与共，天下大同”的格言，也将随着藏汉两族民众的切身实践，万古长青。

冬窝子里的哈萨克盛筵

朱靖江（中央民族大学）

喀夏加尔乡位于新疆维吾尔自治区昭苏县南部，乡境以南、群山之中，隐藏着昭苏县最大的冬牧场——阿克牙孜沟。每年岁末，数十万头过冬的牛羊和马匹在哈萨克牧人的照看下生息于此。等到三月下旬“纳吾鲁孜节”前后，山外积雪消融，草色返青，牧民们才会驱赶“麾下”的众生，一路迁徙到春牧场上，继续另一季候的游牧生涯。

雪后初霁的一个冬日，我乘坐一辆越野车驶入这条冰雪交加的河谷，开始了三个多月与哈萨克牧人们朝夕与共的时光。我所居住的“柯克玉勒姆”位于阿克牙孜河左岸的一小片台地上，是五户牧民共同过冬的冬窝子。桑塔斯村的村民克易齐拜（我的房东）、巴太伊、江格斯、波拉特、叶尔江和他们的妻子、孩子们在五幢木楞房中生活。

纳吾鲁孜节是哈萨克民族的传统节日。“纳吾鲁孜”来自波斯语，是“春雨日”的意思。每年的春分日，便是哈萨克人欢庆纳吾鲁孜节的日子。但是在交通闭塞、牧民居住点非常分散的昭苏牧区，特别是山沟深处的冬牧场，哈萨克牧民在此前的半个月时间里，便已陆续开始了他们筹备物资和过节的程序。一般来说，一个小型社区的牧民会在同一时间内举行纳吾鲁孜节的庆祝活动，营造一种集体性质的节日气氛。

纳吾鲁孜节到来之前，各家都要提前准备过节时必需的食品和原材料，最主要的工作是准备“纳吾鲁孜阔杰”——节日期间食用的稠粥。哈萨克人以牧业为本，入冬之前，早已宰杀一批牲畜，将牛、马、羊肉悬在存储室中，熏制成风干肉。因此，柯克玉勒姆的五户哈萨克人主要的任务便是购置“纳吾鲁孜阔杰”中的其他原料：麦子、面条、葡萄干、大米，再在自家的食物储备里准备酸奶和盐（也有加入小米和奶疙瘩的），按照传统的做法，粥内要放七种食品，所以有人称“纳吾鲁孜阔杰”为“七宝粥”。

主妇将房间里的被褥收叠整齐，靠着墙边垒成高高的一摞，再将室内清扫干净，便开始张罗“纳吾鲁孜阔杰”的烹煮。首先是用大锅将几种牛、羊肉骨炖成肉汤。肉骨的选择有一定规则：宜用前腿上部（kaejilik）、腰骨（jiaya）、背骨（aleka）、肋骨（kablega）等部位的带骨肉。由于冬肉干硬少油，且上述肉骨大都以骨头为主，因此用来煮粥的肉汤并不油腻。待肉接近熟烂时，再依次放入麦粒、大米、酸奶、面、葡萄干和盐，直到这锅浓稠的“纳吾鲁孜阔杰”烹制完成。

除了节日的主餐“纳吾鲁孜阔杰”外，哈萨克人还制作其他的美食以款待宾客。主妇会在馕坑里烤制新馕，架起油锅炸馓子。男主人除了将更多的冬肉，如马肥肠、马脖子、马肋条、马碎肉、马盆骨包肉等煮熟或灌肠之外，还会视客人的尊贵程度，杀一只羊，用羊肉煮汤下面，做成哈萨克的经典名吃“纳仁”。

当然，冰糖、奶酪、葡萄干等辅餐也一应俱全，待客的奶茶更是必不可少。此外，主妇们还要拿出崭新的座垫“萨勒马克”铺在炕上。这种带有菱形图案的长方形座垫为毛毡质料，经过对毛毡的剪裁、拼贴、刺绣和缝制，需要两到三个月的时间才能完工，是哈萨克妇女最具代表性的手工制品，也是检验哈萨克妇女勤劳与灵秀的重要指标。

纳吾鲁孜节期间的主要活动是全社区的家庭迎接来访的邻居和客人，与他们共同品尝“纳吾鲁孜阔杰”。在我生活的柯克玉勒姆，从节日的上午开始，来自冬牧场各个冬窝子的亲戚和友人陆续骑马和摩托车赶到这里，一般是每户派一名代表，与主人全家一道欢度这个美好的日子。当亲朋好友聚拢到齐，在木屋里的炕上盘膝而坐之后，家中的主妇便为每位客人端上一碗“纳吾鲁孜阔杰”。这时，由客人当中最年长或最有威望、地位的人念诵“巴塔”(bata)。

哈萨克语中的“巴塔”意为“祷告、祝福”，是哈萨克人在各种场合下必要的仪式。在我所居住的冬牧场普通牧民家里，纳吾鲁孜节巴塔大抵以“祝我亲爱的兄弟们来年牲畜满圈，奶品丰盛，人畜两旺，生活顺畅……”等吉祥的祝福话语为主。在过节的第一户——克易齐拜家中，房东的母亲，76 岁的江格尔德克老人做巴塔，众人将双手平放在胸前，当巴塔做完之后，盘膝坐在炕上的牧民用双手抹脸，以示将美好的祝福纳入心中。

按照哈萨克族的传统风俗，如果前来庆贺节日的是未婚青年，就要喝一碗“纳吾鲁孜阔杰”，如果是已婚者，就要代表家中的每一位成员各喝上一碗，当然如果家庭人口众多，主人也不会过于勉强，毕竟节日里走家串户的活动才刚刚开始。

在克易齐拜家盘桓了一个小时左右，众人起身告辞，出门朝邻居波拉特家走去。34 岁的波拉特和他的妻子莎格姆古丽带着小儿子一同住在去年年底新建的小木屋里。在波拉特家，除了喝女主人莎格姆古丽煮好的“纳吾鲁孜阔杰”之外，男主人还宰杀了一只大绵羊，羊皮被剥离之后，连同羊肠子一道被放入储藏间，准备出沟以后卖给羊皮贩子。羊头和羊蹄插在木棍上，放在火堆里烧烤去毛后，再和切成大块的羊肉一起放入锅中清炖。客人先喝汤，主人再将煮好的羊头献给客人中最德高望重的一位，由他做一个巴塔，祈愿波拉特一家转场顺利，多接羊羔：“愿你的餐布上食品多，草场牲畜多。愿你在同辈人中走在前列。愿你的家庭人丁兴旺，愿你是个聪明快活的人。”

老人再将羊头肉用小刀切碎，分给众人品尝。接下来，炖熟的羊肉与面条拌在一起，放在搪瓷大盘里，客人们便用手撮着面和肉吃。这种招待贵客的食品“纳仁”即便在纳吾鲁孜节期间，也并非家家都会准备。

客人们对波拉特一家表示了节日的祝福，又走出他家的木屋，朝着另一座木楞房，也是本地唯一的商店——巴太伊家走去。巴太伊家有两间木屋，内间是自家的卧室，外间则用来招待客人，特别是从冬牧场各处到他的商店里喝酒的哈萨克男子。巴太伊的妻子端来刚刚炸好的馓子和冒着热气的烤馕，当然更少不了为每位客人准备一大碗“纳吾鲁孜阔杰”，虽然这时客人们已经很难再大吃大喝了，但庆祝的程序依然要进行。尊敬的长者在进食“纳吾鲁孜阔杰”之前，为在座的人祝福，巴太伊的哥哥是桑塔斯村最著名的冬不拉制作者，他将一把刚刚做好的冬不拉交给一位名叫塞太伊的牧民，他是本村最著名的“阿肯”——哈萨克民间歌手，由他拨动琴弦，唱着传统的纳吾鲁孜节歌谣。

离开巴太伊家，已经喝了一肚子“纳吾鲁孜阔杰”的宾客们先在房侧的畜栏边休息一会儿，吸烟闲聊，又继续到下一家，即小伙子叶尔江和妻子齐娜尔古丽家做客。叶尔江家不算富裕，因此仅以“纳吾鲁孜阔杰”和奶茶招待，但盘坐在炕上的客人们并无怨言，热情地祝福小两口生活美满，四畜兴旺。到北京时间下午五点（也就是当地时间下午三点），前来祝贺的客人纷纷告辞，在柯克玉勒姆冬窝子举行的纳吾鲁孜节庆祝活动就基本上结束了。由于各户在冬牧场的放牧点相距较远，因此不少牧民在整个冬牧期间见面的机会很少，纳吾鲁孜节刚好给了他们一个重要的社交场合，可以彼此交流牲口的畜情、狼害的风险，以及冬窝子的草料还能坚持多久，何时准备迁出冬牧场，返回他们主要的居住地——森塔斯村的春秋牧场去。夜暮降临，阿肯的歌声依然在风中传唱：

纳吾鲁孜节到了，春喜降，麦穗颗颗饱粒。

穷苦的人们有了生机，家家户户都喜庆，今天母鸡出了小鸡。

纳吾鲁孜节到了，驱走悲凄，妇女们喜气洋洋凑在一起。

姑娘、小伙子们格外高兴亲密，他们戴着漂亮的帽子，耳边插着鲜花，处处都是他们的欢声笑语……

一碗黑煤粥

白玛措（西藏自治区社会科学院）

卓玛奶奶今年 82 岁，老公达琼 72 岁。卓玛奶奶视力不好，戴着一副老花镜，但很多时候还是看不清楚。两位老人原来生活在那曲嘉黎县麦地卡乡的高海拔草原地带。两位老人膝下无子，最先卓玛奶奶 70 多岁时被收入县里的敬老院，原本和侄儿生活在一起的达琼爷爷没过多久也搬到敬老院和老伴生活在一起。

第一次去两位老人家里，卓玛奶奶正在编织毛线毯，花花绿绿，色彩搭配很美。我寻思着老人视力不好，怎么能看得清，原来是熟能生巧，老奶奶在盲打。

有一次去访谈，老奶奶正站在炉子旁边做饭，锅里是牧区常见的肉丁汤，放了很多肉丁，肉汤估计已经熬了许久。老奶奶忙着零碎的家务，我全心投入访谈达琼老爷爷。约一个小时的访谈过程，不时飘来香香的肉汤味。两位老人热情地留我吃饭，我没拒绝，心里寻思着可以喝一小碗肉汤。

不过，这肉汤仅仅是烹饪的第一步。老奶奶掀开锅盖，往炉子里加了几块煤，接着从桌子上拿起一块烙饼，一片一片地往肉汤里下。等老奶奶往肉汤里下完烙饼，我才注意到老人家双手全是煤炭黑。这意味着刚才的白烙饼经过老人家的手，到了锅里是黑烙饼。

我这边，刚才欲要喝一碗肉汤的冲动被煤炭黑粉碎。老奶奶很热情地要给我盛一碗肉汤泡馍。怎么拒绝？或者喝下去？前后为难……

老奶奶给老伴盛了一碗粥，脸上还挂着一丝对自己的烹饪很是满意的笑容。接着给我盛了一碗，肉汤味很香，馍馍上的煤炭黑隐约可见。两位老人美滋滋喝起来，我也找不到更好的理由推托，和他们一样有滋有味喝下去。脑海里想起莫言关于吃煤的那段描述，煤都能吃，煤灰炖肉汤更应该没有问题。这顿饭有点后现代，似乎不是真实的，但确实是真实的。

生活在草原上的牧人，取暖材料是干牛粪。日常生活中，往炉子里添加干牛粪后，就拍拍手上的牛粪灰，没有洗手的习惯，更没有戴手套拿牛粪的习惯。老奶奶 70 多年来在牧区养成的生活习俗，并没有因为煤炭这种对于牧民而言的新物质的使用而改变。

很多时候，烹饪习俗所涉及的不仅是食材本身，还与生态

白玛措与卓玛、达琼夫妇的合影

环境、生产方式息息相关。游牧饮食中，将生食转为熟食，牛粪作为燃料是最重要的环节。牧民赶着牛羊随季节而游牧迁移的劳作方式，选择牛粪作为取暖原料有着其合理性。于是，牛粪的加工、整理和使用，成为牧民生活方式的一个重要组成部分。对于牧民而言，在高原阳光下晒干的牛粪是洁净的。

煤炭是游牧定居后使用的外来物质，对于年长的牧民而言，他们依旧按照牛粪的洁净观使用煤炭，这让我喝到了一碗难忘的煤灰粥。

水族乳猪

蒙耀远（黔南民族师范学院）

贵州世居民族之一的水族聚居在月亮山西北麓和都柳江流域，氤氲的山岚和潋滟的江水相映成趣，这里被人们誉为凤凰羽毛一样美丽的地方。

2013 年暑假，我跟随老韦进行“21 世纪初水族民族地区经济社会发展综合调查”，深刻地认识了水族那富有地方特色和民族文化的饮食习俗。记得那天，我们赶往贵州省三都水族自治县周覃镇的一个水族老乡家，刚踏进家门，就听到猪崽的挣扎声，当我们循声找到后院，男主人和他的儿子正在宰杀一头四十来斤的乳猪，已经放好血，血被接在一个干净的盆子里。我心生疑惑，为什么要杀这么小的猪？随后只见他们去毛、破肚、烹煮……

约摸一个小时的光景，我们被邀请到他家的中堂，那里安放有他们家的神龛，只见神龛下洁净的方桌上，放有一个干净的簸箕，里面正是那头被破肚煮熟了的乳猪，簸箕周围摆放着七碗稀饭和七杯淡黄色的米酒。在我的印象中，祭祀是主人家的事情，客人似乎不便靠近。但主人让我们在供桌前分两排坐下，他向祖先斟三次酒后，恭敬地请老韦到桌前。只见老韦恭恭敬敬地站在供桌前，首先说了几句精练的祝福之语，然后用右手在乳猪的头、背、尾分别做了一个掐的动作并将肉掷于地上，接着用筷子蘸着酒杯里的酒滴在地上并举杯一饮而尽，最后端上一碗猪血稀饭站到一边吃起来。他用眼神暗示我们也要像他一样完成这个程序，一行五人依次进行。

祭祀结束，我们被安排到客厅坐下，主人们又是一番忙碌，切肉片、砍骨头、分内脏、吊汤、制辣椒蘸料、打米酒，刚才的一头乳猪变成七盘八碟，方形的坨坨肉、白色的肉片、猪蹄子、猪耳朵、猪肝、猪粉肠、猪心舌、菜豆腐、大叶韭菜等，分门别类，摆满了一大桌子。斟好酒之后，老韦示意我把录音笔弄成开启模式并严肃地说，最先的三杯酒，谁都得老老实实地喝干。酒过三巡之后，大家的话匣子打开，谈天说地，尽情地喝酒，大块地吃肉。乳猪肉味道鲜嫩，既能直接蘸着干蘸凉着吃，又能拿到滚烫的汤锅里涮着吃，一口低度米酒加上一筷乳猪肉，真是一口一个味道。

美酒佳肴和主人的殷殷盛情让我们这些城里的客人有些忘记了“吃相”，只顾着尽兴地吃喝，而酒量大的老韦则有意识地把话题引向我们的调查内容，我们在酒桌上完成了两个多小时的深度访谈。临近尾声，要喝“交杯酒”。在主人的指点下，全体起立，每一个人的右手端着酒杯递到右边的人的面前，左手则接着左边的人递过来的酒杯，使每一只酒杯都是由相邻两个人的两只手拿着，这样就围成了一个大圆圈，主人一声令下，大家齐声喊“秀”“秀”“秀”（水语，干杯的意思）三声，然后把左边的人递来的酒一口气喝干。在我们即将离开的时候，北京的普老师忍不住又舀了一碗猪血稀饭呼噜呼噜地喝下。老乡说，这稀饭是用刚才煮猪肉的原汤煮的，加上猪血文火熬制而成，在快熟的时候再扭一把大叶韭菜放进去，你说这样原汁原味的稀饭会不好吃吗？

在返回的路上，老韦说乳猪待客是水族社会最高的礼节，老乡把我们视为最尊贵的客人，这样的礼遇在南方少数民族中是少有的。

金门方言社区花米饭的习俗情思*

李文萍（云南民族大学）

这两年来，我频繁游历于滇、桂、琼金门方言社区，即云南、广西瑶族（蓝靛瑶、花头瑶等）村寨和海南苗族村寨，所相处的全是自称“金门”['gim]['mun]（意为“山里人”）的一群人，其皆操苗瑶语族瑶语支勉金方言之金门土语，同尊神犬盘瓠为始祖。

2017 年 3 月 28 日，云南河口瑶山乡牛塘村蕉苞寨盘正荣得知我要去他家过“三月三”，欣喜不已，次日清晨 4 点多就将其孙女和孙女婿从被窝里喊起，令他俩开车把我从瑶山乡水槽村村公所接至蕉苞寨。29 日上午 7 点 30 分左右，因滂沱大雨，我胆战心惊地走了近 15 分钟泥泞湿滑的山间小路才到盘叔叔家。已颇熟络的盘叔叔和李阿姨早已在家门口候着我，见我来到先是开心叙旧一番。其间，盘叔叔突然对李阿姨说了句：“准备杀一只鸡。”一听这话，我想起初来此地时他们准备了鸡、鸭、猪等各种美味招待我，实在不愿其再这般破费款待我，便急说：“叔叔，咱都这么熟了，就不要再为我的到来而杀鸡宰鸭啦！”盘叔叔说：

---

* 本文获“云南省研究生学术新人奖”资助。

染饭草

“小李呀，杀鸡是为了三月三祭祖，不是为了你嘛。”我真松了口气，也为自己褪去几分“他者”色彩而暗喜。我见李阿姨要去儿媳妇家帮忙做花米饭，便拉上其孙女一同前往，盘叔叔不屑地说:“两个老婆子做花米饭有什么好看的！”

李阿姨一边忙活着做花米饭，一边向我介绍瑶山乡蓝靛瑶通常做青、红、黄这三色饭，原材料为白糯米、染饭草和野生黄姜。他们管染饭草叫[ˈnʌŋ][ˈlɑːm]，该植物叶子捣碎后拌上禾杆灰置水里煮可使水变青色，其茎在火上燎烤发烫后置于沸水浸泡可使水呈红色，黄姜舂碎后置热水中可使水变黄色。她们把淘洗好的糯米放入滤去渣滓的染饭水，浸泡半个小时左右，糯米成功染色后就被置于铁三脚火塘上蒸。蒸熟的花米饭被倒在洗净的大片芭蕉叶上，色泽艳丽、清香扑鼻。李阿姨盛一小把花米饭递给我说:“尝尝，纯天然染制的花米饭，健康美味。”果不其然，色、香、味俱全的花米饭让我品尝到了大自然的味道。盘叔

三色花米饭

叔说："盘古开天辟地，我们祖辈很早以前就会做花米饭了。不论我们走到哪都栽种染饭草，它染出的饭很香、很健康。三月三是我们拉龙祭祖的日子，相当于汉族清明节。花米饭像三月里盛开的缤纷花朵，老祖公们见到花米饭就晓得春天来到，他们自然和和乐乐。在祭祖仪式中，我们念经并对花米饭做三道敕变：第一变使其成为老祖公在阴间可享用到的花米饭；第二变使其成为青、红、黄三色龙并引它们进祖先坟墓以滋养坟墓；第三变使其成为五方龙，东、南、西、北方和中央各一条龙以守护祖先坟墓。我们在每一道敕变时都需聚精会神、意念集中。祖先坟墓如果没有龙的滋养和守护，阳间子孙不易兴旺发达。"不得不说，瑶山乡蓝靛瑶花米饭作为其传统习俗是该族群智慧与勤劳的见证，且富含宗教意蕴。

时空转换，五天前，我于海南琼中烟园村这一金门方言社区也邂逅了花米饭，颜色为黑、红、黄三色，原材料为白糯米、枫树叶、染饭草和野生黄姜。邓姐姐等人把枫树叶采回捣碎置于清水浸泡一周，后将枫叶汁煮开至黑色，称枫树叶有驱邪功效，煮时不可沸腾过久以防其失去染黑活性，煮好的枫叶汁待放凉一分钟后放入淘洗好的糯米浸染。他们所用染饭草与云南瑶山乡的一样，只是不择茎叶，直接加清水煮开使水呈红色，经此法染制的米饭偏酒红，而瑶山乡的偏紫红。黄色饭的染制则与瑶山乡基本无差。邓阿姨说："三月三是我们家人团聚的节日，花米饭是代代相传的手艺，家家户户都会这么做，这几年黎族把我们做花米饭的方法学去了。我们以前原本做五色花米饭：黑、红、黄、青、白，青色染饭草有点难栽种，白色就是平常的白糯米饭。"蒋叔叔说："听老人讲，五色花米饭是为纪念初到海南的苗族祖辈，他们是盘、李、邓、赵、蒋五姓兄弟，大约五百年前从广西漂洋过海到海南岛，后来五姓兄弟为生计奔散四处，但约定每年三月初三团聚。五色花米饭每一种颜色代表一个姓氏，我们后人三月三做花米饭以庆祝团圆。"海南烟园村苗族花米饭尝着也是自然清香的味道，但它让我感知的并非宗教意蕴，而是有关族群迁徙的历史印记。

每逢三月三时节，想必我国各地自称"金门"的这群人吃着的不仅是色泽绚丽、健康美味的花米饭，还是蕴含其中的一份习俗情思，尽管这情思有地域性差异，但大概皆不离饮食人类学家萨顿口中"唤起的感受"(evocative sense)。

与穗大妈在一起的日子

龚浩群（中央民族大学）

2003 年我在泰国阿瑜陀耶府的曲乡开展田野调查时，有幸结识了平姐一家人。在平姐家居住了半年之后，我的导师要求我换一家居住，为的是获得不同的视角和体验不同的生活方式。平姐和她的姐妹们商量后选择了穗大妈，并得到了穗大妈的同意。

穗大妈是平姐的姑姑，当时六十来岁。她的丈夫早就去世了，独生女儿硕士毕业，在府城的公司工作，每星期都回来探望母亲。大妈在家中开了杂货店，出售自制的甜品，也卖椰子、鸡蛋等日常食品以及油米酱盐等必需品。大妈家的食品柜里永远都有好吃的，她的外甥和甥孙常来这里吃饭，不管我什么时候回家，也都能找到可口的食物补充能量。家里的卧室只有二十平方米左右，为了让我更好地休息，大妈让我睡在卧室最里边唯一的一张床上，而她自己却在一旁席地而卧。这让我十分过意不去，尤其是在泰国，人们很强调长辈与晚辈的高低之分，我处在比长辈高的位置，实在是“大逆不道”。可是大妈坚持这么做，因为她每天五点就得起床准备各种杂货，如果让我睡地上，她担心出入时会将我惊醒。

勤勉是穗大妈留给我的最深刻的印象。村里人家有宴会的时候，往往会来大妈家购买椰浆。大妈家里总是堆满了椰子，她用长刀将椰子劈开两半，然后用机器将椰子肉打成粉末，再将椰肉末倒入清水中，用手淘洗，直到清水变成了浓浓的椰浆。椰肉末可以淘洗两三回，第一回淘出来的椰浆是最浓香的，一般会将前后几次淘出来的椰浆均匀地混合在一起，然后再用塑料袋装起来，扎紧，接着就可以出售了。泰餐的各种汤羹和甜点中总会用到椰浆，做炖菜时椰浆太浓则汤汁过于黏稠，椰浆太稀则汤汁过于清淡，因此椰浆的浓度十分关键。

最麻烦的是制作咖喱酱。泰餐中几乎每道大餐都离不开咖喱酱，咖喱酱通常分为绿甜咖喱和红辣咖喱。绿甜咖喱的口味清淡一些，有一点甜，一般用来烧制白肉和蔬菜，如鸡肉、虾肉和茄子等。红咖喱的口味浓烈，更辣，一般用来炖猪肉和牛肉。制作炖菜的关键在于咖喱酱，有了好的咖喱酱就成功了多半，因为烹饪方法本身是很简单的。穗大妈让我见识了咖喱酱的做法，尤其是红辣咖喱。红辣咖喱的主要原料有干红辣椒、红葱头、南姜、大蒜、香茅草和虾酱等。遇到有人家办酒席，穗大妈就要早早起床开始准备制作咖喱酱，将各种原料清洗干净并晾干。尽管最后是用机器将各种原料研磨粉碎，但是为了保证各种香料充分释放其芬芳，需要先将香茅草、红葱头和南姜等原料切碎或捣碎，这是一项单调繁复的工作。今天当我回忆起穗大妈的时候，我脑海中的画面就是她长年累月地盘腿坐在家门口的木地板上，不停地用石臼捣着各种香料，空气中弥漫着香辣的气息。

令我印象深刻的还有和穗大妈一起做粉蕉糯米糕（khao-tom）

的情景。在僧人出安居期的那一天，人们会用粉蕉糯米糕来施僧。粉蕉糯米糕是用芭蕉叶包裹糯米、黑豆和芭蕉蒸制而成，入口香甜滑润，做法类似我们的粽子。穗大妈做的粉蕉糯米糕物美价廉，到了临近出安居期的日子顾客更是络绎不绝，甚至要预订才能买到手。为此，穗大妈奋战了四天，提前准备好原料，半夜两点就起床裹粉蕉糯米糕，一大早就蒸熟待售了。

我和穗大妈在一起生活了两个月，在此期间我体会到泰餐烹饪中最基础的步骤——制作椰浆和咖喱酱，也体会到节令性食品如粉蕉糯米糕的制作过程。在一起捣制咖喱酱的时候，穗大妈无意当中会和我谈论起村子的“隐私”，比如家庭纠纷、欺骗行为、婚外情、吝啬的人、赌徒酒鬼的行径，等等，这些闲话使我对当地人的私生活和人性有了更丰富的理解。生活就如咖喱酱，香辣酸甜，五味杂陈。2009 年到 2015 年我三次回到曲乡，也再次见到穗大妈熟悉的身影。好久不见，再见还是那么熟悉和温暖。

后“知”后“味”螺蛳粉

林敏霞（浙江师范大学）

有一种说法，一个人在童年到青少年时期所吃的食物，将成为他一辈子的饮食习惯和口味偏好，远走他乡之后，必会积淀成乡愁和怀旧。我一直坚信如此。然而在“异文化”的人类学田野作业中，田野点的食物，不仅使我感受到了这个文化核心，也改变了我的味觉、我的肠胃，乃至我日后怀旧的方式。

我的田野点在广西，改变我的味觉习惯和日后怀旧方式的食物是广西的粉。不论是螺蛳粉、老友粉或者是桂林米粉，其粉之柔韧滑爽，汤之酸、爽、鲜、辣、香，已经编入我的味蕾基因，抹之不去，历久弥新。

作为“异文化”的广西带给我最大的“文化震撼”是吃螺蛳粉。来自柳州的室友阿璞对我说，来广西一定要吃螺蛳粉，你会喜爱上它。我对这话不以为然。她带我去的螺蛳粉店面实在是简陋，还感觉油腻腻、脏兮兮的。对着马路摆放的那一大锅煮了又煮的螺蛳粉汤，汤面上漂浮一层红红的辣椒油，也让自小在浙江海边长大、习惯清淡鲜咸口味的我，心里发怵。弥漫于空气中的螺蛳粉特有的“辣臭”味，亦令我不习惯。我好奇店里络绎不绝的食客无比满足过瘾的神态。

所以，螺蛳粉对于我的“文化震撼”在于，我如此不以为意的食物，缘何在当地人看来是无上的美味。那些我日后十分怀念的腐竹、花生米、酸笋等配料，当时觉得太过平常，不登大雅之堂；更不用说用螺蛳肉、三奈、八角、肉桂、丁香、辣椒等熬制的汤，当时只感觉酸臭辣臭难忍。然而，就如阿璞所说的，我终究是彻底喜爱上它。这种喜爱是不知不觉，悄然地发生，猛然被发现的。

我在广西民族大学学习人类学，也在南宁一带的平话人村落做人类学的调查。只是我的身体一直没有适应广西夏天的闷热和冬日的湿冷，这种气候的不适应，时常会引发我异乡人的彷徨和孤寂。这期间，常被同学吆喝着一起去吃一碗螺蛳粉。可能自己一直以“客居”的态度面对这片土地，第一次没好感的“文化震撼”后，我也始终没打算在心里接受它。直到有一次，我突然间像吸烟的人犯了烟瘾，渴望着立即吃上一碗螺蛳粉，我才猛然发现自己身体早已在不知不觉之间依赖上它。

那是一个夏天，我从一个平话人村落田野调查完回到学校，满身疲倦，只想着能好好放松。于是室友秋恒陪着我去逛街，都市的繁华令刚从田野回来的我有一种恍如隔世之感。恍惚间，听见她问我：“师姐，你想吃什么？今天我请你吃哦！”就在那一刻，我突然口内生涎，舌头微麻，自然而然地回她说：“吃螺蛳粉吧，突然很想吃一碗螺蛳粉。”

至此之后，想吃一碗螺蛳粉的念头隔三差五冒出来。我知道，我的身体终于适应了南方的闷热和湿冷，是身体自己发出信号要食用螺蛳粉来祛除闷热或湿冷。一旦这种陌生的、原来是自己抗拒的味道成为身体记忆后，对它的想念几乎是要伴随终生了。

更为奇特的是，离开广西后，对于螺蛳粉味道的怀念中，竟然融进去一份曾被我定位为“临时居所”之地的乡愁。我不仅怀念螺蛳粉独有的那种酸、爽、鲜、辣、香、臭，我也怀念广西那种潮湿闷热的天气，仿佛只有在那黏热的天气里，蹲在街头被熏染成“油腻腻”的螺蛳粉店里吃上一碗螺蛳粉，才是最最应景和过瘾的。

数年后，我已经在浙江金华的大学中工作。有一年夏天，因工作之需去往金华职业技术学院，发现附近开有一家螺蛳粉店，我一阵喜悦，立刻进店点了一份，过起嘴瘾。我窃以为终于在工作之地寻得可慰藉相思的地方了。可惜像我这样，因为在广西的“田野”浸染，而把异地食物编入自己的味觉基因和身体记忆中的人终究是凤毛麟角，这家广西人开的店没多久就关闭了。

寻店不易，又委实怀念，就从网上购买，在家自己煮着吃。但终究少了气候、物候和习俗所积淀起来的饮食的“文化空间”感。

于是，乡愁，在这回不去的过往、到不了的远方里，不仅有我自小生长的沿海小渔村的稀粥和鱼干，也滋长出另一层似是原生般的记忆：广西闷热街头螺蛳粉店里飘出来的“辣臭”，汤的鲜辣、粉的韧爽、酸笋的浓郁、腐竹的香脆，带着秩序的市井嘈杂。两种记忆各自独立，又叠加在一起，仿佛因此多了一份人生体验，但也因此有时候不知道自己归属于哪里。无论如何，这份后知后觉关于食物味道的念想，已经融为生命的底色，终会伴随一生。

赫哲族的杀生鱼

孙　岩（重庆师范大学）

“乌苏里江来长又长，蓝蓝的江水起波浪，赫哲人撒开千张网，船儿满江鱼满舱……”作为生活在乌苏里江边的赫哲族人，没有人不知道郭颂先生的这首佳作，时不时还要哼唱几句。赫哲族人每年都要喝几口家乡的江水，吃上几回家乡的鱼，否则犹如失魂的“阔里”[①]。2017 年谷雨过后，调整课程安排，我带着儿时记忆，经过三天三夜的长途跋涉，终于回到了家，双亲看我回来，甚是高兴。记忆中的乌苏里江开江，场面壮观，气势磅礴。与往年相比，这一年家乡这个季节的天气格外的冷，但乌苏里江已经开江了。儿时记忆中的开江场面并未看见，略微有些失落。

提及乌苏里江开江，还是很有趣的。我们常常听说古代有文武状元，是否听过乌苏里江开江也有文武之分呢？所谓的“文开江”是指冲击力比较小的开江方式，江面的冰块慢慢融化；而“武开江”则是冲击力较大的开江方式，冰封的江面会发出巨大响声，千奇百怪的冰排顺江而下，景象壮观。据当地水文资料显示，乌苏里江已经连续 32 年“文开江”了。

---

① 阔里，赫哲语，指鹰。

江水一开，春来到，家家户户捕鱼忙。在家休息了一晚，第二天凌晨三点半起床，家人开始准备下江捕鱼的装备，雨裤、靴子、救生衣是捕鱼必备的。许久没有下过江了，父母了解我此次回来的目的，一早就为我准备好了所有的装备。同时，也准备好了祭江（俄杜拉色温）物品。早先的赫哲族人们下江捕鱼，还要选择一个黄道吉日，邀请一位族内有声望的萨满祭江。如今，祭江的形式尤在，但已淡化了许多，有些赫哲族聚住地将其演变成一种旅游文化产业，每年都要承办很隆重的开江节。抚远地区的开江节，大多由 58 岁的尤军团长带领赫哲族群众艺术团来完成。尤军叔叔，赫哲族尤氏家族的代表，他是一位热衷于赫哲族民族传统文化传承与发展的族人，在当地族内有一定的声望，他带领的赫哲族群众艺术团每年参加文化交流活动几十场。

在清晨六点一刻，我便跟着赫哲族渔民来到江边，一眼望去，江沿儿上整整齐齐地停泊着整装待发的渔船。在赫哲族渔家的船头，大多摆放着一个供桌，也有一些人家在地上摆放一块红布，将祭品放在供桌或红布上。而我们家常采用前一种方式祭江，只不过供品有所不同，是一只活公鸡。祭祀活动很快就开始了，燃香、敬酒、祝词、杀鸡、垛布、放炮、起锚，将所有祭品随船投入江中。祭江活动在当地这个时节很热闹，备受一些游客与当地民众的关注。

我跟随着父亲多年的合作伙伴费叔，驾驶着现代化的渔船，开始了乌苏里江捕鱼之旅。乌苏里江是中国黑龙江支流，为中俄界河。乌苏里江沿岸风光秀丽，景色宜人。因乌苏里江沿岸没有工业，便保证了水质优良，鱼产品丰富。我与费叔很快到达了捕鱼地点，将事先整理好的渔网撒入江中。我已经很久没有干过这种活了，有些生疏。我与费叔在候网的时候，拉拉家常，吹吹牛。一个小时后，起网收鱼。说实在的，起网是最考验体力的时刻。我费力地一点点拽网，双手被冰冷的江水打得生疼。拽了好一会儿，也未见一条鱼，有些失望。正在我无精打采地拽网时，突感有些费力，手上有些重，我急呼："有鱼了！有鱼了！"拽到船舷一看，原来是块木头，又恼又气。此时，费叔在一旁已笑得合不拢嘴啦。苍天不负有心人，在这一片儿网即将拽完时，一条活蹦乱跳的鲤鱼出现在我们眼前，江面霎时泛起浪花。我们加快速度，用抄网将鲤鱼捞起。看着这条七八斤重的鲤鱼，我特别高兴，因为今天中午鱼宴中的主菜有着落了。后来，我们又下了两片儿网，在回家时，也捕到了大大小小不少的鱼。

带着上午捕到的鱼，我兴致勃勃地回到家中，父母也格外高兴。我的父亲最喜欢吃鱼，不仅喜欢吃，而且还会做，家里人都喜欢吃他做的鱼。杀生鱼是赫哲族宴席中最常见的菜，也是最受欢迎的，常常在家宴中作为主菜。制作这道菜，对鱼的选择也有一定的讲究，即不用养殖鱼，不用死鱼。父亲首先将鲤鱼放血，放血的位置不在头部，而是在尾部；其次，待鱼血放尽，去除鱼内脏，沿鱼背鳍部将鱼肉从鱼骨上剃下，只留鱼骨架；接着，将剃下来的带皮的鱼肉切成条状，切的过程中不能将鱼皮切破，这是很考验刀功的；最后，将鱼肉条从鱼皮上剃下来，肉与皮分开。处理好的鱼肉一部分直接放入冷盘中，一部分放入当地米醋中浸泡，鱼皮则要放入锅里清炒一下备用（鱼皮清炒，不仅为了将鱼皮与鱼鳞分开，更重要的是将鱼皮炒熟增味）。父亲打算做两种杀生鱼，一种是赫哲族传统的杀生鱼，将放入冷盘中的鱼肉，直接蘸盐食用，口感清脆，鲜香无比。另一种是改良后的杀生鱼，将放入米醋中浸泡的鱼肉，搭配时蔬，配上鱼皮丝、辣椒油等凉拌。做这道菜时，鱼肉切记不能放醋中浸泡太久，否则会影响鱼的鲜美。除此之外，父母还准备了鱼丸子、红焖鲫鱼、鱼骨架炖豆腐、炒鱼毛、塔拉哈、葱拌马哈鱼籽酱、刨花生鱼片、凉拌鱼筋……“端起喷香的美酒，赫尼那！放开动情的歌喉，赫尼那！欢迎归家的孩子，赫尼那！热血奔涌在心头！啊唧！赫雷赫雷赫尼那！赫雷赫雷赫尼那！得！得！得！阿根儿那！”家宴在美妙的民族歌声中进行着。不一会儿的工夫，一盆杀生鱼已被家人们吃光，连生鱼汤也没有剩下。

杀生鱼是赫哲族宴席中必备的菜品，不仅深受当地人们的喜爱，还深受旅游观光者们的喜欢。甚至，有许多曾在这片土地上奉献青春的知青，他们不远千里携妻带子回第二故乡探亲，吃鱼，回味青春。此菜的烹饪方法看上去简单，但并非所有的鱼都可以制作，唯有乌苏里江江水孕育出来的无污染的冷水鱼才是最好的食材。

窑洞里的手工臊子面

徐黎丽（兰州大学）

众所周知，陕甘宁边区是革命老区，“小米加步枪”是革命时代的生活写照。直到现在，咸菜、小米粥加馍仍然是当地农家的典型早饭。对于劳作一上午饥肠辘辘的农人来说，午饭就至关重要，因为他们至今仍然保持着一日两餐的传统饮食习惯。典型的午饭就是麦面做成的臊子面。

麦面是细粮，年景不好时只有在待客或过节时才能吃到；但在丰收的年景里就成为平常人家必备的午饭。它的做法并不复杂，将麦面和好，揉面、醒好后，用擀面杖擀成薄薄的圆形面饼后叠加起来，用刀切成细细的长面。切的面是否薄而细且下锅不烂则是检验新娶媳妇是否能干的标准之一。臊子则是将切好的腌猪肉、洋芋、豆腐丁、木耳或豆角丁倒入烧烫的炝上辣椒面的油锅中并翻炒几个来回后，加上盐、凉水烧开后炖几分钟，再将事先摊好的鸡蛋饼或蛋花、葱花、香菜末倒入即可。虽然臊子中的材料随着改革开放后外地菜的输入有增加或替换，调料也随各家喜好而不同，但面仍然是手工面，臊子仍然沿袭炝炒煎的做法。细长的手工面，伴上热气腾腾的臊子，吃到辛苦半天的农人嘴里，鲜香温暖，百吃不厌。臊子面就成为陕甘宁边区种麦区具有代表性的面食。但我要讲的臊子面，却是在陕甘宁边区窑洞里吃的手工臊子面。

在窑洞里吃臊子面与我们在街边小店中吃，感受完全不一样。窑洞是陕甘宁边区民众的特有民居，从外形上来说可以分为明庄窑、地坑院窑和箍窑。明庄窑是在具有红胶泥质的土崖上沿土崖面向下挖成庄面，然后在庄面上打窑洞，窑洞以单数计，其中最中间的那孔窑洞毫无例外地就成为灶窑，即做饭的窑洞。传统灶窑的布局一般如下：离门 2 米的左方是土木结构的炕，向里就是灶台，灶台后面则是烧火的地方。有些人家的地窑是在堆放柴的左墙边挖小窑洞。再向里则是案板，案板上方是放调料、碗碟、盆罐的木架。最里面是粮屯所在地。在窑洞的右面，从内向外依次排放面缸、水缸、木柜。由于灶窑需要烧火，灶台与炕连通，炕自然就是最暖和的地方，做好饭后，一家人就在炕上吃饭。

一般来说，如果中午打算吃臊子面，就在早饭后把面和好揉好，放在盆里醒着。从地里回来的媳妇进门就洗手和面，切臊子做汤，母亲则帮助烧火，不过半个小时，伴着红红的油、黄黄的鸡蛋和白细面条的臊子面就端上了支在炕中间的饭桌上。爷爷奶奶坐在靠墙的上座，第一碗面递给爷爷，之后依次是奶奶、爸爸、妈妈及孙子孙女，媳妇因给大家煮面煎汤自然就落在最后吃。一家人围坐在温暖的炕上有一句没一句地拉着家常，吃热气腾腾的臊子面，那光景是坐在饭馆中说“老板，来一碗臊子面”所无法相比的。

1969 年秋天，我家在上山下乡运动中被下放到陕甘宁边区西部的子午岭西侧泾水支流区域，即今天的甘肃庆阳市东部，插队落户。一孔窑洞就是全家人生活的家，乡亲们招待我们的第一顿饭就是臊子面。坐在陌生而温暖的炕上吃过臊子面后，一路劳顿消去大半；十年以后，当我们含着眼泪离开村庄时，乡亲们还是让我们坐在早已熟悉的炕上吃臊子面；四十年以后，当母亲去世后，我又回到养育我的村庄，乡亲们仍然让我坐在久违的热炕上，并用时常在梦里吃到的臊子面招待我。如今当父母的坟头都在村庄时，无论我去海外访学看黄头发蓝眼睛的人吃意大利面，或是住在兰州看南来北往的客人吃牛肉面，心里念念不忘的仍是臊子面。因为臊子面是家乡的饭，是乡亲们的情和父母的恩。

江畔野餐

徐伟兵（浙江省社会科学院）

在西双版纳做田野调查，一晃已十年。从住在寺庙，到被认为义子，我是吃着百家饭长大的。傣家的饮食，正式到一顿宴席，简单到一团米饭，总是让我暗自庆幸来对了地方。除了岁时节庆、重大礼仪时的觥筹交错外，令人印象深刻的是几次江畔野餐。

最早的一次野餐，是在 2012 年 10 月的月末。彼时正是雨季结束，开门节[①]过后约半个月，也正是“砍刀鱼”洄游至罗梭江（澜沧江支流）上游产卵后顺流下游的季节。那天，附近寨子的大佛爷[②]照例到曼景[③]参加僧团议事，会后提议一起去江边野餐。

大佛爷打了几通电话，不一会儿来了位年轻后生，带上两位大佛爷（另一位是曼景大佛爷）和我，沿着江边小路开去。山路

① 每年公历 7 月中旬到 10 月中旬，是南传上座部佛教的雨安居，开始和结束时分别俗称“关门节”和“开门节”。

② 大佛爷是对村寨寺庙住持的俗称。文中提到的大佛爷是笔者最重要的报道人，此处隐其名字。

③ 曼景是笔者调查的田野点，属勐腊县勐仑镇，此处为化名。曼景的佛寺是勐仑地区的中心佛寺，是故每隔半月，其他村寨的大佛爷都会集中到曼景佛寺，佛教语称为“羯磨”。

两旁除傣人打理的稻田和菜园外，尽是遮天蔽日的胶林。不过二十分钟车程，在一个路口停车，穿过一片蕉林和竹林后，便看见大佛爷的教父已在岸边的小舟上等待我们。江面不算宽阔，江水也并不浑浊，舟过江中，可见在不远处的急流浅滩处，搭建有一座大型的 V 形竹制鱼坝。对岸就是大佛爷教父建盖的临时竹舍，掩映在浓密的翠竹丛中，以做平日捕鱼时的休息之用。看样子，今天的野餐主要就是吃鱼了。

搭建这样的鱼坝，花费的工夫自不待说，且要遵循时间规律。一则雨季时江水上涨浑浊，无法搭建捕鱼设施，二则此时正是砍刀鱼的洄游时节，鱼坝设施有利于大量捕获。傣语称砍刀鱼为“巴啪啦和”，直译为（像）汉人大砍刀一样的鱼，很遗憾至今未能查到其学名。相较于江中常捕获的“红尾巴鱼”（红尾副鳅）、罗非鱼、鲤鱼、重达百斤的“面瓜鱼”（巨魾）和“长胡子

勐仑罗梭江

野餐中新捕的“砍刀鱼”

鱼”（丝尾鳠），砍刀鱼一年一获，堪称珍稀。

因为大佛爷是上宾，我作为大佛爷的随行同受礼遇，主人家热情地招待我们在竹屋内休息。我们几人在竹屋中欣赏风景、闲聊，大佛爷的教父在鱼坝间划舟往返，其妻则在竹屋一侧生火烧水，准备餐食。约莫一个小时后，主人夫妇已将吃食准备稳当。烤肉、水煮粉肠、竹虫、包烧肉、糯米饭团、干蘸（与其他香料混合的辣椒末）和“喃咪”（用水调制的蘸料），是主人夫妇从家中带来在现场制作的，最后上桌的是主菜砍刀鱼——码放在小桌中间的芭蕉叶上。主人往返几次后获得的砍刀鱼有三十来条，长不过三寸，以竹签穿起，未施任何作料，炭火炙烤，其味与秋刀鱼类同。大佛爷问我：“甜吗？这种鱼就这样烤熟了才甜，不像其他（鱼）要拿酸叶或香茅草来配。”“甜”的形容，以我之后的经验来看，是对鱼这种食物的最好评价。如大佛爷所言，香茅草烤罗非鱼、酸叶煮面瓜鱼、江鳅（江团、鮰鱼）煮粉条等，是傣人吃鱼的固定搭配经验，各得其所，相得益彰。而砍刀鱼确实是我在西双版纳傣家吃过的最美味的鱼，虽然可以配上干蘸，但终究不及其本味来得鲜美和纯粹。

在江畔野餐，不仅可以领略风景，便于煮食，也能就近取材，从江中获取鱼类之外的食材，如青苔①、水蜈蚣（水夹子）、蜻蜓的虫卵等。我在另一次与村民的野餐中，看见男人通过撒网获取小鱼，女人则在浅滩处翻找石头下的水蜈蚣。小鱼一般配上姜或香料用芭蕉叶裹扎起来放入火炭中焖烧；也可以就地砍伐竹子，削去竹子青色的外皮，将小鱼、盐巴等装入竹筒，置于火上和水煮成鱼汤。傣人做鱼，一般并不去除内脏，因此，和油炸的富含高蛋白的水蜈蚣一样，初食者未必能立刻接受。

一次野餐，要携带的主要物品是盐巴、干辣子、饭团，以及砍刀、捕鱼的渔网等。男人的主要工作就是抓鱼，只要有耐心并方法得当，一顿野餐的鱼是足够的，女人则会寻找一些野菜，清洗食材和生火烧烤。我在最近一次和村民的野餐中，很幸运地遇见采集苦笋的村中妇女，乘坐三四条小船漂流而下，看见我们在江边生火，将舟靠近，大方地送出一大袋苦笋。在我此前的经验中，苦笋并非可食之物。傣人一般将其丢入火中，任其烤焦后，去皮蘸“番茄喃咪”（以番茄为主料配以盐巴、辣椒和香料调制

---

① 傣人常在 12 月采集水中青苔，经过不断捶打漂洗，置于草排上晾晒，并洒上姜末、辣子末、盐巴混合的水，增加滋味。食时将青苔切成小片油炸，或油炸后捣碎成末蘸饭吃。

的蘸水）同食，那天因为无法就近获得番茄，众人只好蘸着干辣椒末和盐巴就食，其味苦不堪言，但苦尽甘来，别有滋味。

傣人的江畔野餐并非心血来潮，这可能是长期野外劳作形成的习惯和趣味。除年老者因为行动不便外，中青年群体常结伴在江边野餐。外人常言傣家是水一样的民族，此言不虚，临水而居，江畔炊食，对于傣人而言，是生活的一部分，乐在其中。时至今日，村人若在开门节给我打电话，总不忘说“你爱吃的砍刀鱼就要来了”，我不晓得这样的名声是如何传出去的，但江畔野餐所留下的深刻味觉记忆，是我和傣人共享的。我真心地感谢和想念可爱的傣人同胞。

乡味难离：酸水与户撒过手米线

乔　纲（淮阴工学院）

2013 年 1 月到 2 月，我在云南省德宏州的陇川县户撒阿昌族自治乡做田野调查。春节将至，不少在外地的村民纷纷返乡，很多村寨在办喜事、竖新房，赶街的时候也是热闹非常。每到这个时候都能看到当地人吃过手米线，把米线放到手上，同时放上用酸水拌好的调料一并吞入口中。我和同学在赶街的集市上吃过一次，新鲜爽口，酸辣鲜香，回味无穷。

2 月初，我去了保平山喇起寨，走访了当地做户撒米线的人家。在寸大哥和梁大姐的家里见到了米线的加工过程。梁大姐说现在的米线多是机器压制而成，各地口感都差不多，但是唯独户撒的过手米线只有在户撒才能吃到。这个秘诀就是拌料当中的酸水，这种酸水只有用户撒的水土才能够做出来。

晚上 10 点多，梁大姐在水池里面反复冲洗粳米。凌晨五点多的时候，寸大哥和梁大姐开始忙着用机器把粳米打粉、冲洗、加工米线并晾干。寸大哥忙完冲洗工作就去田地里干活，梁大姐和她的婆婆两个人忙着做米线。梁大姐指着在烤火的地方放置的两个大桶，对我说酸水就是从那里做出来的。她把萝卜叶舂碎，用水洗干净放进去，加入开水，再把米粉水倒进罐子里，放置在烤火的地方5天左右即可做出酸水。

再过一周就是春节，寸大哥的兄弟要从昆明回来过节，梁大姐做的这么多酸水，有一部分是要给自家兄弟带走，还有一部分是拿到街上卖。梁大姐说当地人戏称酸水为“百事可乐”，因为他们在街上都是用可乐瓶装酸水去贩卖。吃户撒过手米线需要加拌料，而酸水的味道必不可少。梁大姐说，寸大哥的弟弟们在昆明开食馆的地方问过，有卖米线的，就是没有酸水卖。弟弟一家馋了的时候就自己做，但是怎么做都做不出户撒的味道。

寸大哥说只有在户撒才能够做出户撒的过手米线，没了户撒的水土，做不出酸水。人能够离乡离土，乡味却离不开故乡的水土，这种说法在我听来倒是格外有趣。当地有几户做米线的人家说，逢年过节总会有人来买酸水，也有附近开食馆做户撒过手米线的来买酸水，他们就一桶一桶地运走。在我搭乘前往瑞丽的小巴上，我倒是有幸见过装酸水的水桶和一袋袋的米线被运上车，人和米线还有酸水同在一辆车上，倒是让这种乡味难离故土的说法多了几分可信度。

户撒过手米线的确没有走出更远的地方，我也难以找出什么科学依据来解释这种现象。但是一方水土养一方人，户撒人的口味和水土确实有着不可割舍的联系。人能够离开故土，却难以在异地复制家乡的味道。看着一桶桶被运走的酸水，想着当地人说的话，我只能感慨乡味难离。对于那些身处外地的户撒人，与其说难离乡味，不如说在他们的内心深处难舍故土，二者互为牵绊。逢年过节回到户撒尝尝过手米线，再带着一桶桶的酸水，带着故乡的味道渐行渐远。无论走多远，靠着味道，人与乡土的联系却是断不了的。

“龙凤呈祥”

余　华（上海外国语大学）

阿菜家住湘西凤凰铜锣观半山坡，大块土砖垒成的围墙中间是两扇木门，咯吱推进去，猪圈里被惊扰的母猪放声嘶叫，院子里的鸭子们也扇着翅膀嘎嘎嘎地集体往院子另一头跑。我自觉抱歉地往屋里走。阿菜妈妈，也就是我干妈，在堂屋仰着头接电话，爽朗的苗语听起来像日语。挂了电话，干妈用普通话说：“阿菜和他爸爸在田里抓了一条蛇！”我一惊：“啊？”她说：“我叫他们抓回来！他们现在回来了。”我既兴奋又有点忐忑地等着那条蛇的到来。不出十分钟，阿菜拎着一个白色编织袋回来了。走到堂屋，阿菜把蛇往大门口一扔，进里屋去了。一整个晚上，阿菜和他的哥哥、爸爸与妈妈都在用苗语讨论怎么处理这条蛇。我以为阿菜会提议把这条蛇放掉，因为曾听他说过，他们在古妖潭发现了蛇都不能直接叫蛇，要说“看到龙了”。可不一会，阿菜妈妈对我和我爸爸说：“我们明天把蛇和鸡一起炒，做个‘龙凤呈祥’吧！明天赶集我去买只鸡回来。”我爸爸积极地说：“明天赶集我去买菜！”干妈对我爸爸说：“不，你明天做大厨，你炒得好吃，你来炒！”相互推让了之后，他们决定一起去赶集。

我下午三点就早早地回到家里，巴望着“龙凤呈祥”。结果发现，我是第一个回家的。抱着电脑在堂屋的饭桌上整理田野笔记，盼着大厨们回家。然后我爸爸回来了，我们俩在堂屋一边嗑瓜子一边等阿菜从表演场下班回来。终于盼来了阿菜从咯吱的门里走出来，可是阿菜回来后屋里屋外转了好几圈都没走向堂屋外的编织袋，我着急地问："阿菜，什么时候开始做'龙凤呈祥'啊？"于是阿菜去厨房杀鸡、剖肚、取肠、洗净、切块，把准备好的鸡用盆子装好放在灶台上，然后又在屋里屋外转了一圈。我问："蛇呢？"阿菜说："蛇我不敢，要等我爸回来。"然后阿菜在厨房外用砖头搭了一个小灶台，放了几把柴，说蛇不能在厨房里做，会得罪灶王爷。阿菜的爸爸终于从鞭炮厂下班回来，回来后和阿菜商量了几句，便拎着袋子去了水池边。

我爸爸在厨房里炒鸡，阿菜在外面的灶台炒蛇，我和干妈、阿菜的嫂子都很兴奋地跑进跑出。很快，鸡的香味出来了，蛇的香味也弥散在院子里，香得鸭子们在灶前兴奋地走来走去。

过了二十分钟左右，阿菜说可以把鸡和蛇混在一起了，然后左手端着炒蛇肉的锅，右手拿着锅铲，走到厨房灶台边，一勺一勺地从大锅里把鸡肉盛出来放进蛇锅里。蛇锅越来越重，阿菜的左手臂颤抖起来。我爸劝他把锅放灶台上盛，阿菜坚持蛇不能上灶台。就在最后一勺鸡肉进锅时，突然"哐当"一声，大家都呆了，看着满地的"龙凤呈祥"，阿菜望着左手仍紧握的锅柄，说："看来老祖宗的话还是要听，蛇就不应该上灶台。"阿菜妈妈说："没关系，捡起来洗一下再炒。"从地上捡起一满锅的"龙凤呈祥"，洗了之后，放在外面的灶上炒。阿菜妈妈将山上山下几户人家的小朋友都叫来吃“龙凤呈祥”，大家在院子里围坐一大桌，说还是很好吃。阿莱则一直闷闷不乐，筷子从未伸向“龙凤呈祥”。

咖喱之味

李静玮（四川大学）

就吃的选择而言，跟东南亚比起来，在南亚要艰难得多。

东南亚近海，人们用清新开胃的香茅和鱼露烹佐海鲜，也有滋味甜美的各式玲珑点心。给我留下深刻印象的是巴厘岛海神庙边上的一个流动小摊，戴着大斗笠的本地妇女提着一篮小吃在叫卖。剥开那带着光泽的芦苇叶，里面是捏得恰到好处的糯米团子，团子是浅浅的绿色，就着海风吃，有草药一般怡人的香气。

至于南亚，每次与同仁谈到南亚的食物，大家都会露出一种极为克制，且难以言喻的表情。我脑海中便会闪现出在浮尘和尾气中出售酸辣土豆球的小摊，含糖量极高的酸奶甜团，还有人们用来吃米饭的铜制大盘子——通常他们会把白米饭、黄绿的豆汤、油黄咖喱肉、翠绿蔬菜和暗红酸辣酱统统放在盘子里，当这些食物都被灵巧的右手混在一起的时候，看上去总是令人望而生畏。

如果一定要沿着喜马拉雅的西北部，在中南半岛沿海找到一两点相似之处，其中之一应该是成分复杂的咖喱，一系列气味浓郁的香料：姜黄、胡荽子、胡椒、肉桂、辣椒、孜然和小茴香。当然，如果你对其中的某一种有特别的偏好，也可以放弃使用超市里固定配比的咖喱粉，用各种香料的粉末自制，或者将各种品牌的咖喱酱混合，以简单的方式营造出标准化之外的私房口感。

除了常见的黄咖喱，东南亚菜系中还有以红辣椒为主料的红咖喱，以及富含香茅、香葱、青柠皮的绿咖喱。三者的味道泾渭分明，就像拉贾斯坦的街头烤串之于西贡的滴漏咖啡，巴克塔普尔的老式酸奶之于曼谷超市的罐装咖喱酱。然而，在咖喱的世界里，本没有什么是不能混合搭配的。作为咖喱原词的“玛萨拉”（masala），本身是一种混合式香料的名词，在后现代语境下，它为印度新移民们所用，被用来指代具有印度特点，却又已经完成本土化适应的海外印度文化。

那么，如何理解咖喱之味？

这便要回到咖喱产生的最初，在印度这片古老而神奇的土地上，食物被分成甜、咸、酸、辣、苦、涩六种味道。六味有凉性和热性之分，分别对应着风、火、土三种能量的上升和衰减。而在每一类食物中，往往可以找到不同的味道，比如橘子的甜与酸，柚子的甜与涩，苦瓜的苦与涩。同时，还有一些食物是在一种主味下包容了六种不同的味道，像是口感清甜的牛奶，或者成分复杂难辨的咖喱。在电影《米其林情缘》的开头，印度厨师哈桑的母亲训练儿子品尝放了各种香料的汤。在她的理解里，为了创造菜品，厨师必须杀生，再让这些灵魂在锅中相互碰撞，使汤中充盈着各种生灵的精魂。“人生总有自己的味道。”这些味道如阿育吠陀式的六味观，往往相辅相成，互为表里。

于我而言，咖喱之味，也正如过去在喜马拉雅山脚下的田野生活。

当一日的调研结束，我回到位于阿尼哥公路边上的住所，总能在厨房里寻到咖喱的香味。纽瓦尔族的女主人擅长制作黄咖喱鸡，她会将洋葱切碎，用植物油煎出焦黄之色，再加入咖喱粉、辣椒炖煮片刻，最后放入少许盐、糖和青柠檬汁。待晚饭准备完毕，她便会跑到我的门前叫我。那时候，我往往正趁着暮光记田野日记，或者整理问卷材料。不过，“食”总是头等大事，每当此时我便会匆匆下楼，趁着热腾的锅气，将一块多汁的咖喱鸡放进嘴里。

这一口食物，酸甜苦辣咸，百味杂陈，但回味无尽，是一天里最大的安慰。

呀，芋头扣肉

陈洋洋（广西师范大学）

广西壮族自治区有一道菜叫芋头扣肉，属于地方传统菜肴，深受本地百姓的喜爱。菜很出名，会做的人也很多。但在老饕们的心中，这类菜肴必须到本地村宴上去享用。我在来广西之前早就耳闻这道菜异常美味，便数次去桂林各大餐馆寻味，但总觉得少了那么些味道，便总想着追源溯流，去广大的农村中去寻找。心心念念了好久，总是因为各种各样的原因，搁置了下来。

2016 年 6 月的一个晚上，一阵急促的手机铃声将我从睡梦中惊醒，我迷迷糊糊接起了电话，原来是师兄让我去柳州市乐山村。当地一位老太太去世，请了个师公班子做斋，我们要去对师公班子做斋过程进行通宵录像与记录。第二天，一张从桂林到柳州的火车票便带着我来到了乐山村。

来到乐山村是上午十点，师公们早已经开始了准备活动，挂神像、扎纸马、做灵车等。我和师兄赶紧支起了摄像机，调好焦距，准备摄影。准备完毕后，便和那些忙忙碌碌的大婶们攀谈起来。

师公们做斋时间长、强度大，不知不觉中，便已到了该吃晚饭的时候。由于拍摄过程繁忙，我从早到晚只喝了两碗稀粥，肚子早已在抗议了，等到主人一声令下，我便开动起来。同桌的一位老乡见我早已饥肠辘辘，便主动为我夹菜。我一边道谢一边定睛一看，嚯，两大块，一块是炸得卷起的肉皮，红褐色的脂肪，水汪汪地瞧向我，另一块是广西特有的槟榔芋，块头大、粉、糯，香味十足。老乡一边夹菜一边和我说："芋头扣肉是咱广西人遇到红白喜事，或是庆祝佳节都少不了的一道菜肴，你可得好好尝尝哦。"说罢，老乡又夹起一块芋头扣肉，示范起来："你瞧，要两片夹在一起吃，味道才最好。"

我夹起手中的芋头扣肉，端详了一下，便放入嘴里，狠狠地咬下一口，上面的牙齿首先突破了那层胶质感十足的肉皮，同时下面的牙齿划过软糯粉嫩的芋头，随着力度的加大，上面与下面的牙齿终于在鲜滑细腻的脂肪中完成了胜利大会师。这二者，真是天生的一对欢喜冤家。吃完这第一口，迫不及待地扒上一口饭，再来一口，天下美味不过如此吧！

快速吃完这块扣肉，我手中的筷子仿佛长了眼睛似的，冲向那美味。然而摆在我面前的却是一盏仿佛从未使用过的瓷碟，亮得刺眼。我把筷子悻悻地收回，只好作罢。

吃完晚饭，又是一轮战斗，师公们又舞起来了，老乡们也随着师公又拜了起来。

细细想来，乐山村的芋头扣肉似乎也不是最为正宗的做法，农家大厨的厨艺又是粗放而不拘小节的，其精细程度远不如桂林大饭店里的扣肉。或许是从事体力劳动后，身体机能对于食物的渴望更加强烈吧。在日常生活中，肉食中的脂肪、蛋白质能够快速地补充人体所缺失的能量，给人带来幸福感和愉悦感。在物资极度发达的今天，我们对于肉食的渴望或许已经不那么强烈了。对于肉食来源的集体记忆，除了生理上满足我们渴求油脂的欲望外，还有其他的原因吧？我们祖先的大部分食物来源于采集与狩猎，其中狩猎的难度远远大于采集，对于忙碌了一天的先民们来说，没有比一顿热腾腾的肉食，一碗舒缓自己的饮品，一个温暖的住所更加令人幸福的了。对于肉食的美好记忆，一代代流传至今，成为我们文化基因的一部分。

去帕米尔高原吃牦牛火锅

曹　静（江苏常熟康普舞蹈工作室）

我第一次造访帕米尔是在 2016 年 8 月初。对于生活在平原地区的我来说，初到祖国西陲帕米尔高原的塔什库尔干塔吉克自治县，其所带来的文化震撼是不言而喻的。那山、那水、那人、那物，在我眼里都充满异文化风情。上山途中，我用手机、相机拍个不停，目光所及之处都是美景。除了人的和善和景的壮美外，最让我回味和难忘的是帕米尔高原的特色清真牦牛肉火锅。

2017 年 8 月 21 日，我第二次探访帕米尔。早上 9 点多，我起床洗漱，吃过早餐，收拾好行李，就坐等上山司机师傅的电话。除了长途客车之外，去帕米尔的车基本都是 7 座以下的小型商务车或越野车，乘客需要自己与司机师傅联系。上高原的时间比较随意，人数凑满就出发。去年由于公路改建，再加上泥石流，导致部分路段被堵，本来 5 个小时的路程延长到 7 个多小时。随着汽车的颠簸行驶，整个人犹如坐在弹簧上反反复复地被弹起并自由落体，拉扯着身体的安全带增加了痛苦，五脏六腑都被颠了个底朝天。上车之后，我和司机师傅感慨去年乘车上山的痛苦，司机师傅爽朗地用四川话回答我："今年要不得啰！现在去帕米尔路修得很漂亮，还有隧道呢！"的确，上山道路畅通，不但有很长的公格尔隧道，还有防泥石流的高架桥。身体状态舒适了，就更有赏景的心情了，沿途的沙湖、公格尔峰、喀喇库里感觉比去年更加壮观和深邃。

我们上午 11 点出发，下午 6 点多终于到达塔什库尔干塔吉克自治县。塔什库尔干县城处在海拔 3200 多米的河谷边，周围雪山环绕，早晚温差较大。再加上海拔高，空气含氧不足，在山上生活的人和动物对维持体能的热量需求比平原要多。因此在高原高寒的帕米尔地区，牦牛肉是御寒保健、提供优质能量的最佳食物。安顿好住处，小憩一会儿，晚上 9 点，我约了两三位当地的塔吉克朋友，找了一家口碑良好的牦牛肉火锅店——“清真一品牦牛肉火锅”。店里牦牛肉火锅味道香醇浓厚、独具特色，很多食客都会选择到这里大快朵颐。

牦牛肉火锅的魅力在于原材料的优质，采用当地鲜活牦牛肉。牦牛肉和普通牛肉不同，牦牛生活在高海拔的冰寒地带，海拔四五千米的雪山山坡甚至冰舌边是它们的最爱。由于牦牛野性更足，牛儿们活得自由快乐，牛主人管理得也轻松。夏天把牦牛赶到雪山高寒处，任由那些牛儿自己去觅食。在这样的环境中生长的牦牛肉质无须多疑。牦牛和当地人的关系更是密切，作为高原的交通工具，被誉为“高原之舟”，赛牦牛和骑牦牛叼羊还被列为当地特色民俗活动。

牦牛是高原特有生灵，但在这里经营牦牛肉火锅店的店主绝大多数是从山下上来的汉族，而店里的员工则来自不同民族。随着经济的发展和交通的便利，去帕米尔高原的汉族越来越多，他们来自内地的不同地方，也带来了家乡的烹饪技艺。牦牛肉火锅应该是不同民族文化交融的一个范例吧！既要入乡随俗，尊重塔吉克民众的宗教信仰，又要不辜负味蕾的满足，这些来自山下的人们充分利用当地优质的牦牛肉资源和药材资源，结合家乡的美食技艺，把传承与创新的理念淋漓尽致地发挥到美食上。清真一品牦牛肉火锅店就是应了多种文化背景的食客们所需，满足了来自山上山下、国内国外等不同宗教信仰的人们的需要。

这时正是帕米尔高原落日时分，随着太阳渐落，气温开始下降，火锅正好可以应付晚寒。吃火锅也是急不得的，火锅店食客很多，有山上的，有山下的，有国内的，也有国外的，有穆斯林，还有非穆斯林，几乎座无虚席。稍等片刻，空出了一张四人桌，赶紧坐下点餐。为了不让食客等得无聊，店家照例先送四碟或者六碟小菜，可以安抚一下空乏的身体。十五分钟左右，热气腾腾的牦牛肉火锅端上桌了，分量足得一定会让初次品尝的食客惊喜。所有火锅都是铜质的上下两层，下锅是牦牛肉和各色药材熬的浓汤，上锅是牦牛骨头炖的清汤。不像绝大多数牛肉火锅把牛肉切薄片涮锅，这里是将牦牛肉切成大块，放入高原自产的玛卡、枸杞和野生当归、党参等药材用高压锅炖煮至九分熟。牦牛肉的肉质纤维较一般牛肉更加粗实，高原沸点低，所以小火慢炖是不现实的。根据食客需要，将炖熟的牦牛肉加上原汤，按照食客人数装锅，配上豆芽、蘑菇、萝卜、恰玛古等耐煮蔬菜压锅底，荤素搭配恰到好处，既补充了热量，又确保了维生素的摄取。火锅的蘸料倒无独特之处，和山下的其他火锅店一样，各种口味自己调配。在山上吃牦牛肉火锅，我是不爱配调料的，更喜欢原汁原味的底汤，浓厚的肉汤带着淡淡的药材味，肉香而不浓烈。吃块牦牛肉，喝口浓汤，再配上些蔬菜，真是惬意。食过半巡，这时再喝些锅里的牛骨清汤，调节一下味蕾，聊聊逸闻趣事。如果还不满足，可以免费添汤、付钱加肉，直到食客吃饱、吃满意。

一块块牦牛肉下肚之后，带走了旅途的疲劳，饱餐之后是期待好梦，来自平原的人初上高原是不太容易睡踏实的。入睡困难时，牦牛肉会给予人极大的安慰，提供充足的热量帮助初来者抵抗高原的寒夜。现在想起来，真是温暖啊！

布依族的酸笋鱼

黄镇邦（贵州省博物馆）

布依族中流传着一句话：“布越顾嘴，布哈顾家，布央顾小腿。”大体意思是说红水河、南北盘江交界处的布依族讲究吃，当地汉人顾家，而册亨一带的布依族特别注重穿着。我的家乡靠近红水河，是地道的布依族，自然就是一个吃货了，而我最喜欢吃的莫过于家乡的酸笋鱼。

在外这么多年，我依然留恋家乡那高耸入云的斑竹和楠竹，最让我难以忘怀的就是用其笋制成的酸笋。我老家那个寨子制酸笋，都是先将笋子切成薯条一般大小，然后装到坛子里，这多少有点被“改造”过的痕迹。红水河、南北盘江边的父老乡亲可不一样，他们索性将像腿一样粗的斑竹笋子丢到容量为两三百斤的坛子里，用清水一泡，几个月之后，一坛坛酸笋就制好了。春节期间，酸笋就是布依人家上好的待客佳肴。

记得我还在小学教书的时候，常常到册亨县北盘江畔坝布村的姨父家。姨父特别喜欢打鱼，他一年四季都驾着那艘小渔船，来往于蔗香和岩架的两个集市之间。只要我一到，他就如变戏法一般，从船头的小仓里舀出三四斤镰刀把大小的白甲鱼，然后，领着我沿着小径往家走。一到门口，几只小狗“汪汪”地叫，算是给我这个远道而来的客人打招呼。我们一进屋，姨娘便忙了起来，她从坛子里取出一大根竹笋，在砧板上一阵咔嚓，不一会儿，洁白如雪的一盆酸笋丝就端到锅边。姨父往锅里一倒，就开始烹制酸笋鱼火锅。

后来，我到贵州省博物馆工作，经常下乡调查、征集文物，每到一处，我都要带司机和同事一起吃当地的特色美食。就如过去闯关东的山东汉子，到哪里都说沂蒙山下的水是最甜的，酸笋鱼是我常挂在嘴边的话题，自己无形中成了全馆出了名的“吃鱼专家”。这两年，我们馆在紧张筹备新馆的基本陈列，领导派我当向导，带领公司的拍摄小组到省内各民族村寨采集民俗视频，组员是三个北方来的“80后”小伙子。这天，我们到黔西南州望谟县大观镇伏开村拍录布依族的传统纺织工艺，路上，我富有诗意地跟他们说：“只要你看见河流，河边有一大片斑竹或楠竹，说明你已经进入了布依族地界。”当过知青的老司机会意地笑，他知道我又要推介家乡的酸笋。当天傍晚到达伏开，乡亲们吹起唢呐和长号，欢迎我们进寨。拍录过后是简短的休息，大家等待晚餐。厨房里弥漫着一股小伙子们所说的“奇怪的味儿”，原来是老乡们在做酸笋炒牛肉。我们布依族吃酸笋，要么将其直接放入火锅中与鱼同煮，要么将其炒干，与牛肉或猪肉同炒。

伏开村的拍录工作结束之后，我带小伙子们到老家。很巧，我的哥哥也做了酸笋炒牛干巴。他先将切好的青椒倒在滚烫的油里，翻炒几下，然后依次放入牛肉片、已经炒干的酸笋，盖上锅盖焖一会后，香喷喷的一道家常菜就做出来了。只可惜，几位兄弟都被我们家的“便当酒”[①]给征服了，没有真正品出其中的味道。

美国社会学家帕克提出“边缘人”（marginal man）的概念，狭义上是指同时参与两个或两个以上的群体、其行为模式捉摸不定的人。文化上，我就是这样一个身份，现在的我除了一口纯正的布依语，我也难以说服自己说我还是一个地道的布依族。过去，我对布依族文化熟视无睹，出门多年，接触的文化多了，特别是长期在其他民族的社会中做田野调查，我才真正反观和认识了母语文化。我对酸笋的感觉与自己对母语文化的感受是极为相似的，到了大城市，闻到臭水沟的味儿，我才想起该怎样描述家乡的酸笋。现在，我可以说：“酸笋好与不好，只要闻闻其味，如果有一大股臭水沟的味，就是上好的酸笋。”

在贵阳工作近十年，我都时不时要做一顿酸笋。无奈，不管我如何回忆、模仿，也做不出姨父那种地道的酸味。

---

① 便当酒，即自酿米酒。同前文黄萍《苗寨入心的酒俗》中提到的“Biang Dang”酒。

初入侗寨喝油茶

刘洁洁（广西师范大学）

每年二月初五，广西三江侗族自治县和里村都会在和里三王宫举办庙会，是夜郎文化的当代传承。机缘巧合，2017 年 3 月，我有幸在小吴同学的带领下在当地进行田野调查。

初入侗寨，下车后步行数十分钟，周围是重峦叠嶂的山丘，绿竹掩映下的南寨，油菜花开正盛，鸡三五成群地赶回家，俨然世外桃源的景象。在侗寨，第一次近距离感受南方干栏式建筑，风雨桥、鼓楼等是侗族人民引以为豪的民族建筑物。

打油茶是侗族传统待客食品。听广西本地同学说，油茶在他们生活中有举足轻重的地位，在他们小时候几乎家家都会制作油茶，一天之中，无论早晚，随时都可以制作打油茶，现在大街小巷都会看到油茶店。

在田野期间，我有机会见到小吴的妈妈亲自做侗家油茶。那天傍晚，我们在厨房里围着火塘聊天，阿姨忙着制作油茶的准备工作。田野中，语言不通是阻碍调查的一大障碍，由于阿姨说侗语，我作为外来人听不懂她的语言，也听不懂桂柳话，只好请小吴帮忙当翻译。阿姨制作油茶的原料有茶叶、糯米花、酥黄豆、葱花、糍粑等。茶叶是自家种的，寨子里几乎每家每户都会种植茶树。糯米花也是自家做的，先把糯米饭煮好，放在太阳下晒干，然后用油炸成米花。

只见阿姨将事先油炸好的糯米花和酥黄豆放在器皿中，然后围着火塘烧水，水沸腾后，便把茶叶放进去，并不断搅拌，之后把茶叶滤出，剩下茶水。一切准备就绪，用勺子把糯米花和黄豆盛到碗中，配以糍粑、盐、葱花，最后用煮好的热气腾腾的茶水冲泡，发出“滋滋”的声音，一碗侗家油茶就这样诞生了。

当阿姨笑容满面地将热气腾腾的油茶递给我时，我有些忐忑不安。我从未吃过油茶，不知道自己的味蕾是否能够招架住。我担心辜负阿姨的好意，也考虑到田野调查要入乡随俗，尊重当地人的饮食习惯，我便微笑着双手接过油茶喝了一口，茶叶涩涩的草木味还没有完全去除，和平时喝的茶叶有很大差别，我一时有点难以适应，赶紧吃点酥黄豆和糯米花来驱散涩味。

“还喝得习惯吗？”小吴问。

“还好吧，没有想象中难喝，也没有想象中好喝。”我说。

对于小吴他们来说，我是一个侗族文化的外来者。短短的几天时间，根本无法对其深入了解，离人类学家一年的“成年礼”还有很大的差距。然而，即便是这些天的短暂相处，也不断刷新着我对异文化的认识。对于一个刚踏入民俗学专业的学生，离开熟悉的环境，去侗寨体验不同的饮食文化，真是一笔宝贵的经验与财富。希望我以后还有机会再去侗寨喝油茶。

青草有灵，畲医有情

刘姝曼（中国社会科学院中国文化研究中心）

清明，伴随着淫雨霏霏，飘然而至；如丝如缕，在重峦叠嶂中氤氲缱绻。景宁畲族自治县黄山头村，昔日由黄氏开村，而后雷、陈二姓相继迁入。早年，畲族人民居住在丛菁邃谷之间，无论是生活还是出行，都举步维艰。为抵制疫疠的侵袭，畲医便成为当地村民健康的守护者。他们平凡而清贫，执着而专注。为采集草药，他们徜徉在廊桥古渡，踯躅于苔痕老树，遍身草露，踏歌朝暮，云深不知处，因而被称作"青草医"。与青草相伴的岁月悄然而逝，也正是在寂寥无声中，他们体味并参悟着人与青草的"情投意合"，在草本中延展出柳暗花明的生命空间，这就是"药食同源"的智慧。

雷医生是黄山头畲医祖传骨伤科名医，他的骨伤膏药可谓远近闻名。雷氏家族从清代咸丰年间至今，从医已达五代。他犹记得，十几岁跟从父亲上山采药的光景："在我们看来，漫山遍野的植物都是药材，畲医疗法讲究'随手采来随手医'，很多情况下要'以身试药'，甚至'以身试毒'。我们畲族没有文字，所以医术传承主要靠'口传心授'，而且要秉承祖训'传内不传外，传男不传女，宁传儿媳不传女儿'，不过那都是过去的事情啦！

我有一儿一女，他们都从医，并且愿意在追寻畲医药的道路上继续走下去，这让我非常欣慰啊！”除了家庭的耳濡目染，伴随他行医之路的，还有医科院校的职业训练，因此他对畲医药有更深远的认知。如今，他在自己村子里修建了畲医畲药展示馆，收集并展示800多种草本木本畲药；并且希望同科研院所合作，建立畲医药数据库，用更科学的方式将祖先事业代代相传。更令人沉醉的是，他还别出心裁地研制出畲药膳，让大山深处的草木散发出市井间的烟火气。作为一名资深“吃货”，雷医生自然有一门拿手绝活——东风菜炖笋。

东风菜，俗称“哈卢弟”或“哈罗丁”，分布于浙江丽水一带，一般生长在海拔800～1000米的山地林缘，先春而生，故有其号。据裴渊《广州记》载：“花、叶似落妊娠，茎紫。香气似马兰，味如酪。”东风菜味辛、甘，性寒，具有清热解毒、祛风止痛、活血消肿、健脾消食等功效。景宁地处山区，蛇伤急救自是不可避免，畲医一般会将东风菜的根茎捣碎，敷于患者伤口周围，或让其煎汁服下，可谓是治疗毒蛇咬伤的灵药。除了药用价值，如今其丰富的营养价值则让人们更喜欢把它当作野菜来烹饪。

竹笋，繁盛于浙南的崇山峻岭之间，渗透在畲乡子民寻常生息的绵绵图卷之中。清明时节，闲步山间，拨开松软的泥土，咀嚼竹萌的芬芳，明媚、水灵、清绝，这是春天的味道。笋是单纯质朴的，无论炒、炖、焖、煨，皆可保持其原本的甘美与幽香，倏忽间，其鲜嫩爽脆便在舌尖上跳跃。难怪白居易食笋时，会感叹“每日遂加餐，经时不思肉”；李笠翁谈及饮馔时，将竹笋列为“蔬食之中第一品”，也便不足为奇了。

这天清晨，嗅着泥土的芬芳，我跟随雷医生一行人上山挖笋。“黄泥拱”是春笋中最为鲜嫩甘甜的，生长于地面隆起并有细缝处。“挖笋是很讲求技巧的，铲子要根据竹鞭的方向挖下去，大约往地下挖20公分。”同行的村民为我示范，“要从两边挖，先挖左边，再挖右边，但是不能挖掉后边的泥土，否则容易挖断。轻轻取出后，再用泥土覆盖竹根，便于竹笋再生。”挖笋归来，再加上众乡亲一早上山采摘的东风菜，这道畲药膳的食材便齐活了。

厨房里，柴锅架起，炉火正旺，雷家大姐正在快速进行着剥笋的工序。只见她用菜刀直接在笋上竖切出一条深槽，沿着槽顺势用力一掰，这厚重的笋壳便完整剥落，露出洁白肥厚的笋肉；然后将笋竖切成多瓣，并放入开水锅里焯煮5分钟，以去除涩味；焯好的笋瓣便可切片备用。与此同时，雷医生正将择好的东风菜放入沸水中焯，捞出后再用冰凉的清水漂，冷水可以去除东风菜的苦味。灶火燃起后，雷医生将一大块猪油放入大铁锅，这是南方人做饭的必备，他们认为，猪油不仅有着不可替代的香味，并且营养丰富，还可以提供热量、补充体力。待油烧至七八成热时，放入少许肉末煸炒，再放葱姜蒜爆锅。之后，将笋和东风菜放入铁锅，翻炒过后，加入足量的溪水，盖上木头锅盖慢炖。半小时后，笋的清新、东风菜的清爽、山溪的清甜相互交融，充分吸收着彼此的滋味。柴锅炖烧，浓郁鲜香，这就是农家的纯朴。

竹笋与东风菜，同是生于景宁山中的草本，一为食物，一为药物。它们本无牵绊，却在畲医的观察、摸索、试验中不期而遇，转化成一道清热解毒、健胃消食的药膳。本草之间，历来有“七情配伍”之说，即“单行”“相须”“相使”“相畏”“相杀”“相恶”和“相反”，呈现出本草邂逅时的千姿百态。李时珍《本草纲目》曰：“相须者，同类不可离也。”即性味相近的药物配合使用可以增强原来的功效，这就是“药食同源”中凝结的原理。《内经》亦有云：“大毒治病，十去其六；常毒治病，十去其七；小毒治病，十去其八；无毒治病，十去其九；谷肉果菜，食养尽之，无使过之，伤其正也。”可见，食物与药物原本就有妙不可言的缘，“寒、热、温、凉”四性和“酸、甘、苦、辛、咸”五味，在畲药膳中演绎着此消彼长的辩证。食与药的奇妙相遇使畲药膳应运而生，美味享受、身体滋补和疾病治疗相得益彰。

立于鹤溪河畔，风烟俱净，草木在这里发芽、生长、繁盛、凋谢。畲医，如同相伴的草木，孤单却顽强，于青山绿水间，遍尝百草，追索着生命的意义。青草本有灵，畲医亦有情。沧海桑田中，人与草木，端敬相亲。相逢，是一场泰然自若的修行。

品一道菜，懂一方人

刘智英（天津大学）

2017 年的暑假，我们团队辗转于浙江缙云县壶镇镇的岩下村、浙江丽水市新建镇的河阳村、江西乐安县牛田镇的流坑村以及湖北宜昌市南漳县冯家湾古村落间。我们在收获知识的同时，也饱尝了各地的美味。文化是村落的一张名片，而美食是这张名片上最吸引人的头衔。正如张光直先生曾经说：“我确信，到达一个文化的核心的最好方法之一，就是通过它的肠胃。”

这段时间给我留下最深刻的印象的是流坑村。那天，调查完河阳村，我们马不停蹄地赶往流坑村，刚到村时阴云密布，大雨倾盆，行程被搁置。直到傍晚时分，我们才有机会进行田野初访。这也是我们团队在长期田野调查中养成的习惯，到了一个新的地方，必然会先去“踩踩点”。初到一个陌生的村落，这种随性的“散步式体验”也使得我们能迅速在心里描绘出一幅田野蓝图。漫步在街巷，我们发现有一种橙红色的饼状物体几乎随处可见，或精装于店铺摊位上，或摆在家户饭桌上，或挂在庭院墙面上，或直接被乡民用手捏着、啃食着。我们停下脚步，十分好奇地打听这个食物。得知乡民吃的是霉豆腐饼，我们一行人就买了一点，在住处等餐的时候，讨论这饼的文化因素。被上餐的老板听到，老板是家乡文化的热情推广者，说："哎呀！你们也研究我们的吃的啊！我明天中午给你们免费做我们最具代表性的一道菜——霉鱼。你们品尝之后，再了解完它背后的故事，就知道为啥是它了。"

第二天中午，我们的摄像、摄影、录音以及文案记录等人员提前赶到制作霉鱼的现场。老板亲自下厨，我们希望他边做边给我们介绍一下这道霉鱼的渊源或文化内涵，老板欣然同意。首先，他将适量的植物油倒入锅中，等加热至熟后，紧接着把早已晒制好的包裹着厚厚辣椒粉的鱼块摆放在油锅中。不多时，鱼块熟透后，再用锅铲把它们堆在一旁，将临时配好的酒酿与味精水倒入锅内。之后，取少量葱和蒜末撒入锅内。随后，加入少许温水。锅里的汤完全沸腾后，老板就给我们盛到餐桌上。

这道菜带给我们的直观感受就是辣，红色的辣椒粉已经掩盖了鱼原有的样子。这对于吃惯了不辣的北方菜的我们，可以说是一种考验。我作为大师兄，见大家只是看，没有开动之意，就身先士卒，夹了大大的一块鱼块，放入嘴里。瞬间辣到嘴发麻，咀嚼几口后，迅速地吞咽下去，用手在嘴边扇动着，想通过这种方式把辣意释放出去。众人看到我的样子都哈哈大笑，不过也纷纷拿起筷子。适应了最初的辣度后，渐渐有一股鱼香溢满口齿间，激起强烈的食欲，就这样我又夹起来第二块。这顿饭就出现了十分有趣的景象，我们因为辣而不停地发出"咝咝啦啦"的声音，同时也吃得不亦乐乎。

在我们就餐的过程中，老板还不忘给我们讲霉鱼的故事。

“霉鱼”又称“状元鱼”，据传是当年董德元科举考试，妻子为等待其金榜题名归来而腌制的鱼。因为科举周期长，等董德元高中时，鱼已有些霉味，这种霉味却歪打正着促成了一道美味。返朝后，董德元把这道菜敬献给宋高宗，宋高宗赞不绝口，称其为“状元鱼”。文化成就了霉鱼，同时，霉鱼也传递着流坑人重视文化的态度。一个地方推崇一种文化，不是突兀的，也不是单一的，这能从当地随处可见的书院、功名牌坊、旗杆石中知晓细情，也能从村志族谱中记载着的满满的历史记录里看个透彻，更能从一道特色菜肴中品读出地方精髓。

作为一位文化人类学研究者，品一道菜，了解菜背后的文化，感受文化里面裹挟着的情怀，我很庆幸。

众品烧饼铺子

杨曙明（中国人类学民族学研究会宗教人类学专业委员会）

家乡的烧饼有好几种，我最喜欢的是一种小炉烧饼。烧饼要好吃，发面是关键，小炉烧饼是用碱酵面（俗称老酵面）做的，其他烧饼基本是用酵母弄的自发酵面做的。相比之下，碱酵面做的小炉烧饼口感好，有韧劲。小炉烧饼的擦酥和馅料都用的是荤油，椭圆形的一般是糖馅的，圆形的一般是咸馅的。咸馅的馅料根据季节不同，有葱花、萝卜丝、韭菜等，一般是素馅的，用荤油拌和。小炉烧饼是很多人的早饭必备。

2006 年，我爱上了古镇寻访。江苏省姜堰市（今为泰州市姜堰区）白米镇是千年古镇，据说元朝时因为当地进贡的大米好吃，皇帝赐名“白米”，从此“白米”就成了这儿的地名。白米中大街以前是镇机关所在地，两边有医院、学校、供销社等。2006 年 5 月，我在这条老街上邂逅了一家烧饼铺子。铺子没有名字，两间临街门面向西。门口靠南的墙边砌有炉灶，外面贴了瓷砖，这个就是烧饼炉子，做小炉烧饼用的。屋子中摆放了一个方桌，方便大家吃烧饼和休息。

我到店里时已经十点了，我买了最后的两只烧饼，要了一杯水。烧饼出炉时间久了，他们热心地帮我把烧饼放在炉里烤热。

边吃烧饼边聊天，我了解到店铺的情况：店铺由景永、姚广兰、朱和一起经营，做一些烧饼、油糍（一种油炸的面团子）、油馓子等点心卖。我和他们说店铺应该取名“众品烧饼铺子”，寓意三人做的美食，大家品尝。我们还相约十年后再见。

2017 年 8 月我再次回访时，情况发生很大变化。由于老街居住不方便，很多人搬到新建设的小区，而街道的另外一侧新修了大路，分流了很多途经老街的人。前几年学校和医院也搬迁了，老街的人流量下降更多，生意越来越不好。原来的三个伙伴，老景去朋友公司上班了，姚广兰在城里做零活，三人中坚持到最后的朱和，现在做卤菜卖，有时会在店铺做些油炸点心卖。而烧饼炉子因为年久失修，不再用了。我从门缝里拍了张屋里的照片，时过境迁，物是人非，我对“众品烧饼铺子”的小炉烧饼的怀念只能留在记忆和照片里。

2017 年 8 月我再次见到老景的时候，是在白米镇西的一家精密机械公司里。我拿出十一年前在烧饼炉前为他们三人拍的合影，他反复看了后说照片里的人不像他。是的，老景已经不是那时的老景了，退休后返聘在这家公司继续做工，他不做烧饼已经有七八年了。临走时他说，明年他们计划把烧饼铺子整修下，老朱想继续做，我们约好明年再见。

小炉烧饼是很多人的一份情结，也是很多游子的惦念。我的老乡孔郁斐在谈到烧饼的时候，激动地表示上小学时每天早饭的甜馅糖烧饼和粯子粥是他的最爱，后来偶然在清华食堂吃到糖三角，那个独特的记忆便一下就回来了！不经意间勾起浓浓的思乡情绪！很多回乡的人离家时都喜欢买上一些烧饼带走。以前烧饼不是天天可以吃到的，一般也只是在全家聚餐时每人来上一个，或者来客人的时候才会买上几个烧饼待客。民间有“一口烧饼一斤面”的说法，可见烧饼价值之高。现在烧饼依然是很多人早晚茶的必备。烧饼成为地方饮食文化的一个符号。

德昂米粑

邓 梵（中山大学）

我在德昂山吃的第一枚米粑，是我的住家奶奶阿萍婆做的。

那天早晨，她迎面把刚蒸熟的米粑递过来，笑着对我说："Hong Mei（你吃吧）！"一枚棕绿色的米粑放在了我手里，热腾腾的还冒着气，烫得手差点拿不稳，我小心撕开裹在外面的芭蕉叶，把里面浅棕色的米糕放在嘴边吹凉了些，咬了一口，一股甜蜜的味道顿时奔涌而出，混合着芭蕉叶的清香充溢舌尖，与之相伴的还有糯米松软而富有弹性的口感，向着浑身上下蔓延开来。

那是2017年四月初，我到德昂山进行田野调查，佛历新年的泼水节将至，家家户户都忙着制作米粑，当地德昂语称之为"Kao Bu"。德昂人在平日婚丧嫁娶、亲友互访时，用米粑招待宾客，也把其作为礼物馈赠亲友。而每逢节庆盛典，它是赕佛之物，被供于奘房（佛寺）的佛坛前，人们在仪式结束后分食米粑，感谢佛的恩赐，齐享佛的庇佑。

阿萍婆的二妹阿静婆，独自一人居住在老家的木架房，她的小儿子读完大专后在芒市成家立业，是村里少有的大学毕业生。阿静婆的丈夫与小儿子一家在城里居住，帮忙照看孙子。泼水节前的一个周末，阿静婆的儿子开着车一路上山，给母亲送来从集市上买来的瓜果蔬肉，还带着一袋磨好的糯米粉。随后这个戴着眼镜，有几分书生气质的清瘦的年轻人拿起一把长刀，径直走向附近密林里自己家的菜园，不一会儿，他扛着一大片绿油油的芭蕉叶回来了。

接着阿静婆和她儿子开始一起做米粑。只见他们把芭蕉叶擦净后撕成长方形片状备用，再往糯米粉里加糖和水，揉成面团。芭蕉叶上涂一点清油，从盆中取出一块面团，放在叶子正中心，将叶子左右对折后又上下翻折，包成一个扁平的长条状，折口朝下放好，一枚米粑就大功告成。阿静婆手腕曾经受伤，所以包米粑时速度不快，但动作异常轻柔细致。“甜了不好，不甜也不好，什么都要刚刚好，刚刚好的最好。”她做的米粑，无论甜度，还是形状大小，都是“刚刚好”，像她这个人一样，是“可人的”，像她笑起来如月牙般的眼睛一样弯曲上扬。

“他说，想吃老妈做的粑粑，带去城里给他们（妻儿）。街上买来的不好吃。”阿静婆对我说。如今在德昂山，随着市面贩售的食品种类日益丰富，除了仪式场合，已经鲜少能在德昂人的日常生活中发现米粑的踪影，但那一股“妈妈的味道”仍隐秘地潜伏在人们的身体血脉里，不时翻腾跃动。

缅甸媳妇楠姨，三十年前，她领着在缅甸出生的两个儿子，靠着一双脚，沿着山与山之间蜿蜒曲折的道路，从缅甸一路走到中国，嫁到德昂山，成为几个孩子的继母。在我初入田野时，她细心纠正我的德昂语发音，提醒我不要把“哭”念成“死”。在我结束田野调查准备离开的头一晚，我坐在她身旁，和她一起做米粑。她看见我手中的叶子，轻声嘱咐我："面多加一点。"不知为何，让我想起自己初来乍到，在一次村寨集会上，她坐到我身旁，用肩膀靠了靠我的肩膀，我的身上瞬间涌过一股难以言说的波流，一种来自他人暖意的触动，像早晨和煦的阳光照在山头。

包好的米粑被她放在竹篾里，一排紧挨着一排。忽然，厨房里响起一个女人的歌声，是手机的录音，唱着传统德昂山歌的曲调，音色明澈、温柔，又充满一股韧劲，像开阔的江河缓慢地奔流，又像四周山林里粗壮的竹树，叶梢在风中摇曳着散发馨香，向着高处的天空生长。

一打听，唱歌的不是别人，正是楠姨的嫂子，不久前还寄居在楠姨家，此刻她已远在缅甸。

本来正在说笑的人们渐渐静了下来，仿佛被歌声攫住了一般，我低头做着手中的活儿，一声不吭。忽然，耳边传来低低的抽泣声，侧头一看，楠姨的半边脸埋在昏黄的灯光边缘的影子里，另一半脸迎着光亮，琥珀色的眼睛下泛着泪光。她抬起一只与她纤细的身材不相称的大手，用力擦了一把眼睛，另一只手握着一枚没有折好的米粑。

时空仿佛凝结在一起，只有歌声还在继续，像一道洪水，冲开了什么。刹那间，我的泪水涌出眼眶，止不住地往外淌。

第二天临行之际，我收到了楠姨头晚做的米粑作为离别的赠礼。车开动了，我站在货车货厢门口，望着熟悉的村寨在路的另一端越来越远，那包粑粑放在我的行李旁，叶子依然透着青绿。

原野上，碧绿的稻田越过身侧两畔，延伸向四面八方青翠的山峦。我背靠货厢侧边坐了下来，伸展双腿，拿起一个米粑撕开，放在嘴里细细咀嚼，那甜蜜像风拂过脸庞般融进唇齿之间，楠姨那张令人动容的脸也在心中一层层地浮现出来，与远方天空翻涌流动的云朵重合在一起。

于是，时光也有了一股甜蜜的滋味。

蒸西瓜，你敢吃吗？

梁聪聪（辽宁大学）

据《吕氏春秋·本味》记载：“有侁氏女子采桑，得婴儿于空桑之中。”此婴儿就是后来的商朝名相、烹饪鼻祖伊尹，其故里一说位于今天的杞县空桑村。2012 年 10 月，第 22 届中国厨师节在开封举办，其间一项重要活动就是在空桑村进行的厨师拜祖仪式。带着《民间饮食实践的代际传承研究》硕士研究生学位论文开题报告，2017 年 8 月，我走进了这个远近闻名的村庄，希望能挖掘到保留在老一辈人口中的饮食学问。

从本科毕业论文开始关注日常饮食，到硕士研究生阶段相对系统的理论阅读，我逐渐选择把记忆及记忆背后的情感体验、实践及潜藏在实践之中的传统智慧作为自己做饮食文化研究的两个方向。情感体验是因逝去而感到美好的愉悦，也是难以忘怀、难以言表的伤痛；传统智慧曾经塑造着人们健康的身体，随着后来饮食习惯的改变逐渐消逝，而显得愈加珍贵，尤其是当各种“文明病”病从口入的时候。

“吃个西瓜再走吧！”每次到张洪勋老支书家采访，结束后都会被热情地留下来吃西瓜，“这是自己家花生地里种的瓜，可甜了！别小看这普通又便宜的西瓜，西瓜、花生和大枣，可是开封沙土地产的三宝呢！”张支书的母亲这时将近 100 岁了，眼睛不花、耳朵有点儿背，百岁老人仍然自食其力，自己住、自己做饭吃。家里人准备好了吃的，时不时给老人送过去，米面、鸡蛋、苹果，还有就是豆豉。豆豉的主要原料是西瓜和黄豆，一般在三伏天做，可以常年吃。西瓜的功用由此可见一斑，难怪当地人会心生“开封西瓜甲天下”的情感呢！

85 岁的薛世英奶奶同样非常喜欢吃西瓜，只不过老人的吃法有点儿与众不同，是把西瓜切好了放在碗里蒸着吃，就着馍，吃一口西瓜、咬一口馍，美其名曰“西瓜就馍”。有人听过之后禁不住笑了，也有人模仿起了“西瓜就馍”的吃法。这也许就是老人的清福吧，简简单单、平平淡淡。

老年人都过过苦日子，以前甚至一年连白面馍都吃不上几顿，更别提油盐了。现在生活条件是好了，但许多上了年纪的老人依然保持着简朴的饮食习惯，平时很少炒菜，更愿意像蒸西瓜一样选择蒸食，豆角、芹菜、红薯叶、马红菜（即马齿苋）、扫帚苗（即地肤草）、榆树叶、榆钱、槐花等都可以洗干净了拌上面粉蒸着吃，菜有了、主食也有了，一举两得。正如美国生态人类学家安德森在《中国食物》里比较了各种烹调方法之后总结出来的，蒸和煮是中国人主要使用的两种烹调方法，大概也是既经济又健康的方法了。据村里负责发放养老补贴的楚会计说，全村 90 岁以上的老人一共有 7 位，年龄最大的老人身份证上显示出生于 1912 年，有重孙子、重孙女的四世同堂家庭大概有六七十家。想必老年人如此长寿与以蒸为主、少油少盐的饮食习惯有很大关系吧!

西瓜还可以蒸着吃?是的，西瓜还可以蒸着吃!就着馍，“也不吃菜了，也不喝水了”。这让我想起了张光直关于中餐“变量丛”的提法:“(1)做出一份适量的饭;(2)切好配料并把它们按各种组合方式混合起来;(3)把这些配料烹制成几道菜，并且或许还有一个汤。”简单讲就是馍菜汤，或者说米饭菜汤，它构成了我们饮食文化传统的基本格调，“一箪食，一瓢饮”，千百年来“不改其乐”，就像薛奶奶那样，虽说不识字，每天也是“唱着过”。

江南的“糕”与“高”

王莎莎（中国社会科学出版社）

我的家乡在中国的西北关中地区，其饮食生活的丰富性和变化性体现在人们对“小麦”的制作和烹饪技艺上。我曾借写硕士论文的机会考察过当地的面食文化与女性社会地位之间的关系变化。而博士论文由于导师赵旭东的“命题作文”，有幸来到因费孝通而闻名海内外的江村进行田野工作，来到相对“异文化”的富庶江南。从主食的角度看，其核心就在于对“稻米”的加工和转化之上。

长江中下游地区的地理和气候条件，形成了与麦作文化相对应的稻作文化，食物的主角是粳米（大米）和糯米。在对“米”的制作和食用上，最精细也最为多样的要数当地的“糕”了。“糕”在这一区域人们的礼俗生活中扮演着非常重要的角色，人生四大仪礼（出生礼、成人礼、婚礼、葬礼）、季节性的节日（如立夏、冬至等）、敬神祭

十六岁成人礼上的糕

娘舅送糕

祖等重要时刻，人们都要准备不同样式、不同口味的糕用来纪念，是必不可少且最为隆重的仪式性食物。

糕是用粳米粉和糯米粉按一定比例混合制成的食物，口感黏糯，分甜、咸两种口味。在不同的仪式场合中，所用糕的形状、颜色、口味均不一样。最常见的糕是圆球形的团糕，以青、白两色为主，无馅，点有红色的圈点，在仪式中一般要用几十个甚至上百个，如新生儿的出生礼、成人礼、婚礼等都会用到这样的糕。此外，还有金黄色的祭灶神的糕、芝麻糕饼、萝卜糕、青糕等。当然也有费孝通十分钟爱的春夏之际的麦芽塌饼。

糕之所以能够在物产丰富的江南地区独树一帜，在于人们所赋予它的文化意义。在当地人看来，“糕”与“高”同音，因此，他们以糕为贵，作为礼物或者贡品，有“高升”“往高处走”的寓意。此外，由于糕的特殊地位，因此送糕人的身份也是有讲究的。在当地的亲属制度中娘舅最大，无论是在人生仪礼还是社会习俗中，娘舅的社会地位都是最重要的，同时送出的礼物也最厚重。因此，礼仪中最重要的糕也要由家族中身份最尊贵的娘舅来准备并赠予，象征了娘家人的面子以及对出嫁子女的补偿。

捞鱼生那点儿事儿

崔　震（云南大学）

2010 年 1 月到 2012 年 1 月，我在新加坡圣淘沙名胜世界旗下的环球影城主题公园做过两年中餐馆服务生。在工作时间里，我见识了许多新马地区特有的习俗。

不管是在大洋彼岸的美洲，还是在南半球的澳大利亚，春节都是当地华人们最重视的节日。祈求幸福吉祥与富贵平安，则是新年的庆祝活动中永恒不变的主题。新加坡位于赤道附近，气温常年在 32 摄氏度以上。终年夏日，让我这个刚刚在异国他乡落脚的青年无所适从。每天超高强度的体力劳动，让我几乎忘记了时间的流逝。

“今天收档以后先别着急回去，经理要和我们一起‘捞鱼生’！”一听这话，我们都停下了手里的活。

原来，这么快就要到春节了。

鱼生，是将新鲜的鱼贝类生切成片，蘸调味料食用的食物总称。新加坡人对下厨做菜不感兴趣，餐饮业就在这里获得了长足的发展。特别是到了春节，每家餐厅几乎都是座无虚席。“捞鱼生”是每个去中餐馆过春节的人必点的一道菜。

“崔震哪，打扫完卫生赶紧来大厅，我们要捞鱼生了。”当我赶到大厅的时候，发现餐桌上已经摆好了一大盘五颜六色的鱼生，红绿相间，很是吊人胃口。

“等等，先别着急捞，我们先问问崔震，这盘子里都有些啥？”我当时是餐馆年纪最小的员工，所以大家总是喜欢逗我。

“这些都是捞鱼生的材料，有红萝卜丝、白萝卜丝、糖瓜丝、佛手瓜丝、翡翠青瓜丝、红姜丝、白姜丝和三文鱼片。这个小小的叫‘Lime’[①]，是等下挤在三文鱼片上的，这样可以去三文鱼的腥味。其他的是花生碎、白芝麻和薄脆饼。两包调料是五香粉和胡椒粉。”平日里，经理总是给员工培训捞鱼生的事情，我早就记得很熟了。

“那现在，经理，我倒有个问题想问问你，为什么新加坡的华人过年要捞鱼生呢？”经理刚要开始捞，我又“考”起了他。

“不光是新加坡华人，我们马来西亚华人过年的时候也捞鱼生。过去我们是在大年初七那天才捞，因为初七是‘人的生日’，我们就用七种食物做成菜肴，为了告诉自己‘过完了今天，春节就过去了，以后要脚踏实地过日子’。这七种食物做成的菜肴后来慢慢就变成了捞鱼生。现在捞鱼生一般都是在春节前就开始了。不过这个时间无所谓，主要都是为了讨个好彩头。平常都是我培训你们怎么捞鱼生，今天我就先给你们露一手！”

经理先有模有样地跟我们问了个好：“大家好，我代表我们

① Lime即青柠，新加坡和马来西亚华人在说中文时有掺杂英语单词的习惯，我当时自然入乡随俗。

中餐馆祝在座各位新年行好运，事事顺心。”接下来他把青柠放到柠檬夹子上，“这是吉子，祝大家大吉大利大丰收”，随后挤出汁水，洒在那一盘三文鱼上，顺便舀上一小勺油洒在三文鱼上。撕开五香粉和胡椒粉，撒在鱼生上，然后说“双喜临门福安康”。说完，他把鱼生拌了拌，然后说：“这叫‘年年有余合家欢’，倒上油，象征着‘万事如意四季好’，又倒上酸梅酱，是‘甜甜蜜蜜庆团圆’，再倒上薄脆饼，这是‘遍地黄金添富贵’。最后，请大家捞起，捞到风生水起、步步高升。大家有什么愿望就都说出来吧。记住，筷子一定要把鱼生捞得高高的，新年的愿望才会实现！”

我们纷纷拿起定制的特大筷子，伸进了盘子的最底部，再向上高高挑起。一瞬间，整张桌子热闹得好像庆典上拉响的礼炮，一声声“恭喜发财”“大吉大利”“身体健康”“全家幸福”接连在我的耳边响起。在这一刻，工作中的烦恼已经离我们而去，每个人都沉浸在迎接新年和拥抱新生活的喜悦之中；在这一刻，食物的味道已经不再重要，带有仪式感的祈福成了此刻的主题；在这一刻，聚在这张桌旁的人们已经没有了“国籍”界限，在文化上，他们都是“中国人”。

这时，餐馆外面忽然响起《新年好》的歌声。公园里，人们正在为春节晚会做最后的彩排。我们听着音乐，品尝着鱼生，和同事们聊着新年愿望。那时的我，似乎不再感到疲劳，也不再孤独了。

嗯，我想是的。

献给关帝的祭品——黑猪

李泽鑫（辽宁大学）

2017年农历五月十三日，辽宁省沈阳市辽中县蒲河村如期举行了一年一度的祭祀关帝仪式。这个仪式历经数百年而不衰，成为蒲河村最重要的民俗活动。

祭祖祠在蒲河村西北500米处的水田里，面积约600平方米，已有240余年的历史，由于修建水库，该庙于2003年被新建。

为了顺利完成这次调研，我们在凌晨十二点半从沈北新区出发，到蒲河村是凌晨两点多，除了我们，路上一个人都没有。初夏的凌晨凉意浓，加上零星的细雨，只听见车窗外漆黑的水田里“蛙声一片”。那刻，真有一种远离城市喧嚣、放空自我的感觉。

我们来得太早，祭祖祠这边还空无一人，直到三点多，才陆陆续续来了几个人。接着，我们便以参与者的姿态投身于这次祭祀中。整个祭祀最让我感兴趣的是“无杂毛黑猪”，东北人对黑毛猪可能没有什么兴趣，但对于我这个只见过白猪的人，真是有点少见多怪了。

领牲的无杂毛黑猪重285斤，是献牲者为这次祭祀特意养了一年之久的。这头猪既不能卖也不能死，因为它是给关圣帝的祭品。凌晨三点十五分，四五个青壮年一起抓黑猪，准备领牲。领牲时，猪的头朝东，肚子朝北，背朝南，左前腿系红绳，据村民介绍，左前腿系红绳是祖先留下来的风俗习惯，寓意喜庆吉祥。

整个祭祀过程，最重要的是往猪耳朵里灌酒，酒灌入后，猪摇头就代表关帝已经享用过，整个祭祀就算圆满。但也有例外，如果用生病的猪作为领牲，灌多少酒它也不摇头。当遇到猪“不摇头”怎么办呢？这时就需要在地上先画一个圆圈，里面再画一个“十”字，画完“十”字就表示关帝爷已领过牲。由于村民每年都会争取献牲资格，所以没被关帝领牲的人家想再次成为献牲者，恐怕要排到几年以后了。但关键的是，祭祀用猪是必须要“还”的，要不“还”，据村民说关帝就会“找你病”。领完牲的黑猪完成了它神圣的使命，接下来，就是被参加祭祀的人抬出门外，现场宰杀以供众人分食，村民们说这是关帝给他们的恩惠。

当我问祭祀活动为什么要从三点开始的时候，主持蒲河村祭祀的两位负责人告诉我，这是为了让前来参加祭祀的每一个人都可以早早地吃上正宗的满族八大碗。另外他们说得最多的一句话就是“我们要与时俱进”。总结过程，我发现了几个有意思的现象：第一是祭祀开始的时间改变了；第二是负责人和萨满要对先跳神还是先领牲进行讨论；第三是八大碗的规格变了，由八碗八盘改为八碗六盘。做出变动的原因应该是负责人想让参加祭祀的人早点吃上祭祀猪肉，享受关帝的恩泽。

中午吃饭的时候，由领牲的那头黑猪做的“满族八大碗”被摆上餐桌。和一群不相识的人分享这顿“圣餐”，让我感受到了东北农村人的朴实与善良。饭桌上，有一个人自称是孔子的后裔，他是村里主持红事的司仪。他赶了二十多里路来这里，不去捐钱，不去祭拜，只是为了吃饭。主家知道了这个情况，没有半点排斥，而是热情相邀入席。其间还有三五个路过的骑行者过来看热闹，主家也为他们戴上红花，邀请他们前来吃饭。

在蒲河人眼中，“吃黑猪”蕴含着“功德稀济落难人”和“有朋自远方来，不亦乐乎”的情怀，关圣帝将领牲后的食物分食给大众，不分你我，不分亲疏。

牛庄馅饼

洪　展（辽宁省营口市站前区人民政府）

“如果到了海城，没有去吃牛庄馅饼，便如同没有来过海城一样。”我的许多外地朋友这样对我说。

在离开家乡海城到沈阳读书之前，我从来不知道这座城市原来与馅饼这种再普通不过的食物如此紧密地联系在一起，尽管它是那么招摇地出现在海城的大街小巷，以至于火车站、汽车站附近的几乎所有饭店的招牌上都会打上那么四个字——海城馅饼（或者是牛庄馅饼）。

当我到沈阳读书后，每次介绍到“我来自辽宁省海城市”时，总会被提两个问题：“海城有海吗？你们那儿的馅饼很好吃吧？”我总要耐心地回答：“海城没有海，我没有去牛庄吃过馅饼。”

是的，尽管我在海城生活了许多年，却从来没有去牛庄镇上吃馅饼，一则我不是一个吃货，对食物一向没有什么执念，二则我总觉得牛庄离我家不过十几分钟的车程，食物的味道能有多大区别呢？一直到我学习民俗学专业以后，才第一次正视这种习以为常的食物，正式去了趟牛庄去吃馅饼。

2015 年，导师做了非遗项目的评审，我和小伙伴都对非遗产生了浓厚的兴趣，颇有一番跟随导师大干一场的架势，挑挑选选一大圈儿，最后选定了去海城市牛庄镇做关于馅饼的田野调查。原因有三：一是海城牛庄馅饼制作技艺是辽宁省级非遗项目，且较早进入非遗名录，具有一定的研究价值；二是牛庄镇离学校不远，离我家很近，可以节省很多开销；三是既能完成调查，又可以吃到各种各样的馅饼，精神味蕾双重满足。

未进牛庄，先看到一家挨一家的馅饼店，上面都写着“牛庄馅饼”，仿佛到了馅饼大本营。在牛庄，有四家正宗的馅饼店，分别是该项目省级代表性传承人赵洪财的馅饼店、省级代表性传承人崔春清的馅饼店、牛庄馅饼创始人高富臣之曾孙高伟的馅饼店、高伟之子高震宇的馅饼店。在访谈过程中，他们向我们介绍了这小小的馅饼背后蕴藏的师承关系：赵洪财说，他和崔春清都是高晓山（高富臣之子）的徒弟；崔春清的女儿则说，只有崔春清是高晓山的徒弟；高震宇则认为他们都不是，只是跟随自己的曾祖父做馅饼而已。

经过观察与品尝，我们无法从制作技艺以及味道上区分他们之间到底有何不同，或许这些答案只有他们自己知道。在我们调查的过程中，食客络绎不绝，看来他们都得到了大家的认可。在赵洪财的馅饼店，我们看到这样一副对联：品洪财馅饼，得人间美味。无论如何，这门技艺终究是被他们传承下来，并发扬光大了。

我一直费解的“馅饼情怀”后来在高震宇那里得到了解答：

牛庄紧挨着营口港（通商口岸），所以特别繁华，应运而生的就是集市、各种吃食。我的祖太爷高富臣就发明了牛庄馅饼，东北馅饼跟南方馅饼还不一样，是把肉馅裹在面里，做成饼的形状，然后用油烙出来。当时过往的商人就喜欢吃这种油大的，因为顶饿。后来祖太爷把手艺传给我太爷高晓山，他把这个馅饼改良了，把很大的馅裹在很薄的皮里面，于是减少了烙的时间，大大加快了做馅饼的速度。当时辽宁省军区有一个副司令叫毛远新，他是毛泽东的侄儿，他到海城考察的时候就发现这个东西挺好，等回中央的时候，就把它作为一个地方小吃报到了中央。等到 1982 年左右，报纸上报道了我太爷到中南海烙馅饼这件事，从此牛庄馅饼就一点一点传出名了。

这些都是很久以前的事情了，久到牛庄已经从当年繁华的港口变成如今安静的小镇，久到我作为一个海城人都不知道它曾有过如此荣耀的过往。可是他们这些传承人却将这些记在内心深处，将牛庄曾经的繁华与馅饼一道传扬出去。

来买牛庄馅饼的人中，有些人是慕名而来的，有些人是为追寻记忆而来的，更多的是当地的民众，他们来到这些店铺，仅仅是为了一顿午餐，在他们眼中，牛庄馅饼不过是家常便饭。在经历过一次又一次辉煌后，它还是回归了乡土本色，成为人人皆负担得起的美食，精致而质朴，恰如活在这片土地上的人们，恰如这个小镇，恰如这座城市。

鞑子饭——打开满族人的蒸锅

张　贞（辽宁大学）

2016 年农历 10 月 13 日，新宾赫图阿拉老城国舅府里满族民众在庆祝颁金节，举行祭天、祭索伦干和祭祖活动，玩嘎拉哈、雪地走、珍珠球等传统游戏。对于当地民众而言，颁金节很少在当地的时间观念中占据位置，这些节日的仪式和活动只是日常生活中微小的浪花和泡沫，而渗透在当地人神经的则是对祖先的崇拜和敬畏。

清晨，家族守墓人图英富便带领图氏后人为千头万绪的祭祖仪式忙活着，他们应新宾文化部门邀请从下夹河村来到位于赫图阿拉老城一角的图氏故居举行祭祖仪式。为了祭祖仪式有序进行，还请来了新宾当地礼生李荣发，他对于祭祖仪式的程序有绝对的权威，人们称他为“明白人”，他负责协助主祭人图英富准备今天的祭祀仪式。

当日清晨我们早早赶来国舅府，院子里用绳索捆绑的黑毛猪是今日祭祀祖先的牺牲。图氏一家早早在里屋换上了满族传统服饰，图大爷和三个儿子在礼生李荣发的指导下为仪式准备着。听酒、领牲、摆放供桌、请祖宗匣、谱单等，图英富做起仪式稳当有思路，面对千头万绪的祭祖仪式他心里有数。

祭祀祖先，要准备祭品。制作祭祀供品，是图阿姨及儿媳们的工作。寻着香味我抽身从院子里挤进灶房，看看祭品的准备情况，这时图阿姨掀开锅，香味随蒸汽四散，肉香、米香、油香混在一起，形成一种特殊的香味，这是满族传统食物——鞑子饭。之后，鞑子饭被恭恭敬敬地端上供桌，图大爷将儿媳接续递过来的蒸煮供品小心翼翼地摆放在供桌上。祭品摆放完毕，仪式也开始了，图大爷作为家族长者带领族人一起向祖宗行三跪九拜礼，然后是神秘的萨满跳神，仪式持续到中午，仪式结束时图阿姨将祭品一一分给前来观看仪式的乡里乡亲，分到祭品的乡亲们脸上洋溢着笑容。

鞑子饭作为一种满族传统饮食，在东北地区可谓家喻户晓，民间流传一种说法，认为鞑子饭是在背灯祭时食用，或是在祭天、祭祖时请邻居、亲友、过路人共同食用。满族先民长期生活在白山黑水之间，除了“多畜猪，食其肉”外，多喜欢黏食，鞑子饭融合了肉和米，深受满族民众的喜爱。

随着当代生产生活方式的改变，鞑子饭已经不常出现在满族民众的餐桌上，只在祭天祭祖的仪式中制作，成为满族民众缓解乡愁、凝聚族群记忆的文化符号。现在的满族民众和汉族等其他民族杂居，饮食也逐渐统一，但鞑子饭已经成为满族民众的文化基因和肠胃记忆，会在特殊的时间被唤醒。

猪膘肉中长肥膘

张廷刚（北方民族大学）

田野调查绕不开吃喝，在云南摩梭村落调查两月有余，蒸土豆百吃不厌、煮苦菜降暑消炎、炸尖椒心口同感、烹小鱼回味无穷。但最令人难以忘怀的还是猪膘肉。

摩梭人家屋檐下都有一个多层木架，架上放置杀好的整猪，每家少则三五头，多则十数头不等。初遇此景，颇为诧异，询问得知，此物名曰“猪膘肉”（摩梭语“博产”），可谓是摩梭至宝。潘米伯伯（摩梭语“阿波得”）说：“猪膘肉，我们摩梭人家家都有，摩梭离不开猪膘肉。祭祖先需要它；男孩（摩梭语“挖朵”）举行成丁礼时要踩在猪膘肉上，寓意他吃喝不愁；老人去世时，要将猪膘肉作为答谢礼送给每位参加葬礼的人；猪膘肉还可以用来交换所缺物品；最重要的是我们一日三餐，都要吃猪膘肉。”猪膘肉做法看似简单，实则大有讲究。翁冲叔叔（摩梭语“阿波斤”）说：“第一步，先杀猪，再净毛、控干水。第二步，由猪嘴直开一道口延至尾部，这道口必须一口气开好，中间不能歇，刀口深度必须一致，切口光滑匀称，这样才会得到神佛保佑。第三步，取出内脏、剔掉骨头、切除瘦肉。第四步，在猪腹内放上盐、花椒、草药、香料，这些作料的分量一定要把握好。第五步，要用麻线缝合刀口，针眼大小、针线松紧都有说法，缝好后整个猪状似琵琶，所以又称琵琶肉。”据说猪膘肉存放越久，肉越鲜嫩，十年以上的猪膘肉可生食入药。

初到尤都阿爹（摩梭语“阿达”）家，正值午餐时间，看着餐桌上有一大盘油晃晃的白肉，心想这肉咋吃。尤都阿爹给我夹了一块，说：“这是我们自家养的猪，全是用洋芋、苞谷和猪草喂大的，不是饲料养的，肉老香了，以后经常要吃的，慢慢你就会想它哩。”我轻咬一小口，确实没我想的那么油腻，吃起来脆脆的，很鲜嫩。

在摩梭日子久了，发现猪膘肉有很多种做法，可煮、可蒸、可煎、可炒，煮、蒸、煎时必须配上尖椒、醋、大蒜、酱油等作料蘸着吃，炒时要切成薄片。吃猪膘肉需要大口咬、轻轻嚼，这样肉味才会慢慢透出来，一点一点在嘴里扩散开。闭目品味，此刻才能体味到猪膘肉之美、之妙、之鲜、之嫩，肥而不腻、脆而不碎、立而不散、久而不硬。怪不得摩梭人一提起猪膘肉，都赞不绝口，那种喜爱之情溢于言表。在摩梭人家中做调查，遇上吃饭时间，主人就会邀请一同进餐，而餐桌上必有一道菜是猪膘肉，虽同为猪膘肉，但每家做出的味道却大为不同。久而久之，我也爱上了猪膘肉，看它的眼神也满含深情，它回馈我的是一身肥膘。

猪膘、肥膘，膘后透出的是满满摩梭情、浓浓田野味。田野调查展演的是生活，体验的却是信仰，吃食流露的是特色，折射的却是情怀。

那只鸡腿吃不得

张江华（上海大学）

我个人的田野经验大概可以追溯到1996年。那时候因为承担了一个扶贫的课题，我和同事开始在广西各地调查，接待我们的多是县乡级的干部。20世纪90年代末，所谓“学者调查”还不像今天这么流行，我们带着地区中心城市一些机构的介绍信，受到了县乡干部的热情招待，我们真的吃得很好。吃的都是地方特色食物，而且是经过“高档化”后的地方特色食物。

我们在广西的巴马与东兰时，总有一道叫“香猪”的菜，主人向我们介绍这是本地的一种土猪，长不大，最多只能长到50来斤。说老实话，我没吃出什么香味，但肉质的确鲜嫩可口。香猪一般有两种做法：一种是白切，我们在餐桌上见到的都是切得很规则的香猪排条，夹一条蘸上酱料放进嘴里，还没吃完就想着夹下一条了；另一种则是烤香猪，通常是将烤好的整头香猪呈现在我们面前，然后由厨师在现场进行骨肉分离，和北京烤鸭的吃法基本相似。

1997年的春天，我和魏捷兹（James Wilkerson）教授开始在广西靖西一个靠近越南边境的村落从事田野调查。给我留下深刻印象的当地食物有两种。一种是生猪血拌猪杂，过年时几乎家家户户都杀猪，杀猪时，会准备一个放了盐的盆子接猪血，然后将猪的各种脏器（心、肝、肺等）炒熟后再和已凝固的猪血搅拌在一起。这道菜是杀猪时必吃的，而且是每人一碗。开始吃觉得味道不错，后来每天吃就有点腻了，想着这是不是就是“茹毛饮血”。过年的那几天我不在，年后我回到村落时，魏捷兹跟我比画，说他大概吃了半桶猪血拌猪杂了。

另外一种是白切猪肉，就是将五花猪肉切成二寸见方的大块，用白水煮熟。这种肉我爱吃，加上猪又是土猪，一上来我就能干掉两三块。只是过年时，各家仪式很多，我们一天要吃三四家，每家都是这样的白切猪肉，吃到后来感觉猪肉都已经满到口边了，但主人还在劝我们多吃。有一次，大概是晚上一两点了，我们又坐在桌上，我端着碗筷看着面前的几大碗白切肉不想动，我旁边的魏捷兹看见了，说你可以装作在吃的样子，把筷子放进碗里，然后再拿回来放进嘴里。我照着魏捷兹说的办法试了几下，被主人看见了，他说:“你是不是看不见？”然后将一盏灯放置在我们面前，我笑着对魏捷兹说:“你这套也不灵呀。”

2000 年 3 月我们又回到了靖西的田野点。因为这年是闰年，村落要举行三年一次的醮会，当地的道公、麽公与巫婆要联合在一起为社区举行禳灾祈福的仪式。仪式过程中，仪式专家和我们一起聚餐，90 多岁的老麽公将桌上约拳头大小的鹅屁股用筷子夹起来送到魏捷兹的碗里，这是有资格享用鹅屁股的年长老人对外来尊贵客人的最高礼遇，我幸灾乐祸地看着魏捷兹红着脸将整块鹅屁股一口一口地吃了进去，一直到现在都在后悔当时怎么没有把这一情形拍照留住。

也是这次，让我知道无论是什么肉，一些特殊的部位可能是给特殊的人吃的，因此，在没有搞清人家的文化规则之前，最好不要轻易下筷子。有一年，我在巴马县的山里调研，这里是布努瑶的聚居地。主人杀鸡款待我们，我下筷子时故意避开一些特殊部位，主人见我吃得小心翼翼，问为什么。我笑着说我怕吃错呀，他们都笑了，然后就给我讲了个故事：从前有一个干部下到村里来，见碗里有一个鸡大腿没人动，一筷子夹过去，旁边的小孩子哇的一声哭了起来，干部很诧异，问小孩子哭什么。其实呢，在这一带，不论是壮族，还是瑶族，鸡大腿都是留给小孩子吃的。估计从早上杀这只鸡开始，小孩子就算定了这只鸡腿是他的，一直在期待着，没想到一下子被别人吃掉了。我们一起哈哈大笑，说干部不好，该哭该哭。

邂逅怒族待客饮食“吓啦”

郭　星（云南大学）

2016 年 7 月暑期，云南大学文学院民俗学专业师生一行 8 人到怒江州贡山县调查独龙族传统民俗文化，我认识了贡山县非物质文化遗产办公室的小张老师。黄昏时分我们又应小张老师的邀请，拜访了“贡山星空网络传媒有限公司”，这是小张老师弟弟的公司，他们专注于怒江民族传统文化的宣传与保护。

近两个小时的访谈，我们了解了怒江州各民族的一些情况，对贡山县也有了较为全面的认识，收获颇丰。贡山县的傈僳族、怒族、独龙族长期以来友好相处，在生产、生活习俗上相互影响，共同发展。其间令我们万分惊喜的是，小张老师家要特别制作怒族待客饮食“吓啦”[①]来欢迎我们。什么是“吓啦”？我们纷纷提问。主人简单说：“‘吓啦’是我们怒族待客的好吃的东西。”此时天色已晚，但我们对此充满了好奇，在主人的盛邀之下，我们从二楼爬上四楼天台，近距离的观察“吓啦”的制作。

“吓啦”制作全过程是由小张的弟媳小李独立完成，小李

① 关于“吓啦”，有“霞拉”“夏拉”等写法，本文采用的是贡山县“吓啦”制作者的说法。

是怒族人。在怒语中，“吓”是肉，“啦”是酒，“吓啦”就是酒煮鸡，鸡肉酒。人们一般是用鸡肉做“吓啦”，也有用雪鼠制作“吓啦”的。小李给我们做的是鸡肉“吓啦”。她首先将厨房东北角的铁制炉子里的柴火点着，然后在上面放上水壶，她一直添柴使火越燃越大。那个铁炉子的形状似北方的煤球炉，铁炉子保证了柴火的充分燃烧和热量的集中。

在铁炉子烧水期间，小李开始完成“吓啦”制作中必不可少的环节——杀鸡。她选用家养的一只独龙母鸡，独龙鸡个小，但是肉质鲜美。小李用的是常见的传统杀鸡方式，别看她只有 21 岁，手法却非常娴熟和流畅，动作环环相连，让还会做一点儿灶台家务的我连连叹服。她坐在露天阳台的小凳子上，用右腿夹住母鸡的脚，使其动弹不得，左手揪着母鸡的头，右手揪掉母鸡脖子处的鸡毛。然后用小刀在母鸡的脖子处划了一刀，鸡血尽数流到瓷碗中。

铁炉子上的水烧开了，小李把母鸡放入盆中，用开水浇烫，然后将鸡拿出，在水盆旁边开始拔鸡毛。小李把拔好毛的母鸡放在炉子上烧，一边烧鸡绒毛一边和我聊天。“‘吓啦’在怒江州是怒族、傈僳族、独龙族都食用的滋补食品。”小李说话时就把鸡的内脏去除了，“做‘吓啦’不用鸡内脏，只用切好的鸡肉块。”小李将内脏分类装碗放进冰箱里，留作第二天炒鸡杂用，接着将母鸡洗净切成小块后就准备下锅了。

做“吓啦”一般用漆油和高度白酒。因为我们初次到怒江，怕吃漆油过敏，领队老师和主人家商量用酥油做“吓啦”。小李先将酥油在铁锅中翻炒至完全融化，然后将鸡块放入，并将鸡块炒至微黄收水锅干。后面一步是加酒煮鸡。小李在有鸡肉的锅中直接加酒，酒是小张家自己酿的苞谷酒，我尝了一口，酒味甘醇，入锅的酒和鸡肉泛起阵阵香味，十分钟后“吓啦”便制作完成了。

热腾腾、香喷喷的“吓啦”被放置在厨房中的火塘三脚架上，小张老师的父亲也和我们一起围坐在火塘边，品尝“吓啦”，细说“吓啦”的待客之道。老张老师说：“怒江水长山高，湿气重，‘吓啦’可以除湿气。所以我们专门为远方的客人制作‘吓啦’，这里面也包含着我们的祝福！”考察队员听闻纷纷举起盛有“吓啦”的酒碗，就着酒香，向主人致谢！

小张老师接着说：“‘吓啦’非常滋补身体，平时大家也常常吃‘吓啦’。而怒江各民族的产妇做月子专门吃‘吓啦’，可以催乳、止血、止痛，快速恢复身体。”言谈中我们渐渐感觉到“吓啦”给我们带来的热量，不胜酒力的我们逐渐面红耳赤。

大家虽然都是第一次见面，但是因为“吓啦”我们却像久别重逢的友人，不论谈什么都感到无比的亲切。小张老师多次说：“对于无酒不成宴，无酒不待客的怒江人，酒已经融入我们的血液之中。”

“吓啦”作为一种饮食民俗，是怒族日常生活文化的代表，促进了人们的交往，增进了友谊。这也许便是怒族待客饮食“吓啦”的功效了吧！月上中天，我们在“吓啦”的醇香中依依不舍的道别，并约好了下次的相见。

草原上的“诈马宴”

冯姝婷（天津大学出版社）

2017 年暑假，我到呼和浩特游学时，为了参与观察当地民俗旅游的开发与保护，专程跟着旅行团去了一趟希拉穆仁草原。对于一个在黄土高坡上长大的孩子来说，草原的辽阔与壮美，深深地震撼了我。然而，一餐价格昂贵的“诈马宴”严重破坏了我对草原的美好印象。

旅途中，导游热情洋溢地为游客介绍“诈马宴”。据说，2012 年之前，来内蒙古旅游的人都会选择品尝当地的“烤全羊”，2012 年之后，游客将目光投向了“诈马宴”。“诈马宴”被称为“蒙古第一家宴”，是蒙古族宴请尊贵宾客的满汉全席。诈马，蒙语是指煺掉毛的整畜。诈马宴的宴羊制作过程非常考究，选用整只被阉割过的羯羊，悬吊在专用的烤炉中，木火烤制，熊熊火苗离羊背约一尺左右，经过长达六个小时的焖烤而熟，肉质十分鲜美。更精彩的是，因为“诈马宴”是蒙古族宫廷至高无上的礼遇，所以参加宴会的贵宾需要穿戴整齐。于是，“诈马宴”会给游客准备传统蒙古族“王爷王妃”的服装，加上蒙古族传统的歌舞、摔跤表演，游客不用回到过去就可以体验古老蒙古筵饮文化了。

因为导游声情并茂的宣传，我和同伴带着向往，加入到“诈马宴”的“王爷王妃”的行列当中。然而，“诈马宴”是从漫长的等待开始的。

“诈马宴”的宴会厅是一座现代蒙古包建筑，能容纳 150 人，两人一桌，分餐而食。由于当天参加“诈马宴”的游客很多，所以需要分两拨儿进行。第一拨儿游客下午 5 点半开始参加“诈马宴”，第二拨儿游客晚上 7 点钟按时在宴会厅门口排队等候。一直等到 7 点半，第一场宴会才结束。工作人员迅速将宴会厅内收拾整洁，迎接第二拨儿客人入场。 我心里直犯嘀咕：听起来尊贵无比的“诈马宴”，怎么和乡下人办喜宴时的流水席一样呢？

为了选到最好的衣服和最佳的就餐位置，我们跑着进入宴会厅。进入宴会厅后，直奔更衣室，换上心仪的衣服，又迅速进入大厅，选择观看演出的最佳位置。全程慌里慌张的，让我感觉这不是一场悠闲的宴会，而是和别的旅客拼速度的跑步比赛。我安慰自己耐心等待，因为重头戏一般都在后面。然而，当我看见工作人员端着一个摞一个的餐盘进来，流水线般一一给“王爷王妃”们上菜时，我对“诈马宴”的幻想已经消失殆尽了。餐桌上，最先上的是蒙古族小吃、蜜饯，随后是凉菜、素菜和肉类熟食，最后上的是传说中的主菜宴羊。宴羊呈上来时已经变凉，味道很腥，丝毫没有肉质鲜美的感觉，很难与“长达六个小时的木火焖烤而熟”产生联系，更无法与之前在呼和浩特市吃过的羊骨头相媲美，我和同伴想要享受盛宴的情绪完全被粉碎了。幸好有马奶酒和额吉奶茶，稍微安抚了我们受伤的胃口。

宴会期间，蒙古包内穿插了蒙古民族歌舞、摔跤和带有古老巫术色彩的傩舞表演，以及“王子王妃”分食全羊前祭祀天地的仪式。这些表演和仪式有很强的带入感，大家用红色的筷子拍打着节奏，高歌热舞，现场热情高涨，弥补了我对宴会上菜品的失望。

回顾整场名不副实的“诈马宴”，其实是为了迎合旅客消费需求而产生的民俗主义，或者说是一场高规格的文化展演。外地的旅客来到草原，想感受独特的异域风情，当地度假村便开发出一系列可供消费的文化产品。表面上看，这是双赢的事情，一方进行文化消费，一方盈利，各取所需。遗憾的是，原汁原味的草原民俗被流于表面的文化展演所取代和遮掩，送走一批游客，又迎来一批，每一次文化展演都是在完成一次工作任务，辛苦表演的工作人员能对传统文化倾注几分情感呢？游客对民俗事项背后隐含的文化意义又能了解几分呢？

或许是我太较真了，也或许是我对“诈马宴”的心理预期太高了，我当时很难从普通游客的角度出发，去真正接受和认同这场高规格的文化展演。几年后回想起来，我那时也曾在刻意营造的特殊场域里，和大家手舞足蹈，纵情歌唱，把酒言欢。当然，如何将民俗文化恰如其分地融入旅游开发之中，既能发展旅游事业，又能完好保留传统文化的形式与内涵，是一个引人深思的问题。

第四部分

饮食与身份认同

You eat what you are

陈　刚（云南财经大学）

从我 16 岁孤身一人背井离乡离开重庆到兰州大学外语系读书开始，我的一生就与饮食结缘。我喜欢品尝异地的美食，喝异地的美酒和饮料，更喜欢利用当地食材在厨房自己捣腾。迄今，我的足迹除遍布国内大江南北外，还先后到过南美洲、北美洲、欧洲、大洋洲和东南亚，每到一处，我会首先寻找当地特色食品，当地人敢吃的食品，我都会好奇地尝试。拥有一颗人类学家的胃和好奇心，使我能享受许多稀奇古怪的食物，如蚂蚁蛋、蜘蛛、竹虫，以此来了解当地人为什么会以此为食。多年来，给我留下深刻印象、让我难忘的，并非吃了什么，而是因为对什么能吃的不同理解产生的误解和难堪，下面简单谈谈两件我亲身经历的事。

1990 年夏，我离开工作多年的古城西安，到美国爱荷华州立大学人类学系读书，师从黄树民教授。当时该系有硕士研究生 10 余人，大家来自五湖四海，除美国外，还有来自中国、印度、拉美和非洲的学生。周末常有聚会，大家轮流"坐庄"，每人带一个菜，庄主则负责饮料。饭桌上，大家高谈阔论，交流各自的所见所闻，其乐无穷。有一次，轮到我坐庄，为了显摆自己的厨艺，我做了几道四川菜，其中热菜有宫保鸡丁、水煮肉片，凉菜有麻辣三丝和红油牛肉片。所有来客吃得津津有味，对我的厨艺大加称赞。席间，我问大家是否能认出自己吃了什么，牛肉、鸡肉和猪肉自然没有难倒他们，但麻辣三丝这道菜，却没有人能认出所有食料。学友们纷纷让我告诉他们三丝为何物，并保证会吃完自己盘中的三丝。我抑扬顿挫地告诉他们三丝分别是粉丝、红萝卜丝和猪耳朵丝，由此构成白、红、褐三色。听完我的介绍，其中几位同学脸色的变化十分精彩，他们最后放下盘子，一再向我道歉，他们实在无法再吃三丝了，尽管先前吃得还很香。后来我才知道猪耳朵在美国经过特殊处理后，是用来给狗磨牙的！简直是糟蹋美食啊，可惜了！

2000 年 5 月，我开始在俄亥俄州立大学生态学院人类营养学系做博士后，从事消费者食品处理行为与食品安全方面的研究，还同指导老师一道为营养学专业的学生开设了一门课程“Food in Different Cultures”。课堂上，美国学生常常会问“为什么中国人要吃狗肉”，我就常反问他们“为什么你们美国人要吃牛排”。因为在农耕社会中，牛是一个家庭生存依赖的工具，耕地、拉车等最累的活都离不开牛，而狗不过是美国人家里的宠物。为了让学生欣赏和享受不同文化的饮食，学期末的最后一节课的内容是聚餐，要求每个学生亲自做一份菜或饭带到课堂，同时要提供详细的菜谱和介绍。学生们带来的食物真是五花八门，既考验他们的吃食胆量，也激发了他们对异文化的好奇心。

我最喜欢挑战学生们的胆量，常常准备一些他们没有吃过，甚至连见都没有见过的食品。记得有一次我带了一盒皮蛋到教室，我把皮蛋剥开皮后，放在盘中，用刀切成四份，邀请美国学生来品尝。尽管我告诉他们皮蛋是中国人喜欢吃的美食，并以期末成绩加分来重赏学生，教室里近 100 个学生中，也只有几个人敢吃皮蛋，是皮蛋散发的石灰气味让美国学生望而止步了。这次课后，我才终于理解了为什么皮蛋会被美国有线电视新闻网（CNN）列为“全球十大最恶心食物”榜首，理解 Thelma Barer-Stein 博士为何以“You Eat What You are”作为其书的标题来介绍世界各地民族、文化和饮食传统。

吃草记

邓启耀（中山大学）

1992 年，我随一个摄制组去云南西盟佤族自治县拍摄佤族民族志纪录片。拍摄点不通公路，要步行翻山。路很难走，毒日头高悬，红土山干热，我们被赤日和热土夹着烤，开始还有汗，不一会连汗都像被烤干了一样。渴得受不了，却不见一滴水。山坡上有草有灌木，此刻我恨不得变成马，能够嚼出一点草汁。刚这么想，我们的佤族向导已摘了一些嫩叶，放进嘴里，嚼得很滋润的样子。我们连忙学他，找树叶往嘴里送，嚼得满嘴发绿。

“要小心呢！狗闹花的叶子长得跟它像得很。”佤族向导突然冒出这么一句，吓得我们忙将手上的叶子交给他检验。狗闹花是一种剧毒植物，这一带拉祜族情侣殉情就吃它。

有了这个教训，我提醒自己以后再走山路，一定要记得带水。

一年后，我们又到基诺山拍纪录片，其间多次跟基诺族朋友上山打猎和采集，他们叫“转山”。小伙带把刀，姑娘背个篓，说走就走。我看太阳辣，说：“我去拿水。”姑娘头布鲁舍道：“不用，山上多。”看她神态，像是去她家厨房一样。

才到半山，我就渴了，向他们要水。才张口，就有小伙子三下五下上了树，噼里啪啦扔下些长相奇怪的绿果子。布鲁舍一手接住一个，自己先咬一口，然后把大的一个扔给我：“酸扁果，尝尝！”学她的样子咬一口，偏酸。旁边的沙车看我皱眉噘嘴，就近折了一根像芋杆的东西，将皮撕了，露出水汪汪的茎：“不要吃姑娘的酸东西，尝尝阿格来。”我咬了一截，味酸涩，回甜，水分很足，像一根天然的水管，正解渴。她们一路走一路采，有的采叶，有的取茎，有的掘根，有的掐尖，好似什么都能吃一样。

常下田野，学会这一手，不用变成马也可以在山上找到吃喝。便去翻姑娘的背箩，布鲁舍笑着向我介绍：“这些现在吃不成。紫色的小果叫色毛，舂了做蘸水；长小花的叫革毛来给，煮着吃；这叫恰拖阿帕，意思是酸叶，煮肉压腥用；蒲公英喂猪，

去“转山”的基诺族年轻人

人也可以吃；刺五加叶可以生吃，有点刺嘴，味道不错；苦凉菜生吃、煮吃、炒吃、舂了烧吃，都可以；野豌豆尖看着清秀，但煮不熟会闹（毒）人，让你肚疼；倒是这桑白达嗤，汉话叫狗屁菜，名难听，味不错，洗洗蘸辣椒酸水，生吃……”

当天晚上，我就吃到了这些“野草野花”。基诺族讲究吃原汁原味，山里干净，很多叶子或根茎都是生吃。打一点蘸水，除了辣椒盐巴，其他配料也都是野果之类。

采集，是很多民族日常生活的一个重要补充内容。如哈尼族，春夏两季采集活动频繁。仅野菜一项，可采集的种类就达数百种。其中，较常食用的野菜有山甜菜、树头菜、蕨菜、羊奶菜、灰条菜、水芹菜、马蹄菜、香菌、鸡坳、木耳、野山药、老鸹花、老鸹果、金雀花、棠梨花、杜鹃花、苦刺花、竹笋、树花、鼻涕瓜等，这些“山茅野菜”，风味独特，哈尼人采来，除了自食，还常用以待客。有许多野菜已成为当地有名的土特产或出口商品，如树头菜、绿蕨菜、鸡坳、干巴菌、松茸等。

在他们面前，我自叹不如。他们记得那么多植物，相知相处得那么自然，好像他们本是兄弟姐妹。他们还给我讲了很多植物的故事，有古老的神话，也有至今犹存的习俗，像拉家常一样，她们对各种植物的“脾性”真是一清二楚。我所谓的“知识”仅仅是书本上的，尽管我能背出这个中国最大的热带森林区的一些数字（如这里有高等植物5000多种，年平均温度在20度以上，年降雨量1500～2000毫米，等等），但我却无法认出这些植物的千分之一，更别谈了解它们的习性。我忽然明白，列维－斯特劳斯在《野性的思维》第一章里，要列举来自世界各地不同民族对植物、动物等的惊人认知的众多实例，并将它们定为“具体性的科学”[1]，真是颇有道理的。

---

①〔法〕列维-斯特劳斯，李幼蒸译：《野性的思维》，北京：商务印书馆，1987年。

从吃狗肉被开除“族籍”说起

杨福泉（云南大学）

纳西人的饮食有不少讲究。很多地方的纳西人每到过新年和春节，会腌制猪头肉，这是第一大菜，按规矩要把第一块猪头肉先喂给狗和猫。这个习俗来自东巴经《崇般图》（人类迁徙的来历）的记载，传说狗和猫从天神所居住的天上给人间带来了各种谷种，因此有功于人类。而纳西神话中所说的“天神”，相传是纳西人的第一个始祖母的父亲。

长期以来，纳西族民间禁忌吃狗肉，说“××族是吃狗肉的族”，这是骂人的一句话，把吃狗肉看作一件很坏的事情。我见过一个纳西族的将军，曾经在名片上印着“纳西人不吃狗肉”几个字。纳西族也禁吃猫肉。

有次在田野调查中，村里的老人对我讲述了这样一件事：他们村里有个走出家乡上大学的纳西人，有一次和其他同学一起去吃了狗肉，后来被村子里的人知道，于是这个大学生就被禁止参加祭天仪式，按规矩要连续举行三次除秽仪式后，才重新恢复参加祭天仪式的资格，这个除秽仪式要每年举行一次。这个大学生非常懊悔，把这事视为一件耻辱之事，羞于向外人说起，悄悄地请本地的东巴举行一年一次的除秽仪式并忏悔。

纳西人自称“纳西蒙波若”（naq xi mee biuq sso），意思是“纳西人是祭天的人”。一个纳西人被禁止参加祭天仪式，这是非同小可的惩罚，相当于短期开除了当事人的“族籍”，要通过东巴教的除秽仪式后，才能重新恢复参加这个圣典的资格。

20世纪60年代中后期，纳西人部分传统饮食习俗发生了变化，有些地方的纳西人开始吃狗肉，一些外地的狗肉店也进入了丽江。但我去过的很多乡村的纳西人家，还是恪守着忌吃狗肉和大年三十第一块猪头肉要先喂狗和猫的习俗，很多老人一说起外面普遍吃狗肉的行为，都会显出非常嫌恶的神态。

随着当代丽江人口流动的增多，饮食习俗的变迁，市场上出现了公开卖狗肉的地方。几年前有个来自德国的德籍藏族学者常住丽江做社区扶贫项目，她很了解纳西族与藏族的传统饮食禁忌，并常常以这两个民族都不吃狗肉而自豪。有次她从市场回来，非常沮丧不安地告诉我，她在丽江的市场看到了有人杀狗和卖狗肉，感到很震惊，觉得纳西族这个从来不吃狗肉的兄弟，现在也变了。我无言以对，不好向她更多地解释什么，现在丽江各民族都有，饮食习俗也多样化了，狗肉也就有了一定的市场。

随着传统文化习俗的复苏，除了大多数恪守古规不吃狗肉的乡亲，也有越来越多的纳西人重新回归传统，恢复了不吃狗肉的习惯。我有次在昆明与“云南纳西青年研究会”的青年乡友说起这个习俗，很多大学的青年学子都表示，他们从此要恪守不吃狗肉的传统习俗。一方面是年轻人知道了这是纳西人千百年相沿的饮食禁忌，大家都觉得应该感恩曾经给人类带来了福泽的狗和猫；另一方面，大家觉得狗是人类最忠实的朋友，即便你穷困潦倒人生失意，它都不会嫌弃你，会默默地陪伴你。

一个山地民族于游牧生活中形成的关于神话传统信仰的饮食习俗，经历了社会文化变迁的冲击，正在逐渐地与当代的伦理品格的认知发生联系，形成当代对本族饮食习俗的一种新认知。这种饮食习俗的发展趋势，还有待于继续观察。

何谓清真：从“真假回族”说起

张 多（中国社会科学院民族文学研究所）

我是回族人，生长在多民族聚居的都市昆明。“我是谁？”这个问题从小到大一直萦绕在我脑海中。因为我的民族文化认同感很多时候并不是来源于参加传统民俗活动，而是由于饮食的特殊性，身边人的评判所带来的。在我的生活中，一般情况下朋友、熟人常常会忘记我的回族身份，但是每到吃饭聚餐的时候，这个身份就会凸显出来。朋友们会尽量为我寻找清真餐厅，大家也常常问我为什么穆斯林会忌食猪肉，有时候很多人甚至以为回族是吃素的。

有一次我从国内乘飞机去伦敦，委托中介机构订机票，订票的时候那位业务员无意间看到我的身份证写着“回族”，他立马就说：“啊，那你飞机上的餐食要预订特殊餐食呀！”我很惊喜，终于碰到懂行的了，都不用多费口舌。因为国际航班对餐食分类很细，穆斯林餐、犹太餐、素食、印度餐都是可以提前申请的。但是当我在高空中饥肠辘辘的时候，空姐端上来的餐盒却让我万念俱灰！盒子贴着“Vegetarian”的标签，居然是一盒素食。打开全是菜叶子、小番茄！原来，那位订票的业务员以为回族是吃素食！那次 9 个多小时的航程，我一点油水都没沾。

我身边的人都觉得回族是非常神秘的，很多朋友说认识我最显著的收获就是，真正了解了回族的饮食禁忌到底是怎么回事。但毕竟我的圈子就那么大。最让我莫名其妙的是，在云南地方知识话语中，始终有一种话语来判断一个回族人“真不真”，比如下面的一些话语：

“我有个朋友是回族，太真啦，我家的碗筷都不沾。”

“我认识一个回族，也会跟我们吃饭啊，是不是不太真？”

“我姐夫是真回族，我姐都随他吃。”

诸如此类的话语在我的生活中如影随形，甚至有的人会直接问我：“你真不真？”这时候我就很尴尬，不知道怎么回答，因为我本身就很反感这种“简单粗暴”的评判。但是细想别人这么问也是情有可原，因为有一些回族同胞来自传统聚居区，饮食上非常谨慎，真的连别人家洗干净的锅碗都不沾。大家都搞不明白回族饮食到底有哪些禁忌，讲究到什么程度，不熟悉的人都不好意思直接问，平添许多社交障碍。

我对此非常苦恼。按照这种“真假”标准，如果一名回族人的饮食只是选择性地守禁忌，他的民族身份认同立刻就模糊起来。但是我们毕竟是现代社会的人，要跟不同的群体打交道，况且别人一旦知道我的饮食禁忌，无一例外都表示极大尊重，不怕麻烦。那我更不能“倚仗”这个身份处处给别人制造麻烦。如果大家都不知道怎么跟你相处，生怕一不小心犯了你的忌讳，自然会疏远你。我想回族给人感觉“神秘”大概也是由此而起吧。

事实上，清真饮食的禁忌边界也并非那么清晰。如果严格按照伊斯兰教《古兰经》的规范，清真饮食忌食自死动物、不洁食物、猪肉、血液、酒、单蹄动物、非诵以真主之名屠宰的动物。当然，在不同的教派、地区、族群中，除上述主要禁忌外，对马、鹰、蛇、海豚、狗、猴、猫、熊、龟、蛙等许多动物也有不同的禁忌观念。但即便是对待基本的宗教禁忌，不同的穆斯林群体也有多样化的实践。比如哈萨克人有食马肉的传统，很多地区的穆斯林并不忌饮酒，甚至《古兰经》里多次申明在迫不得已（如危及生命、健康）的情形下，虽食禁物也不算违禁。

因此，“清真饮食”这个概念在日常生活中是灵活和不确定的，它就是一种饮食民俗习惯，并不存在一个确凿无疑的规范。近年来，一些回族社区出现了“清真泛化”的现象，连矿泉水、蔬菜、水果、大米都要讲究“清真”，有一年网上甚至传出“可乐里有猪肉成分”的荒谬谣言。要是这都可以成立，那猪肉由蛋白质、脂肪、维生素、水构成，我们就什么都不要吃了。这些观念在我看来完全是一种故步自封的倒退。

都说回族与穆斯林是两回事，有许多回族成员并不是教徒。但在实际生活中，人们哪里分得清那么多，就直接用“真不真”来把你归类，以便拿捏和你交往的分寸。有时我也感慨，饮食禁忌看起来并不是什么大问题，但是生活里面这种禁忌会导致一连串的连锁反应。我们自己内部对此都有很多分歧，更何况别人呢。

我作为回族成员，也反对将饮食禁忌“上纲上线”。说到底，清真饮食准则的拿捏是个人的事情，人人都有权利选择饮食习惯，而不能以此来判断一个人是“真回族”还是“假回族”。

食物禁忌：一顿被放弃的大餐

崔忠洲（西南科技大学）

刚回到田野，我的一个报道人阿梁先生就打来电话，让我晚上去聚餐。他带着神秘的口气跟我说："晚上有好吃的。绝对好吃！"他还强调了几遍。我问他，我能不能带个人一起去，因为我的一个朋友这次随我一起来到了这个地方。阿梁豪爽地回答："当然没问题，你带他来。"随后挂了电话。

阿梁在一所寺庙里开了一间武馆，教四邻八方的小孩们练散打。由于他本人曾经在少林寺学过功夫，所以他的徒弟不少。他的武馆是一个"兴趣班"式的，并不提供文化课教育，适龄的孩子都是在放学后由各自的家长送来寺庙学习武术。因此，根据以往的经验，我知道这个饭点就不可能早，一般都得等孩子们练得差不多了才能开饭。

大约下午 6 点半，我带着我的朋友一起来到寺庙。寺庙西边侧门早已打开，孩子们正在寺庙的前院"哼哼哈哈"地练着拳脚。旁边则围着一帮父母，或在看孩子打拳，或在闲聊。当阿梁看到我走进寺庙，他立即就过来招呼。不过，当他看到我身后的朋友时，一时有点发愣——他电话挂得急，我没来得及说清楚，我的朋友是一位南美的黑人，是一个"老外"。

阿梁热情地向老外展示孩子们练武的情况，并不太着急去吃饭。他的几个要好的练武的朋友一看来了老外，就提议先去吃饭。阿梁犹豫了一下，同意了大家的提议，没等孩子练武结束，就带我们到街对面的饭店。

很快，酒菜就点好了，大家杯盏起舞，吆喝着吃了起来。尤其席中有一位会说几句中文的老外在场，大家的情绪尤为高涨。唯有一个奇怪的现象，就是平时极为热情的阿梁，今天一反常态，缩手缩脚的，不太主动劝酒、吃肉。他只是一个劲地说“你们吃，你们吃”，自己却并不怎么动筷子。而且，说不了几句，他就站了起来，说要去照看一下练武的孩子们。其实那些练武的孩子们完全不需要他去照看了。他的几个年龄大一点的徒弟，已经担起了师父的职责，很乐意训导小师弟、小师妹们。阿梁显然是在找理由离开。

这一顿饭吃得有点莫名其妙。我完全不清楚他打电话时为什么要神神秘秘地说晚上有好吃的。

出了饭店，一位酒足饭饱的食友凑上来，笑着小声问我：“你是不是觉得阿梁今晚有点反常？”

“是呀，他今天是有点不太一样。”我回答说。

“阿梁今晚有点抹不开面子。嘿嘿嘿，他今晚吃得不痛快。”

我急忙问他为什么？他剔着牙，然后问我：“你知道我们晚上吃的是什么肉吗？”

我愣了一下。“难道不是牛肉？”我这么反问，是因为知道阿梁是回民，所以我们不可能点有猪肉的菜。

这位食友哈哈大笑，说："你真没吃出来？！我们吃的是狗肉！"

我立马觉得心里有点不太舒服。我虽然不是那种疯狂的爱狗人士，不过，我并不想吃狗肉。

显然，阿梁准备的大餐就是狗肉，而且，他自己似乎也准备来享受一顿的。但出现了一个意外情况——我带的朋友是一个老外，这让他决定放弃这样的"美味"。

那位汉民食友得意地告诉我真相，因为回民不可以吃狗肉！

我们都知道回民的饮食禁忌是猪肉，什么时候狗肉也成了回民的禁忌食品？而且，田野里遇到的回民，几乎每家每户都养着狗。如何解释这种矛盾的现象？

在后来的田野中，我被告知，根据伊斯兰教的宰牲教法（*Ḥalāl*），"相貌丑陋、凶狠、奇形怪状的动物不能吃"。而且，狗因为会吃粪便，也算是"不洁"的动物，故而穆斯林会规定不吃狗肉。这种解释，主要是基于信仰。人类社会中，被列为禁忌或者回避的食物多种多样，其中的原因也各有不同。比如，针对穆斯林与犹太教徒不吃猪肉的习俗，马文·哈里斯（Marvin Harris）在他那篇著名的《牛、猪、战争与巫术：文化之谜》中给出的解释是出于生态的考虑。但对狗肉的禁忌显然与生态的考虑没有多少关系。泰国人对吃狗肉的禁忌，则采取污名化的做法，"狗是低贱的，不洁的，是食物的禁忌，且是乱伦的"。这个解释与我在清真寺里听到的对于猪肉禁忌的说法几乎完全一致。除了上述的原因之外，有些食物禁忌则是为了保护某些动物，或者是为了让特定的人吃到相应的食物，特别是在食物匮乏的情况下，要优先保证孕妇等人的食物相对充足。

显然，阿梁是知道回民不吃狗肉的习俗的。但对狗肉的“美味”，他大约同样是非常清楚的。可是，因为老外的到来，让这次“绝对好吃”的体验，完全没有体验到，无论是对他还是对我而言。

但是，他的这种放弃，体现了食物禁忌的另外一种功能，即有时候食物的禁忌是为了某种认同，是为了与所属群体成员的行为与认知保持一致。保持对食物相同的禁忌，可以增强一个人的群体归属感。

由此可见，“自我”的认同，在有参照对象的时候可能会得到强化，当人们意识到“他者”的存在时，其认同感或者归属感就可能会被惊醒，甚至主动去维护“自我”身上的标签，虽然这个标签可能会在陌生人被“熟人化”后，而丧失其效用。

他们是“生吃”猪肉的民族

褚建芳（南京大学）

十几年前，我去云南芒市的傣族村寨做田野。早在到达之前，我就听说傣族朋友们会“生吃猪肉”。人们告诉我，这是傣族特有的一种习俗。对此，我既感到震惊，又忍不住好奇。

到达寨子的那天晚上，我就亲眼见识了这一习俗。

那天下午，我刚在村委会安排好住宿和吃饭的地方，寨子里的一位村干部便主动用汉语跟我讲话。老实说，他讲的汉语，我基本没听懂。但从他的笑容里，我感觉到善意和热情。我连蒙带猜，费了半天劲，才终于弄懂他是在邀请我跟他一起去参加一个庆祝乔迁的晚宴。这样的好事当然不能错过，我立刻答应下来。

时间已经不早，稍微安顿了一下，我就随他到了寨子东头那户乔迁的人家。那户人家里已经有很多人在吃饭喝酒、划拳行令了，非常热闹，饭桌上摆满了各种菜肴。落座后，有人告诉我，其中一道菜就是闻名已久的“生猪肉”。我端详起来：这种“生猪肉”并非我们想象中被做成一块一块的，而是被剁成生肉糜，放到一个容器里，再加上一些苦苦的胆汁。吃的时候，并不直接吃这些生肉糜，而是用筷子夹起别的菜肴，到这个容器里蘸一下，再到另外一个容器里蘸一些辣椒粉。有些人则为了方便，干脆把辣椒粉直接倒进肉糜里。

这样看来，所谓的“生”吃猪肉，其实只是一种谣传和误解，真实的情况并非生吃猪肉本身，而是把伴有胆汁的生肉糜当作一种蘸料，再拌着辣椒粉吃。吃一两口以后，往往还会喝一口自家酿制的米酒。据一些傣族朋友说，这种吃法不仅能让人享受到生肉的鲜美味道，而且辣椒粉和米酒还能杀掉生肉里的细菌。

作为一个充满好奇心的人类学者，我当然不会放过这个品尝当地美食的机会。尽管心里难免有一些对生肉的畏惧，却“义无反顾”地学着当地人的样子，夹起菜肴，蘸着生肉糜和辣椒粉，大口大口地吃起来。说心里话，苦苦的胆汁让我觉得颇有些难以下咽。不过，初来乍到的我还是努力表现得若无其事，淡定地享受着这种“美味”。

我从田野回来后，一些对傣族饮食稍有了解的朋友常常忍不住问我：“傣族人是不是真的会生吃猪肉？这种吃法会不会不卫生？”对此，我总会耐心地解释，告诉他们傣族人并不是真的“生吃”猪肉。事实上，这种“生肉糜”，也并非傣族村民们的日常伙食，而是仅仅在宴席上才出现。

对此，我常常想到自己的另外一些经历：对于在中国北方出生的我来说，生吃蔬菜，尤其是生吃葱、蒜、西红柿、黄瓜、芫荽等，是司空见惯的事情；但对南方人而言，生吃蔬菜就好像是一种“奇风异俗”——我常常因为喜欢生吃蔬菜而被南方的家人们戏称为“蛮子”。然而，南方人却常常会生吃鱼、虾和螃蟹之类的“荤菜”，却很少意识到这对一个北方人而言是颇为奇怪的事。其实对南方人而言，也并非完全不“生”吃蔬菜，比如，他们有时会把芫荽、葱花、蒜泥、辣椒、生姜、韭菜花之类的蔬菜剁成碎末，作为调料来吃。在吃螃蟹和火锅的时候，他们就常常如此。

可见，所谓“生吃”，其实并不像我们所想象的那样。我们的想象多少有些失真，但是，这种失真了的想象常常正是我们所关心和在意的，而对真相本身，我们却并不在意，更不愿费心费力去一探究竟。进而，有了这种失真的想象，事情反而显得更加生动，并成为我们对人们进行分类、认知、概括的依据。

美女的吃相

邓启耀（中山大学）

照片上的法国美女，面对中国餐桌上的美味佳肴，捂住嘴巴，露出惊恐的眼神。她的旁边，法国人类学教授熟练地操着筷子，和中国学生谈得正开心。

美女吃到了什么？吓成这样！

——一只青蛙的脚。

这个瞬间被我的学生注意到，抓拍下来了。

这是2006年，我和法国亚威农艺术学院人类学家雅克·德费尔（Jacques Defert）教授带两国学生在南中国考察途中的一幕，极为日常，又很不寻常。

考察活动是由法国金色年华协会、南法八所艺术院校和中山大学传播与设计学院及人类学系联合组织的。项目内容的表述很长，我把它压缩为“跨文化观察”，写在我们的房车上。我感兴趣的不完全是我们的考察点和考察对象，而是考察者。我想，不同国籍和民族的人联合到异文化地区进行考察，会“看”到什么？面对同样的场景，他们“看到”的会是一样的吗？外来人如何适应当地的情景？两种不同文化背景的人怎样看待对方？如何相处？这都会是有趣的问题。

当然，最直观的反应，是在吃饭穿衣这样的“日常”状态中，包括吃青蛙这样的文化震撼。

中国学生大多是久经考验的吃货。在苗寨，即使在拍摄最紧张的时候，女生都不忘桌子上那碗油煎的小鱼，男生则喝得歪歪倒倒只会傻笑；在侗寨，酸辣鱼上得再多总是不够，尽管异常酸辣，但吃货们还是吃出那被重口味掩盖住的山沟鱼的鲜香，说那是在城里品不到的味；到了纳西族山寨，吃货们发现把山地土豆在火塘边烤了，蘸辣子盐巴，口感极好，居然把人家堆成45度角的土豆差不多吃平。

法国学生吃相文雅一些，但到了后来也难以抵挡美味诱惑，几乎把南中国的各族小吃都吃了一遍：广东瑶族红烧牛蹄、湖南

吃到青蛙脚吓坏了的法国美女

冰糖湘莲、广西壮族油茶、贵州侗族酸辣鱼、云南过桥米线和野生山菌……法国美女帅哥本来长得就生动，吃起来更是表情复杂、怪相百出，一边小心翼翼拿筷试探，一边风卷残云。我表示非常理解，因为我们在法国考察时，成天火腿面包黄油，让人吃到打冷噤，不得不同情外国人在吃的问题上的不幸。当然，中国菜的无所不包在她们看来可能也有些过了，比如青蛙脚、凤爪、猪头、蜂蛹之类，总让美女花容失色；如果端上臭豆腐、松花蛋、血旺等美食，她们更是一脸嫌弃。但是且慢，法国美食就没有让人嫌弃的吗？记得在法国访学时雅克教授邀请我到他家做客，女主人端出几种奶酪，有一种灰绿色的奶酪，他们重点推荐。我尝了一点，臭臭的，像霉变的东西。我家美女尝了一点，就半分钟，便像中毒一样，脸色和嘴唇变得煞白，到洗手间吐了半晌才缓过气来。

法国美女不敢碰或带不走的东西，她们就拍成照片带回去了。透过照片，我们看到她们在看什么：泡在酒坛子里的毒蛇、成群结队裸体挂在餐馆前的鹅、美味无比却又苍蝇飞舞的各种地方小吃、火塘边沾满炭灰的烤土豆、巴掌大透明而多油的琵琶肉……我想她们一定经常处于莎士比亚式的纠结：吃，还是不吃。

有一天晚上我们一起在纳西族人家的院子里吃饭，飞来几只野蜂，围着灯泡扑腾。学生们有些惊慌，四散躲开。我们的纳西族房东神色自若，举杯拿筷，到灯下施展二指禅，夹到飞蜂，动作利索地送进酒杯。待泡够三五只野蜂，便把酒一饮而尽，说是有治疗风湿的功效。我看到，法国学生露出惊异而敬佩的神色，法国教授却如获至宝，追问怎样配制、疗效如何。回国的时候，他竟然真弄到两瓶泡满野蜂的药酒，说是给自己的老伴治病用。

德钦的酒与人

刘　琪（华东师范大学）

如果有人问我，德钦人生活中必不可少的东西是什么。我会说：是酒。

夜幕下的德钦县城，人们早已三三两两聚在一起。热气腾腾的火锅店、开怀放歌的朗玛厅、简朴而不失精致的茶室，都是消磨时光的好去处。或浓或淡的青稞，略带点苦味的大理啤酒，偶尔再有两瓶本地自产的干红，沉寂的夜晚，顿时变得活泼许多。据说，酒在藏语中叫“羊马卡董”，直译成汉语的意思是“花椒开口”。成熟的花椒，不再遮住害羞的脸庞，畅快地迸发。酒之于人，也同样如此。

几杯酒下肚，话便多了起来，天南地北，海阔天空。据说，田野中最艰难的一步是进入，即“被视为当地人”。当年，人类学大师格尔兹在巴厘岛，凭着一次意外的逃亡，完成了被当地人接纳的过程，也就此发现了后来成为经典之作的主题——斗鸡。而我，作为一个“加姆”（汉族女人），之所以能够幸运地待下去，靠的便是不怯场的喝酒。“北大的博士，来来来，喝一杯喝一杯”，这句话几乎从我开始田野第一天听到最后，“扎西德勒”，一干而净，从此，大家的距离便拉近了许多。

据说，在古希腊神话中，酒神象征着欢乐，他接受生命的反复无常，带有洒脱与狂欢的特质。爱酒的德钦人，对待生活也同样如是。整个田野过程中，有一件事至今让我记忆犹新：一次，酒局散场已近半夜，一位友人摇摇晃晃被人搀扶出来，一面掏出车钥匙，一面豪迈地对我说："走，我送你回去！"要知道，那天我可是住在离县城将近十公里外的地方，一路全是没有护栏、七拐八弯的山路。那一刻，我在十秒钟内进行了激烈的思想斗争：要保命，还是要做一名合格的人类学家？或许，我的天性里也有着酒神的影子，于是，便毅然决然地选择了后者。还好，那天车并没有翻，我今天也还能一面坐在电脑前面打字，一面想着那是不是我平生最大的冒险。

后来，我慢慢发现，对于德钦人来说，喝酒不过是家常便饭，当然，很多时候只是小酌怡情，并不会真的醉到走不动路的程度。我也习惯了他们在路过某段险路的时候，很平静地告诉我，某一年，他的某位亲戚在这里翻车死掉了。说这句话的时候，语气里会有些惋惜，但并没有过分的悲伤。当地的一位朋友告诉我，藏族人的葬礼里面是没有哭丧习俗的，因为他们相信轮回，人死了，只是去了另一个世界。

在田野中，我常想，德钦人的乐观、开朗与淡然，究竟从哪里来？朋友们告诉我，这与他们的生活方式有关。他们说，这里自古便是茶马古道的要塞，总是在接纳各种各样的人群，他们也在不断地往外走。来来回回，见得多了，也便看开了。曾经听过这样一个故事：一位现在已经过世的老人，在年轻力壮的时候，因为交不起土司强制买枪的费用，离开妻儿，走上了茶马古道。一走，就是数年。一次，在西藏帕里，两个马帮为了争夺客栈的马桩起了冲突，他跟人打了起来。这个消息不知道被谁带到了老家，说他在西藏被人打死了，他的老婆听说之后，带着两个孩子，改嫁给了另外一个男人。很久以后，他回到老家，发现房子空荡荡的，只有正中的火塘依然如故。老母亲死了，媳妇改嫁了，他坐在火塘边，只剩下伤心。媳妇绕着房子转了三天，终于进来了。她抱着一只鸡，拎着一篮子鸡蛋，还有一壶核桃油，跪在他面前，一边哭一边说："大哥，我听信谣言改嫁了，非常对不起。"他想，自己今天活着，也不知道明天会不会死，欠款也不知道什么时候能还完。于是，就安慰老婆说，没关系，让她带着孩子，跟着那个男人好好过。说完，第二天，就又跟着马帮走了。

这样的一个故事，从讲述人口中娓娓道出，听者的心里却满是震撼。大山中的德钦人，既有着山的执着，又有着酒的不羁；既会尽自己的本分，又有对于世事的超脱。虽然时代不断变化，但家庭与漂泊、责任与流浪，总是一代代德钦人生命的主题。据说，那位在茶马古道上走过半辈子的老人，在很老的时候，曾经坐过一次飞机。在飞机上，看到他曾经千辛万苦翻越的山，就像在脚下铺展开来的小小波浪，不由得说了一句："在快死的时候，我竟然从自己的脚印上面飞过。"

一切感悟，尽藏于此。

“阿诗玛”蘸水

巴胜超（昆明理工大学）

我是下午四点左右才赶到大糯黑村的，中巴车把我放在了路边，虽然到村子只要步行1公里，但中午吃的小锅米线已经消化得差不多了，肚子开始叫唤。走着走着，听到身后传来手扶拖拉机的声音，正好是进村方向，我试着招了招手，然后努力微笑着。

拖拉机在驶出十来米后停了下来，我赶紧小跑上前，司机问：“你是要去哪家？”我简单说明是来做调查的学生后，他用撒尼话让坐在副驾驶的中年妇女（我猜测是他的妻子）到拉农家肥的车厢站着，我则被安排坐在副驾驶的位置。在一阵农家肥的味道中，我为自己招手搭车心怀内疚，就这样进入了大糯黑村。

本以为到了曾大哥（我调研寄住的农户）家，就能先饱餐一顿。但顺着拖拉机司机指的路线，找到曾大哥家名为“尼维诺玛憨”（撒尼语，汉译为“糯黑石头寨”）的农家乐时，门倒是开着的，里面却没人。先卸下行李，然后打电话。得知今天县里的领导来视察乡村旅游工作，曾大哥和其他搞农家乐的农户，正集中在另一家农家乐里准备晚餐。他让我先在村子里转一下，熟悉下路线，等开饭了就打电话叫我。

或许是真的饿了，我寻着香味就来到了接待领导的农家乐，还没到饭点，曾大哥也没有工夫和我寒暄，在厨房且忙着。我正好可以看看农家乐的接待饮食是如何进行的，只见曾大哥的妻子春花姐正在用薄荷、葱、姜、花椒、辣椒、食盐、味精、酱油等调料调配蘸水。“这蘸水是蘸啥的？”我问道。“这不是一般的蘸水，这是‘阿诗玛蘸水’。”曾大哥抢着回答，“我们撒尼人，男的都是阿黑哥，女的都是阿诗玛，阿诗玛调配的蘸水就叫‘阿诗玛蘸水’。”一旁的春花姐和其他女性均开怀地笑着。

主菜准备得差不多了，曾大哥终于有点空隙和我讲上几句：“今天县里分管旅游的领导来视察工作，这些是我们几家开农家乐的农户一起为游客量身打造的彝族土八碗，土八碗的菜品并不固定，基本由腊肉、土鸡肉、羊肉、荞饼、乳饼、土豆、酸菜红豆和时鲜的蔬菜汤组成。”

除了主菜，喝的也有讲究，春花姐接着为我普及撒尼人的酒水知识：“我们撒尼人喜欢捂甜白酒，一般是先把糯米用冷水泡一个晚上，第二天把泡好的糯米放在甑子里蒸，并用冷水反复搅拌，蒸熟后将糯米扒开，等凉了之后放入适量的药酒、冷水，搅拌均匀，装在缸中，密封好，放在锅灶边发酵几天就可以吃了。”“那这个甜白酒叫什么？”我猜测曾大哥也给撒尼人的酒水量身打造了一个名字。“甜白酒、苞谷酒、苦荞酒，我们都叫‘阿诗玛口服液’。”曾大哥兴高采烈地接话。

领导们在客厅落座后，阿黑哥、阿诗玛们迅速换上撒尼节日服饰，端着自酿的“阿诗玛口服液”给领导祝酒。领队的阿黑哥（曾大哥）说："我们是汉话（化）有限公司的，因为汉话有限，所以就给你们唱几首歌，目的是祝祝酒兴，歌唱完，酒也要喝完。"

2009 年夏天，作为大糯黑村眼中的"他者"，我撒尼话有限；作为我眼中的大糯黑村，汉话有限。撒尼话演唱的敬酒歌，我一句也没听懂，但是作为来大糯黑村寻找阿诗玛的"他者"，还是面带微笑，和来视察的领导们站在精心布置的彝家乐土八碗餐桌前，使劲拍照。

质朴的蘸水、酒和食物，在"阿诗玛"的包装下，散发着一种"后现代文化"的解构与嫁接。这就是撒尼人在文化旅游背景下，为吸引游客进行"舌尖上的探访"，配以"阿诗玛"文化想象，对饮食进行符号化表述与传播的小故事。

醉里田野失，酒中族性现

郭建勋（西南民族大学）

“酒”对于人类学田野调查的重要性，似乎是不言自明的，好似人类学戏谑层面的“本体论”话题。我虽生长在四川民族地区，然而并不喜好喝酒。文雅的说法，叫不胜酒力；形而上的说法，叫没有酒神精神；按体质人类学来说，是酒精敏感体质。田野中，每当我看到别人觥筹交错，杯酒人生，我常怀疑自己，因为我破坏了他人关于“民族地区来的人个个是酒仙”“百年三万六千日，一日须倾三百杯”的想象。田野中，我也不惜失去面子，避免酒神附体带来的悲剧。然而，俗话说得好，“常在河边走，哪能不湿鞋”。在有限的田野里，有两次与酒有关的经历让我至今难忘。

2011 年 7 月，我和同事带着西南民族大学民俗学研究生到四川兴文某苗族乡进行田野训练。无论是在县城宾馆里的欢迎宴上，还是在百姓家中的饭桌上，我都能顺利躲过酒精考验，全身而退，但我却没想到会倒在乡中心小学操场边的课桌上近三四个小时，浑然不知这期间发生的一切。直到第二天午后，有学生说起昨晚我们全体合影一事，我才知酒神终于附体，悲剧已经发生。

那是个夏天的傍晚，我们调研组从山上的村寨回到乡政府旁边的苗乡饭店，调查乡政府周边村落，总结田野工作，准备第三天返回兴文县城。就在这时，乡长来到我们的住处，邀请调研组成员参加第二天专门为我们准备的篝火晚会。盛情难却，加之我们也想借此了解当地民族文化，于是欣然同意。第二天一早，我们很早就听到附近有芦笙的声音，寻声而去，原来是当地小学的部分女学生正在排练苗族舞蹈。当时学校已经放暑假，但为了给我们开欢送会，老师很早就打电话，把舞蹈队的学生叫到山下学校来训练，有的学生为此走了两个多小时的山路。学生排练的舞蹈，是一位老师专门到贵州民族大学学习后带回的。有的学生在训练过程中，因动作不太熟练而受到老师的批评。

川南的夏天，火炉一般，异常炎热。傍晚时分，熊熊篝火燃烧起来，在 38 度的高温下，学生穿着从贵州引入的苗族服装，汗流浃背。操场边，摆了一排排的课桌，上面放着烧烤和酒碗，旁边塑料桶里，装满了当地酿的歪嘴酒。首先是乡长讲话，随后是我方致谢，接着小姑娘们跳起了并不熟练的苗族舞蹈。在这过程中，当地干部、学校老师、跳舞的学生，依次向我们敬酒。当我面对满是汗珠、疲惫的小姑娘递来的酒时，我没有办法拒绝，只能喝下去。不知喝了多少，我就趴在课桌上。事后，有学生说，我在趴下前，对他们说了几句话，大意是：你们是来调查的，不是来玩的，要认真调查这个过程。随后，我就在失忆中与马林诺夫斯基等田野大师神游去了。值得欣慰的是，学生在我失忆期间，做了件让我自豪和感动的事——他们把乡政府附近商店的文具全买完，回赠给可敬可爱的小姑娘，以表感谢。

在我的田野中，还有一次也因酒而体验到食物的象征意义。那是在 2008 年 8 月，我在四川康定进行田野调查，访谈一位住在半山、喜好收集地方掌故和习俗的老人家里。我到他家时已是晚上九点多，他说今晚太迟，明天早晨他一定要用当地的特色饮食招待我。我并没有特别在意，因为在我的印象中，该地的饮食与周边丹巴等嘉绒藏区相似。第二天一早，老人起个大早，先打开一个大缸上的木盖子，里面装的是小麦、玉米和酒曲发酵后的咂酒。他先用竹制筲箕将小麦、玉米过滤，将酒盛在瓷盆里，随后生火，将锅烧旺，再用几节腊肠熬油，酒倒入锅中，加入红糖，煮了一会儿，给我盛了一碗。从饭架上，取下一个木盒，从中舀了满满几勺糌粑放入碗中。而这位老人，则在灶前开始吃昨晚的剩饭。看到他满脸的欣慰和很久没有打开过的糌粑盒，我吃下这碗既是饮品又是食物的东西，五味杂陈。一碗下肚后，我已两眼模糊，腹中饱胀。终日昏昏醉梦间，偷得浮生半日闲。原定调查当地山神的计划，只好在消化当地特色的酒食中推迟了。

一杯咸茶之所思

刘思思（宁夏大学）

到达内蒙的第一天，我们去了一家蒙古人开的餐厅，天气炎热，老板娘为我们每人倒了一杯茶水。端起口杯，我们大口喝着，谁知刚喝下第一口，就听到伙伴们不约而同地说了句“好咸啊”。是啊，茶好咸。茶里居然有盐，这让我们无不意外。这样的文化习惯，我们似乎还没有做好接受的心理准备。于是，大家都默默放下茶杯，不再碰它。不久，饭菜上来了，又累又饿的我们早已将咸茶抛诸脑后，没有形象地开始大快朵颐。第一口下肚，仍然是那声“好咸”。饭菜虽然咸，但是对于饥肠辘辘的我们，已然是最美味的。只是那杯“咸茶”却再未碰过。

之后的日子里，咸茶似乎并未如我们想象般淡出我们的田野生活。无论去哪里吃饭，回餐、汉餐、蒙餐，咸茶总是如影随形。我对于这无处不在的“重口味”产生了强烈的好奇心。为解开心中的困惑，我前往了前旗唯一的图书馆——鄂托克前旗图书馆，翻看了《鄂托克前旗盐业志》。原来，盐在蒙古族的地位是如此之高。当地有个北大池盐湖，已经有两千多年的开采历史了，盐业的发展对前旗的经济建设以及财政税收做出了积极贡献。如此悠久的“盐文化”，怎能不深入人心。

机缘巧合下，认识了一位年过八旬的蒙古族老爷爷，他热情地招呼我们到家里做客，席间，我好奇地询问了关于盐的情况。他拿着一个装满白色晶体的罐罐，用带着浓重的蒙古普通话告诉我："盐没有什么特别的，就是必须放。不放，没有味道，不香。炖肉，盐重就香，轻了就不香。"话虽浅显，却透露出蒙古族对盐的依赖与习惯。这大概就是人们常说的"好厨子，一把盐"。爷爷说虽然知道盐吃多了，对身体无益，但是已经习惯了。

随后的田野生活，更使我对"盐"留了心。一次，我们几个小伙伴听说前旗每周六都有羊市，遂前往，体验了一把当地人的羊市买卖。逛累了，我们决定找家饭店解决我们的午饭问题，选定了一家清真面馆。走进去，老板热情地招待了我们，给我们每人倒了一杯茶。我心想回族餐厅总不会再是咸茶了吧，谁知第一口结束，又再现了初来内蒙的情景——"好咸！"茶仍然是有着蒙古特色的咸茶，虽不如初尝般难以下咽，但也不想再喝第二口。

后来，前往我的访谈对象家里，他是一位对马有着无限热爱的大叔。我问大叔咸茶是从什么时候开始喝的，他说从小他就是喝着咸茶长大的。为了让我更深刻地了解蒙古族的咸茶文化，大叔还亲自给我演示了一遍，茶还未喝，心里已然暖暖的。蒙古族的泡茶方式与我们平时所见的极为不同：先将适量砖茶倒入暖水瓶中，加入一大勺食盐，再灌入沸腾的热水，盖上盖子，静置一段时间，便可开饮了。端着热气腾腾的咸茶，还有点儿小紧张，脑海里不断闪烁着那句"好咸"。鼓足勇气，慢慢饮了一小口，还是好咸。不过这一次，我决定继续尝试，喝了第二口，发现其实并不如之前一样难以下咽，反而有种淡淡的咸香。配着蒙古族的奶食品，第三口，第四口……不知不觉，竟然喝完了一杯。不知是我的口味变了，还是待得久了，饮食习惯也发生了变化。

在内蒙做田野的日子渐渐地靠近尾声，我已不像初时对“咸茶”那般抗拒。我想，现在我终于能够理解，为何内蒙古土地上的其他民族也喝着蒙古族的特色“咸茶”。各民族虽然有着不同的文化差异，但是在不断的交往交流中，各民族之间的饮食文化也在彼此潜移默化地影响着。不得不说细细品茗之下，蒙古咸茶，确实别有一番滋味，喝过之后，口齿会留下淡淡的咸香。

看来，喝咸茶还是有一定道理的。夏天，天气炎热，容易缺水，适当补充些盐分，不仅可以及时补充电解质，还可以防止虚脱。民间饮食不仅有着当地的民族特色，还有着我们不易察觉的智慧。

“太极馍”与“海苔鱼”

任杰慧（重庆文理学院）

2017 年 7 月，我到河南郑州做有关中医的研究。正是三伏天最热的时候，一天六七个小时高度集中的访谈，紧绷的神经最终没抵挡住三十七八度的高温。第二天早上起来的时候，头昏昏沉沉，胃口差到想呕吐的地步。接下来的访谈怎么办呢？大家都说，好歹访谈地就在医院，生了病也不怕。

我的访谈点是一家典型的中医院，说它“典型”，是因为现在的许多中医院，为了自身的经济效益，无论是诊断还是治疗都已与西医接轨，中医特色并不鲜明。而郑州的这家中医院，中医氛围浓厚，院内针灸“帖氏飞针”更是被评为非物质文化遗产。于是上午的访谈推迟，先去看病。给我看病的李医生是刚从赞比亚援非回来的针灸师，曾给中国驻赞比亚的大使夫人看过病。她给我把脉后说，因我体内有湿气，会合暑气入侵，这才导致头晕恶心的症状，所以要排除体内湿热。而排湿的方法除了针灸治疗，还要注意日常饮食，于是做了针灸。而饮食呢？那就从当日的午餐开始吧。

午餐吃的是医院的“食养”餐，印象最为深刻的是“太极馍”。它的形状是一个阴阳太极图，通过黑白配色和刀切使得这个图形非常传神。黑色部分的馍里含有黑豆黑米，白色部分中则加入了茯苓。李医生介绍说，茯苓能健脾渗湿，黑豆黑米可以解表清热、调节免疫力，让我多吃一些。我知道，中医历来讲究药食同源。中医典籍《黄帝内经·素问》中记载："五谷为养，五果为助，五畜为益，五菜为充，气味合而服之，以补精益气。……四时五脏，病随五味所宜也。"治病时要配合四时五脏相生相克的具体情况来恰当地食补五味。而阴阳太极图自古就是中医职业的符号，用在这里再恰当不过了。

访谈的最后一天，郑州的朋友要请我吃饭，而且是在登封市的少林寺附近。我说，访谈结束要下午五点，太晚了。她坚持说不晚，从郑州到登封不过一个多小时。果然，在高速上行驶一个多小时后我们到了吃饭的地点。这是一家禅修主题的素食酒店，朋友说，素食可以养生，你现在需要调节身体。于是就吃到了别具一格的素食，除了原汁原味的素食材，也吃到了"海苔鱼"这

"太极馍"

"海苔鱼"

样的“类荤菜”。这道菜色味俱佳，“鱼皮”是用海苔做的，“鱼肉”用的是豆腐。据说这家素食店生意非常红火，不仅是因为其具有禅宗文化，更是由于它的“养生”理念。

“养生”是现代社会非常流行的一个词汇，有人说，中国现在似乎进入一个全民养生的时代。生活中的慢跑、跳广场舞、爬山，保养中的按摩、针灸、艾灸，等等。而“食养”则是养生的一个非常重要的部分。美国著名人类学家怀特（Leslie A. White）在《文化科学》中第一次将能量概念普遍化，并认为文化是一种象征符号的能量，包括三种形式，即自然物质和技术能量、社会组织和制度能量、人类的思想和精神能量。这其中，思想和精神能量是最高等级的能量，影响力最大。而“养生”作为中华传统文化的一部分，与中医源远流长的知识体系和智慧相结合，成为一种具有说服力的文化资本，被赋予了思想和精神能量。比如“养生”中的阴阳和谐是中医学的最高追求，也是中华民族追求宇宙万物和谐的传统价值观的体现。而作为独立于现代医学话语的中医养生观念，也为人们提供了另外一种理解身心和生命的世界观。这是中医的价值所在，更是中医对中国和世界人民的贡献。

回想起来，这次田野我不但吃到了美味，而且对中医的“养生”之道也有了更深的体会。

我们信耶稣，我们不吃百旺和剁生

艾菊红（中国社会科学院民族学与人类学研究所）

“我们信耶稣，我们不吃百旺和剁生。”“我们亲戚朋友都知道，我们去他们寨子，他们也不给我们上这两样菜；来我们寨子，我们也不给他们吃。”刚听到这两句话时我有点吃惊，怎么这两道傣族常见的菜肴——百旺和剁生还成了他们表明信仰的符号了？那时我刚刚进入曼燕，一个号称全寨子都信仰基督教的傣族村寨。村民解释说，圣经上写着不能吃血和自死的动物，所以他们不吃这两道菜。不过百旺和剁生是傣族宴席上最重要的两道菜，没有这两道菜，那就不是真正的傣族宴席了。

我第一次吃剁生和百旺是在一场傣族葬礼上。那是在十多年前，我刚刚进入西双版纳的田野点，一天房东奶奶打扮齐整，说邻村亲戚家老人去世过赕，问我要不要去。葬礼作为重要的人生礼仪，我当然不能错过。

在过赕的酒席上，主人家一再向我解释，说傣族的菜怕我吃不惯，特意煮熟了给我吃。我很纳闷，看到酒席上并无什么特别的菜，一碗碎肉，很像昆明的黑三剁，还有一碗煮熟的血。奶奶跟我说，那碗碎肉是剁生，那碗血是百旺，原是生的，怕我吃不惯，特意煮熟了给我吃。原来如此！当时我只是知道了这两道菜的名字，但它们并未在我心中留下深刻印象。

没过多久，我就真正了解到什么叫剁生和百旺了。很快临近傣历新年，村子里的年味渐渐浓厚。一天，村长通知各家各户出一个男子到河边杀牛。为了过年，村子集体出资买了一头水牛，宰杀切割后，就把牛肉放在河边铺好的青树叶子上。每家每户都分到了一块牛肉，让我觉得稀奇的是每个人还端了一碗牛血回家。晚上我就知道了牛血的用途，鲜红的牛血凝固后，拌上盐巴、辣椒和芫荽，还有西双版纳特有的香料，就是百旺了。房东岩温说，这是傣族非常爱吃的一道菜，竭力建议我尝尝。从来没有吃过任何血的我，对于这碗鲜红的牛血是无论如何也下不去口。最终，我还是没有勇气去吃，抱歉地告诉岩温，我从小就不吃血，遑论生血，实在无能为力。岩温并不介意。

隔天，岩温下河捉鱼，那天晚饭的时候，我平生第一次吃了生肉，即用小鱼和小蟹做的鱼剁生，鱼肉和小蟹剁成肉糜，仍然是拌上盐巴、辣椒和芫荽等各种香料。我终于鼓起勇气吃了一口，果然鲜香可口。

当我后来多次在西双版纳进行调查的时候，终于认识到百旺和剁生对于傣族的酒宴是如何重要。所有的傣族宴席，最重要的菜就是百旺和剁生，然后稍微搭配一些蔬菜和熟肉。每当有宴席的时候，人们就一早杀牛，牛血被一碗一碗地盛放好，等冷却凝固之后，拌上作料，即可上桌。一群小伙子们乒乒乓乓剁牛肉那是一道风景，剁成肉泥的牛肉拌上作料，就是一碗鲜香可口的牛肉剁生。记得在一次婚宴上，一位老咪涛笑眯眯地告诉我："百旺和剁生才是真正的傣味，没有这两道菜就不是真正的傣族宴席。”老人竭力邀请我品尝，遗憾的是我只能略略吃点剁生，依然不敢挑战百旺。

没承想，在信基督教的傣族那里，这两道菜居然成了表明身份的符号。在我刚刚进入曼燕，人们就热情地向我解释，他们和不信仰基督教的傣族有什么区别，特别提到了不吃百旺和剁生。在他们看来，这是相当大的区别了。尽管他们一再强调他们仍然是傣族，只是信了耶稣而已。“剁生”和“百旺”俨然成了傣族内部界定身份的一种标记，饮食可以如此重要，原是我没有想到的。

满地抓“手抓”

王海飞（兰州大学）

这是十年前一个关于羊的故事，也不全是。

2007 年的春节，我在家中陪伴老人过了除夕，之后就奔到自己的裕固族研究田野点上，终日东游西晃。其间有一段时间住在忠哥家里，和他们一家四口朝夕相处，包括他的夫人和两个女儿。每天早晨喝过奶茶，我跟着忠哥一起出门，太阳出来我陪他把羊放出去，天黑前再赶回来；他陪我在放羊的间隙走家串户找人聊天。晚上回去，我们俩人趴在大通铺的炕头，就着羊粪的温度彻夜神聊。两杆大烟枪伴着烧炕的羊粪烟，腾云驾雾，几近窒息。

忠哥是定居牧民，不会种地，只会养羊。定居后不知该干什么，就在房后的院落里搭起一顶帐房，用来接待附近城镇的人来乡村宴饮，打的招牌就是提供自己养的羊，类似于城市边缘的“农家乐”，他们叫“牧家乐”。

一天快黄昏时，一群客人来到家里，要吃羊肉。我坐了忠哥的摩托车后座，去几公里外的“羊房子”抓羊。在一大群羊中，准确地抓住一只在几米外看好的羊，绝不是想象中那样简单的事，特别是对我而言。所以现场的情况是我在抓羊，大哥则站在远处看着我笑，我之笨拙与羊之轻灵成为他笑我的具体内容。所以说，田野中观察者和被观察者的站位是随时在漂移转换的，一转眼，观察者就可能被观察对象观察并评判了。满头大汗之际，我接到远方朋友的电话，是问候春节的，因为顾着眼前的事，也顾着忠哥正在观察并取笑我，我急忙回答正在满地抓“手抓”，就先挂了，接续还未完成的人羊博弈。几分钟后，我成功了，扑到了那只羊，与它一同面对面重重摔在羊圈地上，羊粪四溅，尘土弥漫，四目相对之际，它的双眼清澈迷离，哀怨凄婉，映着两道晚霞，成为我直到今天都挥之不去的记忆画面。在那个冬季的黄昏里，坚硬的戈壁大地苍凉肃穆，夕阳在远处的一丛杨树枝间沉陷，芨芨草在荒滩上随风倒伏，摩托车的马达声似乎被古老旷野吸去，而在我和忠哥之间，羊被紧紧夹着，喘息之声可闻，心跳体温可感。

回家后，没用多长时间，羊就处理好了。有经验的牧人，手持一把比手掌还要短的小刀，从宰羊到剥羊皮，再到将羊按部位处理成精确的数目，下锅开煮，整个过程干净利落，一气呵成。在传统牧业生活中，羊的头蹄和下水都要食用，制作工艺要复杂费时一些，接待客人如只煮羊肉，则会非常迅速，开锅即食。月亮还未爬上树梢，肉就已经在厨房的大锅里咕嘟了，即便在昏暗的灯光下肉汤也是鲜亮的，弥散着河西走廊盐碱滩地上羊肉特有的香味。帐房里，客人们酒兴正高，大呼小叫。忠哥的两个女儿，一个为客人们端茶倒水，一个为客人们献上敬酒歌，从民族传统民歌、叙事歌到现代流行歌曲，一首接一首，承续着客人的欢声笑语。厨房这一头，忠哥坐在灶头，听着帐房里的喧闹，默默地抽烟，一支接一支，炉火照亮额头，双眼在烟雾袅绕的暗影中深藏。

热炕夜谈中忠哥曾经对我讲过，他不希望让自己的两个女儿在帐房中服务。两个孩子都到了婚嫁的年龄，应该有自己的生活，他觉得让孩子们受委屈了。但是定居后，家里收入少，支出项却多了，的确是靠着开帐房搞餐饮解决了一大部分家庭经济问题，他不知道该怎样安排女儿们的生活。

月亮上到中天的时候，客人们尽兴散去了。我们收拾了“战场”，新煮了奶茶，端来锅里剩下的羊肉，吃肉，喝茶，一家人坐在一起，温暖而快乐，忠哥那时候笑得就像个孩子。当时，谁也不曾料到，没过多久忠哥就带病走了。当地水土硬，一些人很年轻就得了消化系统的疾病，忠哥运气不好，所有的事情发生得很快，还没来得及按他的想法为女儿们安排好生活。

后来十多年，我一直没有间断地在那片土地上“晃荡”，越来越接近那片土地，懂了更多的事，也纠正了以前的一些理解。抓过很多次羊，更是吃过无数次、各种各样的羊肉，甚至有一些不能对外说的“羊肉”，有过很多快乐的经历，但就是那一个冬夜，成为唯一不能格式化的独特记忆。

那个夜晚，我走到戈壁滩上，在月光中，给远方的朋友回了电话，认真地解释，刚才，真是在满地抓“手抓”，是我们喜欢的“手抓”，但，那是给别人吃的。

吃虫记

邓启耀（中山大学）

美国人类学家弗兰兹·博厄斯在谈及文明和野蛮差异的时候，十分明确地说“我们从不吃毛虫”[①]。我不知道他所指的“毛虫”是否包括没毛的虫。如果包括的话，我有点为这位大名鼎鼎的人类学家感到遗憾。

其实，“吃虫”是人类学家田野生活的一部分，文化体验的一部分，甚至是文化的一部分。

我第一次吃虫，是在云南省德宏傣族景颇族自治州盈江县傣族村寨。那天，“宰竜”（大哥）带我去砍竹子、编竹笼，用来装石头防洪。吃午饭的时候到了，宰竜从屁箩里拿出我们的午饭，打开芭蕉叶，米饭上有一团酸腌菜。他飞快把竹枝削成两双筷子，刚要开张，转念一想，说：“等等，加个菜。”提把刀，在周边竹丛里找了一圈，找到一棵有虫眼的新竹，几刀砍断。他很快用干竹叶竹枝燃起一堆火，然后把那截有虫眼的竹子破开。竹筒里有差不多小半筒一寸长、肉乎乎的白色虫子，像蛆一样蠕动。

①〔美〕弗兰兹·博厄斯著，项龙、王星译：《原始人的心智》，北京：国际文化出版公司，1989年，第107页。

宰竜把半截竹筒放在火上烧，不一会，那些虫子冒出油来，滋滋作响。微微发黄时，宰竜说“好了”，然后用手指夹了一条扔进嘴里，津津有味地嚼着。看我狐疑不定的样子，说：“吃啊！你看见了，干净的。”我闭上眼尝了一条，可以感觉到咬破那虫时体液顺齿流的状态。不过，味道倒是不错，有股浓郁的奶油香味和奇怪的鲜味。“有点盐就更好了！”宰竜说。我稍迟疑，一转眼他就把虫子全部扫光。

这种虫子，当地人叫“竹蛆”。多年后成了傣味餐中的一道名菜，改名为“竹虫”。曾听人说有些地方的人会吃“肉芽子”，也就是让肉生蛆，然后拍打到簸箕里，吃那些蛆。之前不信，这下信了。但竹蛆和肉芽子性质不一样，竹蛆封闭地生长在嫩竹里，吃素，没有那种让人产生不良联想的吃相和长相。后来知道，傣族会吃的虫，还有蜂蛹、蚂蚱、蝉、蛐蛐、花蜘蛛、蚂蚁蛋、屎壳郎幼虫等。傣族的昆虫食谱，我尝过的除了竹虫，还有油炸岩蜂、土蜂的蜂蛹，凉拌蚂蚁蛋。我曾跟着宰竜去掏岩蜂，喝了半碗蜜，醉得难受。油炸的蜂蛹，异香扑鼻，高蛋白，是下酒好菜，但也不能多吃，吃多上火。还有一些好吃的虫，只听说，不敢试：夏天的蝉除去翅膀、足和内脏，一半炒熟，一半生，混合剁成酱，再放入作料，最后加两个番茄用文火烧煨在其中，据说也是一种佳肴。屎壳郎幼虫俗名“牛屎虫”，肥大如大拇指，与鸡蛋同煎食，据说治小儿蛊毒有奇效。大蛐蛐是西双版纳等地一种个头极大的大蟋蟀，加作料制成蛐蛐酱而食，味道鲜美，为待客第一佳品，油煎食用，其味比油炸花生米还要香。有的地方还吃花蜘蛛，除去其脚，用油炸，然后夹在糯米饭中吃，据说味道与烧肉相比毫不逊色。有朋友拍过一张照片，一个傣族姑娘手拿一竹盒去除了脚的花蜘蛛，喜滋滋地回家做饭。

不过，称得上恐怖的虫子，是我们在滇西吃的“水夹子”。它们基本就是蜈蚣的长相：多节、多脚，头有大夹夹，身长两寸许，像是没有减过肥的蜈蚣，又叫水蜈蚣。我是和徐冶去考察云南漾濞岩画的时候，被当地彝族朋友请吃的。这盘菜一上来，我们的眼珠子就差不多掉下来了。问：“有毒吗？”朋友说：“有。不过油炸以后，这毒就消失了。”为了让我们放心，他们先夹了一条放进嘴里，然后听见脆响。徐冶也夹起一条肥版的蜈蚣，趁他还没有放进嘴巴的时候，我赶紧拿相机拍了一张照片。

其实，虫子在《周礼》《礼记》中，都有过专业人士“醢人”把蚂蚁蛋做成“醢”，供“天子馈食”“人君燕食”，或作为“祭礼”贡品的记载。可见虫子也可以成为君王和诸神的特供食品。虫子与时俱进地进入都市餐厅的宴席，不知始于什么时代。西南边城昆明的知青餐馆，大约是在二十世纪八九十年代开起来的，开在翠湖边上，生意好得不得了，来吃的大都是呼朋唤友来叙旧的老知青。竹虫和蜂蛹，是必点的菜肴。最近去中原内地考察，朋友带我去河南开封夜市吃特色，油炸蚂蚱、蜂蛹和蝉，都是招牌菜。我试吃了，很有肉感。

我是随着二十一世纪的到来而“回”到祖籍地广东的。“吃在广州”，依然是这个中国东部沿海名城的名言。很多餐馆以海鲜为主，讲究“生猛”。客人来了，即领到水养玻璃柜那里，现点现做。常有用大盆装的龙虱（俗称水蟑螂）、沙虫之类，和海鲜放一起，看上去有些吓人。龙虱很像好莱坞恐怖片中金字塔里那些吃人的黑色甲虫。事实上，它们的确属于肉食性昆虫，凶猛贪食，不仅吃小鱼小虾等，连体积比自己大几倍的鱼类、蛙类也会去攻击捕食，猎物一旦被咬伤，附近的龙虱闻到血腥就会一拥而上。

但更厉害的捕食者是人。传说龙虱有滋阴补肾等功效，常吃龙虱对降低胆固醇，防治高血压、肥胖症、肾炎等有良好效果，所以，在广州等地，龙虱成为一道经典的菜。

我一直不明白这种看上去恶心的虫子，怎么可以堂而皇之地登堂入室，成为都市酒楼的一道名菜，并由此串联起一个产业链。直到有一天，我也被请吃了。

一盘黑色蟑螂，转到了我的跟前。吃还是不吃，这是个问题。一桌的人都看定了我：你祖籍不是广东的吗？你不是做人类学的吗？在那一瞬间，从这些虫子身上，我突然想起自己的族群或准族群身份——广东人和傣族。而吃虫，似乎也成了人类学家的准考证。

好吧，为了人类学，为了共同的祖先，都只好拼啦！我夹起一只黑乎乎、油亮亮的水蟑螂，用纸巾遮住嘴，龇着牙咬下去，尽量避免口腔的其他部位接触这家伙。一口咬下去，声音和感觉，像极了踩蟑螂，有汁液喷射到纸巾上。我不由自主发出了“呕”的声音，趁擦嘴，顺势把那虫尸吐在纸巾上，包起来放下。然后，客客气气地把这盘具有文化认同意义的“菜”，转给别人。

我在台湾部落与槟榔的故事

梁艳艳（北京市东卫律师事务所）

2016年9月至12月，我作为交换生在台湾东部的东华大学原住民民族学院族群关系与文化系学习，这个学院的大部分学生都是台湾的原住民。我是一个北方人，从来没有尝过槟榔，只是听说嚼槟榔会致癌。台湾的交换生活，让我对槟榔在南方族群中的“多情”意义有了直观的体会。

开学后，阿美族学生会迎新，聚会的最后，大家手牵着手去跳集体舞的广场找寻宝物，学生们找回了一簇树枝，上面布满了槟榔果实。主持人问：“知道槟榔意味着什么吗？”大家齐声回答：“团结。”

系里有一门课程叫“巫师祭仪”，授课老师是一位扎根阿美族部落20多年的女老师，她为了更好地理解巫文化而亲自学习做祭师。我跟着这位老师到阿美族部落观看祭祀仪式，槟榔是重要的祭祀供品，因为仪式的关键是邀请祖灵到来，而槟榔是祖先离不开的食物。在休息时，老师递给我一颗包好的槟榔，说“不吃槟榔不行”。我特地打开老叶看了一下，对折的老叶里有一抹白色石灰，我不知道如何再包回去了，于是我就把老叶与槟榔一起塞进了嘴里。这是我第一次嚼槟榔，嘴里一阵热辣和麻涩，一直嚼到了纤维扎嘴才吐出来。我知道了槟榔意味着“与祖先同在”。

我们去了台湾南部屏东县同学家做客，他带我们回访他的一个访谈对象，并给他带去一本硕士论文和一包槟榔。同学的访谈对象是一位艺术家，当晚家里来了不少客人，他就将槟榔递给了大家。在台湾部落做调查，递槟榔是相当于递烟的馈赠礼仪。我问学长：“吃槟榔不是不健康吗？”他说：“不健康的是老叶里的石灰，我不吃老叶，只吃槟榔。”那天，我也把老叶去掉，只吃槟榔，很涩，确实不如和老叶一起嚼多汁好吃，也少了石灰带来的热辣感。嚼槟榔意味着“部落传统文化”，我在走访其他部落时，也经常会被递槟榔。槟榔与石灰一起嚼，汁液会变成红色，把牙齿也染成了红色。我的原住民男同学会以嚼槟榔来体现他们的身份认同，我常常在上课时看到他们的牙齿是红色的。

在交换即将结束时，我跟原住民同学一起去 K 歌，我特地去买了一包槟榔，在聚会上分享给大家。我咀嚼着槟榔，回忆着多情的部落文化，寄托着依依不舍的心情。然而，我去花莲市区的一个都市部落时，看到卫生部门在墙壁上绘制的画上大叉子的“烟、酒、槟榔”。我不禁问，究竟什么是健康？仅仅是寿命长短吗？多情为何要被无情伤？

择其可食者

李　华（宁夏社会科学院回族研究院）

我想就我的生活经历谈谈回民饮食禁忌和原则。我的家乡在蒙山脚下，算是典型的回汉杂居环境。我和同龄男孩们是在寺院里玩耍长大的，老人们常说回族和汉族是有不一样的地方，比如吃喝上有讲究，在传统的回民教育环境里，我自然受到些熏陶。

1991 年，我离开家住校读高中，全校仅我一个回民，我自带煎饼和菜上学，第一次感觉到饮食的不便。我从不在食堂买菜的小秘密也很快被汉民同学发现，他们好奇地问我跟他们有何区别。我带着同学的疑问自问，每当周末回家就在清真寺里请教阿訇，同时翻看寺内的书籍学习，以便返校回答同学好奇的问题。例如，回民不食猪。人们对此好奇又敏感，其实最直接、最根本的原因是宗教信仰即《古兰经》的规定，这是教民必须遵守的。别无他因，更无神秘之处。

生活在社会中，宴请是常有之事。回民需要选择清真食品，人们对清真食品往往有些误解。一般而言，人们都知道回族等穆斯林禁猪，但如果以为没有猪肉就算清真的可就错了。有必要强调指出，凡是没有念“泰斯米”（奉至仁至慈的真主之名）宰的即便是鸡鸭鹅牛羊等本为“合法、佳美”之物，也变成了不符合伊斯兰教法的，自然就不是清真的。《古兰经》说："你们不要吃那未诵真主之名而宰的，那确是犯罪。"对于宰牲的部位有明确规定，必须采用断喉法，割断喉管的标志就是切断动物喉结下方的动脉、静脉、食管、气管。需说明的是，清真食品对于其制作者、制作原材料、工具、程序和环境也有要求。举例来说，牛羊通常是由阿訇宰的，至少是会诵念"清真言""泰斯米"的人，且需身心洁净。假使厨具不清真（比如用来做过猪肉的），即便是炒蔬菜，这道菜也被断定为是不清真的。这不单单是讲究卫生的问题，其中包含着信仰教义、深层的民族心理诸因素。日常生活交往中，许多人恰恰是忽略了很重要的这一点。如果了解、理解此点并稍加注意，不但会避免发生尴尬之事，反而更有利于增进彼此文化的了解、加深民族感情、促进民族团结。

人们发现，生活中虽不乏回民饮酒吸烟现象，但对于回民穆斯林而言，酒、烟等麻醉品均是被禁止的。据伊本·欧麦尔传述："穆圣说：'凡致醉之物均为哈拉姆（哈拉姆意为非法）。'"

毋庸讳言，由于生活区域分布和各民族传统习俗等诸多差异因素影响，人们对清真食品的认知和界定上也存在差异。例如，对于海蟹、马肉就有不同见解。这同时说明辨识清真食品也有个体主观性和一定的灵活性原则。"凡为势所迫，非出自愿，且不过分的人（虽吃禁物），毫无罪过。因为真主确是至赦的，确是至慈的。"显然，优选符合伊斯兰教法的清真食品是最好的；而在具体的生活环境里，或许，择其可食者食之也不失为一种选择吧。简而总之，从表象上来看，清真饮食确是一种物质层面的；但更具有超越于物质、有更为深刻的自觉精神的含义和象征意义，即透射了穆斯林的信仰价值观。

过度“移情”——我和 cheese 的故事

禹 虹（香港中文大学）

午后，当我拿起一块松软而又滑腻的 cheese 蛋糕放入口中的时候，cheese 独有的奶香和甜腻回味在唇齿间，我便有了敲下这篇短文的想法。我是在写这个曾经在我初到北美，让我深恶痛绝、避而远之的 cheese 吗？想到这些，我不禁哑然失笑，在主位与客位之间，我似乎已经迷失了自己，原谅我这不负责任的吃货在田野中的过度“移情”吧！毕竟莎士比亚说过，“食欲是一匹无所不在的狼”。我心中的这匹狼在食物的旷野中专注而又挑剔，朝三暮四而又情有独钟。

cheese 被称为乳酪、干酪、芝士、起司等，汉语文字博大精深，单凭一个舶来词就让我们有了诸多称谓，以至于我时常觉得他们讲述的不是同一种食物，起司是起司，乳酪是乳酪，这能怪得了我这种没有任何奶制品启蒙教育的门外汉吗？幼时在中国西北，唯一的乳制品就是牛奶，在二十世纪七十年代的中国，牛奶是一种奢侈品，我幼时吃的黑龙江牌奶粉还是通过我那个在国营食品公司有一些实权的外公“走后门”才得来的。

移民到美国后，我便被上百种不同名堂、不同地域的 cheese 彻底搞晕，问题的关键是这些酸酸的、带些腐臭味的 cheese 在美国的饮食文化中占有很重要的位置。去餐馆吃饭，沙拉有cheese，汉堡有cheese，意大利面有cheese，海鲜也要点缀黄油和cheese，连墨西哥玉米卷都要加些cheese，比萨更是嚣张地撒满cheese。这让我这个对奶制品都有些嫌弃的吃货颇为尴尬和愤怒。在美国的前一两年，我去餐馆点餐时对服务员说的最后一句无奈而又幽怨的嘱托便是“No cheese”。我所有的美国朋友大体都知道我这饮食怪癖，我的好友Lina每次烹饪美食时，总是要给我特意做一份没有cheese的食物。

我以为我会固执地坚守这种饮食原则——“No cheese”，但其实不然。后来我在读完美国美食作家乔治妮的美食随笔《一头猪在普罗旺斯》后，我毫无气节地颠覆了我对cheese所有的偏见，我居然对这种食品有些好奇和着迷了。乔治妮在书里介绍她在法国普罗旺斯乡间生活的经历，包括她如何从牧人手里买小山羊，山羊产奶后，她又如何跟随当地村妇学习制作当地最地道的山羊奶酪。这本书不但是一幅关于法国饮食文化的全景图，更是忙碌生活中的一个明媚角落，用美食教会你领悟生活，善待自己，感恩于自然的慷慨。我沉浸于其中时，忽然发现我对cheese以往的敌意逐渐消失，我开始想去尝试和理解这种食物。

后来再去餐馆，我收回了我惯有的后缀词“No cheese”。我忽然感觉意大利的千层饼如果没有cheese简直不可理喻，法式大餐如果没有cheese会多么令人沮丧，比萨如果没有那入口后扯起的cheese千层丝是多么的乏味。cheese作为欧美饮食文化中的象征符号游走于各类美食中，不可或缺，无法替代。

就连哲学家卢梭都说："我的梨子、皮埃蒙奶酪、法国奶酪、香脆面包，还有几杯蒙费朗葡萄酒，这些让我成为最幸福的食客。"试着去掉皮埃蒙奶酪、法国奶酪，卢梭还会认为自己是幸福的食客吗？我想他一定会很沮丧地抱怨，当然这便是卢梭文中的另一话题了。

说到"移情"，我的一个美国朋友——一位人类学家，这个吃货更为过分。她去父母的海边房子度假，在度假过程中，发短信和我抱怨说，她母亲做的意大利海鲜实在不好吃，没法和用中国烹饪方式做的海鲜相比较。我有些愕然，她是美国土著，而且从小吃母亲做的饭长大，"妈妈菜"在每个孩子心里是一份无可替代的关于童年和美食的回忆，而这个吃货在吃遍了世界各地的美食后，味蕾却背叛了自己，如此"移情"也算是极致了。当我告诉她我要把她的故事写到文中时，她回复说："幸亏我妈不懂中文。"

“血肉”真情

张廷刚（北方民族大学）

今年暑假，在云南摩梭村落调查期间，适逢彝族火把节，机缘巧合，遇一彝族小伙，就跟他到家中过节。他家位于深山之中，经过三个小时的跋山涉水，我已气喘吁吁，他虽负重而行，却如履平地，用手遥指前方屋舍，说那就是他家。又过半小时，终于到家。俯视来时之路崎岖蜿蜒，崖间小河若隐若现，周边群山环绕，牛羊遍野，猪崽踱步，群鸡嬉戏，一派悠闲祥和景象，顿觉疲惫消散。

他家六口人见我到来，分外热情，让我坐上座。所谓上座，就是靠进里墙的位置。屋内没有桌椅板凳，大家都席地而坐。屋内正中有一火塘火势正旺，其余设施极为简陋。彝族小伙跟我打了声招呼就出去了，其父会说汉话，和我闲话家常。不久，小伙带来三人帮忙杀猪。杀猪前还有仪式，主人全家要跪在正房的门槛里面，家长居中，其余人分跪两侧，成年女子穿上民族服装，男子身披查尔瓦。帮忙杀猪的人要把一头四五十斤重的小猪抬起来，分别在每人头上上下晃三下，在家长背上撞击三次，寓意主人全家平安健康、万事通畅。而后全家起身，男子帮忙杀猪，用一把小刀直捅小猪咽喉，让血流在屋内地上，待血流尽，将猪架上火塘，猪毛燃烧的味道迅速在屋内弥漫。待毛烧光，将猪置于木板之上，用刀剖开猪肚，取出内脏，将心、肝、肺直接投入火塘。猪肉切块，取一部分扔进火塘，剩余放入木盆。肉刚烤一会，彝族小伙的父亲就取出最大的一块，撒上盐巴递给我，我双手接过，掂量了一下，至少有半斤重，闻着挺香。但想到血淋淋的心、肝、肺、肉不经清洗就直接扔进火塘的画面，有些迟疑，而且手中的肉明显半生不熟，一口咬下去说不定满口是血。出于尊重，不如体验一下吃"血肉"的场景。

心念至此，我直接撕咬手中的肉，果然没有熟，咬开的肉面上布满丝丝血痕，索性不经咀嚼，直接吞下。就这样，一大块肉一口口被我吞进腹中。彝族小伙的父亲和屋内其他人对我连挑大拇指，说我像彝族兄弟。他父亲说："刚才是考你的，没想到你直直地（爽快地）吃了。这块肉半生不熟的，咬下去还会出血，半生不熟是说我们关系由生变熟，吃肉流血代表我们的血肉拌在一起了。现在你直直地吃了，今后咱们就是自家人，你的事就是咱们的事，有难处，尽管开口，会帮的。"言毕，大家唱起敬酒歌，举杯互祝，抓起烤肉，使劲撕咬，看到他们吃得那么随性，突感人生苦短，何须拘束，简单至真，方为人生。我也主动抓起一块肉，用力咬，很快烤肉分食完毕。彝族小伙的朋友邀我去他们家做客，我爽快答应，就分别去了他们家里。同样的杀猪仪式及烤肉过程，又是一大块"血肉"递到我面前，我狠下心来迅速吃完，举起酒杯，以表谢意。就这样，吃肉喝酒，不知不觉，到三家都遛了一圈，我也吃得满嘴流油，喝得头晕脑胀，最后歪歪斜斜地跟彝族小伙回到他家中。

这一天，是我有生以来在吃食方面最血腥的一天，但也是最难忘的一天。吃出性情，非田野莫属。田野人生，既是对过往经历的颠覆，也是对“主位”换身的塑造。

韩定食*

杨　柳（韩国学中央研究院）

对于韩定食，一开始我对它是有误会的，这要从我刚到韩国说起。刚到韩国的时候，最不能适应的就是饮食了。因为我们国内的饮食整体偏油一些，韩食不一样，以汤饭为主，甚至可以说几乎没有油，而且韩国的菜量都很少。韩食唯一给得多的就是小菜，学校食堂里的小菜每天都是免费无限提供的。所以刚到韩国的时候，虽然每天都在吃饭，但就是没有饱腹感。那时候我们刚去的几个同学之间的对话都是“你吃饱了吗？”“没有诶……我觉得我还能吃一份。”那时候着实因为“吃不饱”这个问题感到十分不幸。

这样的状态大概持续了半个月，我们的项目组通知说要请我们吃韩定食。当时听到这个消息的时候，我们都很开心，虽然不知道韩定食是什么，但按照我们的惯性思维，觉得这顿饭肯定会是“大餐”。

我们吃饭的地方是在一家很传统的韩定食餐馆里，饭桌也是很传统的炕桌，我们每个人都脱了鞋盘坐在地炕上，等着上菜。

* 本文获“国家留学基金委”资助。

等到菜上完之后，可以说我的内心是很迷茫的。为什么我这么说呢？

说实话，当时我的第一感觉就是怎么一桌子小菜啊，心里正在想“正菜什么时候上”的时候，发现组里的韩国人已经开始吃了。我才意识到这就是全部的菜了。一份韩定食可以摆满一张桌子，一张桌子要坐四个人，然后几张桌子摆在一起，每张桌子上都是相同的韩定食，于是就出现了韩剧中大家所看到的直直地坐成两排的场景。当时我的内心除了不明白这些小菜怎么吃以外，还有些不满，总觉得“我们怎么说也是远道而来的客人呀，怎么能就给我们吃小菜呢，韩国人真是太小气了”。一顿饭下来，我们几个留学生一起交流，达成了一个共识——最喜欢那条鱼，就是太小了。就这样对韩定食的误会更深了。

后来在韩国待得时间久了，才知道原来韩定食就是专门用来待客的饮食，且以小菜多而著名。韩国人用韩定食招待客人的传统由来已久。以前韩国人在家里宴请别人或者是有客人来家里的时候，都是用韩定食来款待的，以表示欢迎。现在家族聚会或者是招待重要的客人时，为了显得正式，韩国人也会去吃韩定食。目前在韩国餐饮业市场上，韩定食被认为是干净和健康的食品，所以价格很高。后来我在韩国参加别的活动时又吃了几次韩定食，发现韩定食的小菜不是固定的，依饭店不同而不同，但基本上都是石锅饭、小菜以及一个汤，有的时候会有一个主菜。小菜主要是用来和石锅饭拌着吃，这是正宗的韩国石锅拌饭的吃法。至此我对韩定食的误会才解开。

其实对于韩食的了解，我们多局限于韩剧中的紫菜包饭、炒年糕、炸鸡啤酒等，真正的韩食和我们想象中的食物差距还是很大的。正是因为不了解，所以我才会把原本代表着正式、礼貌的韩定食当作小菜，还误会韩国人小气。后来在我们回国之前，组里又请我们吃了一次韩定食。这次再吃韩定食的时候，心里有些五味杂陈，有感恩、有不舍、有回忆、有希望、有憧憬……

有些时候比起食物本身的味道来，我们是不是更应该注重其所蕴含的文化含义呢？也许食物不符合你的口味，但对于给你的人来说，那却是他们认为最好的东西。

作为民族认同与认异象征的食物

马腾嶽（云南大学）

霍布斯鲍姆（Eric J. Hobsbawm）在所著的《民族与民族主义》（*Nation and Nationalism*）一书首章中，破题便指出“现代民族及其相关一切事物的基本特征为其现代性”。

霍布斯鲍姆这句话或许也可以理解为，在关于现代性的讨论中，许多议题都与民族相关。关于民族的话语是现代性中各种议题的主要部分，连“食物”也可以与民族议题沾上边。

在我的职业人类学者生涯中，有三种食物经验至为难忘，恰巧分别与民族认同与认异中的分裂、融合与边界维持相关。在此分享。

一、“打麻面”（damamian）与泰雅族的民族分裂

泰雅族是台湾少数民族，主要居住于台湾中部以北的山区。历史上，由于泰雅族人独有的文面习俗（面部刺青），包括男性刺在额头的额纹与下巴的颐纹；女性的额纹与两颊刺成V字形的颊纹，汉人为此称泰雅族为“黥面番”。日本殖民台湾期间，通过多次的“蕃族调查”，将泰雅族区分“赛考列克亚族”与“赛

德克亚族”两大亚族，并有20多个方言群与地方群，彼此在语言、文化上存在一定的差异。然而由于共同的文面习俗，从日本殖民时期，一直到20世纪末期，在不同时期对于台湾少数民族的分类中，泰雅族始终被列为单一民族。尽管文面习俗在日据时期已被日本殖民者所禁止，但是这项昔时的传统至今仍被视为民族共同象征。

台湾少数民族的分类始终呈现变动性。不同历史时期，由上而下的民族识别与由下而上的民族认同，相互推引拉扯。日本殖民台湾时期，官方在“蕃人户口”上的“种族”分类上，则是采取了七族分类，分别是タイヤル（泰雅）、サイセット（赛夏）、ブヌン（布农）、ツオウ（邹）、パイワン（排湾）、アミ（阿美）、ヤミ（雅美）。1949年后，源于日据时期的七族分类被延续使用，从排湾族内再区分出鲁凯、卑南二族，成为九族分类。1996年台湾原住民族最高自治机关“行政院原住民委员会”成立（2002年改名为“行政院原住民族委员会”），依旧采用九族分类。然而“行政院原住民委员会”是以“民族”作为政治资源分配的基准单位，导致原住民群体出现激烈的资源竞夺，多个原有的老民族内部一再发生“民族正名运动”，部分人群要求脱离原有民族成立新民族。至2014年为止，台湾原住民族数量已达十六族。

新民族成立主要由旧民族分裂而成。要另立门户自成一族的精英成员总是必须先提出论述，说服族人、专家学者与大众“我不是他，我是我”，从而主张自己有资格成为新的民族。新民族论述的主要策略便是“同中取异”，想尽一切方法表达差异。这其中，最吸引学者与社会大众好奇的，就是台湾传统上唯一所有民族共同体成员共享文面习俗特征的泰雅族，反而成为最积极运作分裂的一个人群。泰雅族先是于2004年一分为二，分成为泰雅族与太鲁阁族；再于2008年二分为三，加上了赛德克族。

他们是怎么办到的？

泰雅族的群体身份具有严格的排他性（exclusiveness），文面是区隔他我的绝对依据，凡泰雅人必文面，反过来说没有文面的必不是泰雅人。另一方面，在“部落主义”下，脸上有文面的，也未必是自己人，有可能是敌对的部落。单就文面形式而言，文面是祖先共有的，这点没法否认，但是各部落文面的宽窄粗细等形式不尽相同，足够作为辨识彼此的差异依据。语言，有相通之处，也有不通之处，不同群体间差异极大。

在诸多“同中取异”的泰雅族分裂运动话语中，笔者认为最有趣的一项区分，是饮食习惯的不同，竟也成为人群区隔彼此、表达差异的一项条件。

在传统泰雅族食物中，有一项名为“打麻面”的食物最为特殊。所谓“打麻面”，是泛指腌制的生肉。泰雅族人把各种非家禽类畜肉，包括猪肉、牛肉、羊肉，或是所猎获的野味，包括飞鼠、山羌（獐子）、长鬃山羊、水鹿等，以及各种高山溪鱼，在放血洗净后，置于罐内。以一层肉、一层盐、一层七分熟小米的方式，将整个罐内铺满生肉，封罐置放于阴凉处。约20～30日后，打开封罐，即可取食。

打麻面的原理，是让肉类蛋白质发酵，让盐与发酵的酸米汁同时渗入肉类。因是纯生肉，未曾煮食破坏肌肉纤维，保留了肉类的嚼劲和生肉的细致口感。但是另一方面，受气温、湿度等影响，肉类蛋白质发酵后的气味和味道，永远像是买彩票一样，不到开罐之时，不知道最终的结果。有的打麻面清爽可口，也有的腥味极重，闻之作呕。但是恰恰许多喜欢重口味的人，特别衷情重口味的打麻面，认为其味与臭豆腐相当，入口虽臭，但是越嚼越香。我个人则是非常喜欢吃台湾高山鲴鱼（俗名苦花）制的打麻面，遇到制作技术好的，一餐吃下十余条也不嫌多。最怕的则是以飞鼠肠制作的打麻面，特别是以掺和飞鼠肠道内消化至一半的植物粪料做成的打麻面，色黑浊而味腥臭，没有超人忍受力，一般人无法下咽。但传说飞鼠食百草，肠内粪料能滋阴补阳治百病，许多人为此目的，而忍耐下咽。某次我被泰雅族朋友热情邀约吃下半碗飞鼠肠打麻面来补身体，最终硬是灌下一斤金门高粱酒，才压住胃肠作呕的反应。

泰雅族内一般只有“赛考列克亚族”人食用打麻面。1990年泰雅族“赛德克亚族”下的“太鲁阁群”族人寻求“正名独立”另成新民族的过程中，各种“我非他”的说法被提出来。其中最有趣的一项说法，即是占泰雅族人口多数的赛考列克亚族人吃打麻面，而占人口少数的赛德克亚族人完全不吃打麻面。依笔者长年在泰雅族部落进行田野调查的经验来看，这项说法基本是正确的。这两群人虽然都具有文面习俗，也常隔山谷比邻而居，但是就吃生肉打麻面的习惯而言，确实只存在于赛考列克亚族人部落，而不见于包括太鲁阁人在内的赛德克亚族部落。

只是前人万万没有想到，吃不吃打麻面的饮食习惯，竟然成为后世子孙闹分家、争取民族独立的文化证据。

二、“波奇”（poke）中的夏威夷民族融合

另一种生食肉类也与民族认同相关，那就是夏威夷群岛居民普遍食用的生鱼料理“波奇”。

所谓“波奇”，指的是夏威夷渔民将捕获的鱼类，特别是大型鱼类，在鱼体新鲜时，把鱼肉切成2公分左右的肉丁，拌上麻油、酱油等酱料调味，再加上葱花等提味。如果是用大型金枪鱼制成，则称之为“金枪鱼波奇”（ahi poke）。食用时直接取食，不仅保留了生鱼的口感嚼劲，而且鱼肉中的油脂与麻油、酱油等调味酱料混合，一口吞下，口中香味四溢，幸福感十足。

生食鱼肉不是新鲜事，如日本料理中的各式“刺身”（sashimi）生鱼片，已成为国际接受的美食。但日本料理中生鱼片的各式鱼肉与酱料绝对是分开处理的，食客依个人的喜好蘸用酱油与芥末，最大程度地保留食物的原味。这与波奇以麻油、酱油等调味酱料混合入味的做法完全不同。

波奇极为美味，特别是酱油、麻油、葱这些中式烹饪常用的作料，在混入鱼肉一两日后，对于生鱼肉产生某种“腌”的效果，提升了生鱼肉的鲜味。在夏威夷，人们常说波奇是夏威夷波利尼西亚土著的传统食物，但是作为人类学者，我觉得这种说法

太过简化，忽略了波奇制作中多种作料所代表的复杂性。特别是夏威夷土著传统农耕活动中不生产黄豆与芝麻，没有黄豆与芝麻则无法制作酱油与麻油，没有酱油与麻油就没有波奇。说波奇是夏威夷土著“传统”食物，推理分析过于简化。

要解释这些，又是一段历史。

1877 年英国人库克船长在探险的过程中意外“发现”夏威夷群岛 8 个岛屿中最南的夏威夷岛（大岛），拉开夏威夷群岛卷入世界体系的帷幕。1810 年卡梅哈梅哈一世国王（Kamehameha I）统一夏威夷群岛，成立夏威夷王国。1850 年夏威夷允许土地私有，私人大型农场快速形成，大批来自广州的中国工人以契约工的方式被招募到夏威夷，成为当时除夏威夷原住土著之外，最大的族群。1890 年的人口统计显示，当时夏威夷王国全国人口为 89,990 人，中国人人口数为 16,762 人，约占总人口的 19%。

我在夏威夷做研究时，房东是退休的夏威夷大学医学院首任院长 Kekuni Blaisdell 教授。这位有着华人、夏威夷土著、英国人等多种血缘的老教授教我领略了夏威夷文化的多种面貌。他告诉我，19 世纪的王国时期，在土著人口因为疾病大量减少的同时，单身无聊的中国男性农工，热情的夏威夷土著女性，大量混血家庭于焉建立。在这样的背景下，中国人的饮食文化很自然地也被带入夏威夷。于是，善于捕鱼的夏威夷土著，以烹饪自豪的中国人，将夏威夷海域的鱼与来自中国的调料结合起来。生鱼肉的处理融合了夏威夷与中国两种饮食文化，形成美味的波奇。

虽然日本人在中国人之后来到夏威夷，也从农工干起，并且在今日成为夏威夷最大的族群，占夏威夷人口的 30%。但是，日本的刺身从来无法在夏威夷群岛上取代波奇。就像我在夏威夷生活那些年中常有土著朋友告诉我，波奇中的鱼肉、酱油和麻油，是夏威夷和中国结合的整体。夏威夷土著身上，几乎都有着中国人的血液。就连主演电影《黑客帝国》的影星基努·里维斯（Keanu Reeves），也是一位有着中国血统的夏威夷土著。

受丰富地形雨影响，夏威夷各地天天可以看到彩虹。彩虹成为夏威夷州的象征，意喻来自全世界的多元文化在此结合，多元共存，分不出边界，但却如彩虹各种颜色般独立存在。夏威夷的公交车、驾驶证、身份证上都有彩虹图样，是个不折不扣的“彩虹州”。

如彩虹一般，融合却又保有各自特色，是夏威夷文化的重要特征。波奇也是如此，作为一种融合中国与夏威夷波利尼西亚文化的饮食象征，成为夏威夷多元文化的一部分。

三、“生皮”（hege）作为白族共同民族象征

第三种与民族认同相关的生肉，是大理白族的“生皮”。

历经民族识别之后，今日“白族”主要分布于云南省大理白族自治州的各市县，包括下关市、大理古城、喜洲、鹤庆县、洱源县、建川县等地区，总人口近 200 万。不同地区的白族语言存在极大差异，常无法直接以白语沟通，但是却能形成以白族为族称的共同民族认同。与前述台湾泰雅族不同的是，白族人是在清

楚知道彼此存在区域性的语言和文化差异的情况下，选择“去异求同”，接受共同的族称与民族认同。白族具有高度的包容吸纳性（inclusiveness），善于吸纳不同地区的白族和其他民族的文化、语言与工艺技能，成为巩固民族认同的黏合剂。

“生皮”是一种半生食，虽然许多白族人称生皮是生食，但是它并没有如此的“生”，而是生中有熟、熟中有生。生皮的制作方法是农家在杀生猪时，以火烤去外层的猪毛，再用水将猪皮洗净，用刀将最外层的猪皮连同表层的肉割下，切成薄片，佐以酱油、辣椒配制的蘸料食用。由于猪皮表层被火烤过，生皮成为外熟内生的状态，既有熟猪肉的肉香，又有生猪肉的清甜、有嚼劲，十分可口。

大家对于生皮的发源之地，众说纷纭，莫衷一是。依笔者的观察，显然洱海地区的白族人最喜食生皮，在各种喜庆聚餐上，生皮几乎是必备佳肴，小餐馆内一般也供应生皮作为小菜。相对而言，如在建川、鹤庆一带，人们食用生皮的机会普遍较少。但是这并不影响人们把生皮当作一道白族食物。

某次鹤庆一户白族农家朋友杀年猪，特意准备了生皮待客。我问他怎会准备这道洱海白族的食物，他告诉我，这道菜是所有白族人都爱吃的，是白族最有特色的一道菜。只是洱海地区吃得多，其他地区农村人一年只杀一次年猪，最多也就做一次“生皮”。不像大理古城、喜洲地区，餐馆里都有得买。

尽管不同地区的白族在文化、语言上存在区域性的差异，白族人缺乏作为普遍沟通语言的“普通白话”，只能以云南汉话方言沟通。然而，具有近 200 万人口的白族，就我个人所知，迄今未发生任何方言群或地域群人群，因为不满意被识别为白族，而要求脱离白族，另成新族。相反的，白族人在方方面面上“去异求同”，不管是否经常食用生皮，生皮都成为一项“白族共同传统食物”，成为代表民族共同体的重要象征。

结　论

唯心主义者黑格尔对于“物”的看法，为后世的人类学“物”研究开创了极为重要的视野。黑格尔之后，人与物的关系跳脱了纯粹的生产、消费与利用关系，而进入相互指涉、彼此定义的新范畴。

在这个“民族”的时代，就食物而言，食物成为象征。人们分裂民族会利用食物，融合民族也会利用食物。不论民族认同与认异，或是民族边界的维持与认定，食物都扮演重要角色。

“你吃什么，就是什么。”（You are what you eat.）

其言虽简，其意深也。